大涝坝凝析气藏衰竭开发中后期注气开发理论与实践

李　肃　姚田万　吴克柳　杨全疆　陈　波　著

中国石化出版社
·北京·

内 容 提 要

大涝坝凝析气藏是国内高含凝析油凝析气藏衰竭式开发中后期转循环注气提高采收率的典型代表，本书作者着重从高含凝析油气藏开发中后期注气机理、实验研究、均衡注气等方面对大涝坝开发中后期水侵凝析气藏注气提高采收率的理论、技术与实践进行了系统总结，形成了均衡注采开发理念和五大关键技术，取得了较好的开发效果、经济效益和社会效益。

本书可作为高等院校相关专业教学参考书，也可供从事凝析气田开发工作的科研、生产、管理人员参考。

图书在版编目(CIP)数据

大涝坝凝析气藏衰竭开发中后期注气开发理论与实践 / 李肃等著. -- 北京：中国石化出版社，2024. 12.

ISBN 978 - 7 - 5114 - 7789 - 7

Ⅰ. TE372

中国国家版本馆 CIP 数据核字第 2025QP4610 号

中国石化出版社出版发行

地址：北京市东城区安定门外大街 58 号

邮编：100011　电话：(010)57512500

发行部电话：(010)57512575

http://www. sinopec-press. com

E-mail：press@ sinopec. com

北京富泰印刷有限责任公司印刷

全国各地新华书店经销

*

787 毫米 × 1092 毫米 16 开本 15. 25 印张 333 千字

2024 年 12 月第 1 版　2024 年 12 月第 1 次印刷

定价：88. 00 元

前言
PREFACE

相比于常规气藏和油藏，凝析气藏由于其独特的反凝析特征，在开发过程中储层流体相态变化频繁、多相渗流机理较复杂，高效开发面临着更大的困难和挑战。国内外大多数凝析气藏从提高凝析油采收率、提升气藏开发效率、降低开发投资、实现效益最大化等方面综合考虑，一般选用衰竭方式或早期注气补能方式进行开发。衰竭式开发中后期转循环注气开发的经验并不多，尤其是在井网重构、注气开发机理认识、注气开发规律的掌握、注气技术方案的制定、合理生产参数的确定、配套工艺技术等方面也提出了更高的要求。

大涝坝凝析气田发现于1994年，包含白垩系巴什基奇克组和古近系苏维依组两个带边水的中孔中渗断背斜构造层状砂岩高含凝析油的凝析气藏。气藏埋深4940～5100m，圈闭面积8.97km^2，含气面积5.3km^2，凝析油地质储量312.6×10^{4}t，天然气地质储量34.6×10^{8}m^3。气藏为断背斜构造，构造简单、层状砂体展布稳定、储渗条件好。气藏凝析油密度0.77g/cm^3，凝析油质量浓度406～712g/cm^3，地露压差6.27～9.45MPa，最大反凝析液量占37.46%～38.24%。具有高含凝析油、高含蜡、低密度、低黏度、易反凝析的特点，衰竭式开发容易出现反凝析影响采收率。

大涝坝凝析气田是中国石化首个整装凝析气田循环注气开发先导项目，也是国内高含凝析油凝析气藏衰竭式开发中后期转循环注气提高采收率的典型代表。该气田于2005年正式投入开发，初期采用衰竭式开采，随着地层能量的下降，气藏水侵和反凝析等问题导致开发态势恶化，极大影响气藏最终采收率。2013年开始转循环注气开发，有效改善了气藏开发效果，经过10年的注气开发实践，凝析油采收率比衰竭式开发提高了10.3%。2023年起，根据国家储气库战略部署，开展了气藏型储气库兼顾提高采收率的开发政策调整，形成了注采储一体协同的开发模式，预计采收率将再提高9.6%，最终达到48.63%，达到同类气藏注气开发的较高水平，实现更高的经济效益和社会效益。

由于此类气藏衰竭式开发中后期注气开发的经验较少，如何科学制定开发政策以实现大涝坝凝析气藏的高效注气提高采收率，成为需要解决的首要问题。主要面临四大挑战：一是衰竭式开发中后期转循环注气开发能否有效提高采收率和增加经济效益；二是衰竭式开发中后期注气开发的驱替、混相、抑制水侵等作用机理不明确，气窜识别与防治技术缺乏经验；三是如何系统研究制定注气提高采收率技术方案，从而实现凝析油采收率最高、效益最好；四是如何从安全、经济、高效的角度，高标准设计配套的动态监测技术、井下工艺和地面工艺技术，保障气藏型储气库“注得进、存得住、采得出”。

针对大涝坝凝析气藏注气开发过程中面临的问题，西北石油人秉持“敢为人先、创新不止”的塔河精神，广泛调研、深入研究和积极探索，系统总结了类似气田开发的成功经验和失败教训，充分论证了衰竭式开发中后期转注气开发的技术可行性，编制了循环注气方案、错峰强注方案、周期注气方案和储气调峰兼顾提高采收率等多套方案。并经过十几年理论与实践的结合，实现了大涝坝凝析气田的科学注气、高效开发，取得了丰硕的开发成果，形成了如下颇具特色的高含凝析油凝析气藏开发中后期转注气开发提高采收率的理念与关键技术。

(1) 提出了凝析气藏“均衡注采”注气开发理念，通过差异化配产配注，实现气藏平面、层间、时间三个维度上的压力场、流线场和饱和场的均衡变化，保障均衡注采和预防气窜，为高效注气提高采收率奠定了理论基础。

(2) 形成了凝析气藏衰竭式开发中后期注气提高采收率五大关键技术。建立了“以不规则井网为基础、以抑制水侵和防气窜为核心”的注采井网调整技术，实现了“高部位注气防重力超覆和气窜、低部位注气抑制水侵”的高效注气关键技术，形成了“非对应注采”提高波及范围和防气窜关键技术，创立了“温和注气、错峰强注、周期强注、储气库”不同阶段提高助气效率的核心注气技术，保障了注气驱油、混相抑制水侵的实施效果。构建了注气开发效果评价指标体系与气藏开发管理水平评价标准，建立了以生产动态、高压物性、流体组分为核心的注气受效评价图版，形成了凝析气藏注气受效评价技术。创建了一套科学、完善的不同注气阶段动态监测体系，为准确监测注气状况、评价受效情况、优化调整注采方案提供了强有力支撑。形成了大涝坝凝析气藏气窜预防与控制技术，实现了大涝坝注气10年未发生明显气窜的良好效果。针对不同影响因素造成的注气困难等问题，实践总结出对应的增注措施，形成了一套复合增注工艺技术，保证了大涝坝凝析气藏注气开发方案的顺利实施。

本书以大涝坝凝析气藏衰竭开发中后期注气开发实践为主线，从注气开发实验研究与机理认识、注气开发方案设计优化调整、注气开发规律及气窜防控技术等多方面进行了系统性的总结，以期为我国凝析气藏高效开发提供技术参考与借鉴。参加本书编写的人员主要为该气田管理、研究及生产工作者，李肃提出了本书的主体构架和思路；第一章由杨全疆、任宏、王栋等执笔；第二章由李肃、袁锦亮、吴俊等执笔；第三章由姚田万、张艾、高慧慧等执笔；第四章由李肃、张奎等执笔；第五章由陈波、虢中春、陈英超、江玉发、王芳利等执笔；第六章由李肃、姚田万、王汉等执笔，全书由李肃、姚田万、吴克柳、袁锦亮、吴俊负责统稿。

大涝坝凝析气田高效注气开发的成功，是中国石化集团公司、中国石化西北油田分公司各级领导、管理人员、广大气田开发工作者辛勤工作、不断开拓创新取得的成果。在本书编写的过程中，他们提供了大量一手资料和经验。此外，中国石化西北油田分公司、中国石油大学（北京）的专家学者给予了无私的帮助和精心指导，在此一并表示衷心感谢。

由于凝析气田注气开发技术的复杂性及作者水平有限，书中难免存在不足之处，敬请读者批评指正。

目 录
CONTENTS

第一章
大涝坝凝析气田概况

大涝坝凝析气田位于新疆维吾尔自治区库车市境内，距库车市 50km。同时位于塔里木盆地北部亚南断裂带北侧，西紧邻中国石油牙哈凝析气田，东紧邻丘里构造，南临轮台断裂带上的中国石化雅克拉凝析气田，北邻中国石油迪那 2 气田。气田包含古近系苏维依组和白垩系巴什基奇克组两个气藏，埋深分别为 4940m 和 5100m。其中苏维依组主力气藏圈闭面积 8.97km^2，含气面积 5.3km^2，属于中孔中渗断背斜构造层状砂岩高含凝析油的凝析气藏。该气藏于 2005 年正式投入开发，初期采用衰竭方式开采，水侵和反凝析问题较凸显。2013 年开始转循环注气开发，气藏开发效果有效改善。2023 年起，实施以储气调峰兼顾提高采收率的开发政策，形成了注采储一体协同的开发模式。

第一节　构造特征

大涝坝凝析气藏位于塔里木盆地库车阳霞凹陷南缘，塔北隆起亚南断裂带北侧，西侧紧邻中国石油牙哈凝析气田，东邻中国石化的丘里凝析气田，南临轮台断裂带上中国石化的雅克拉凝析气田，北邻中国石油的迪那 2 气田。平面上，呈东西向不规则哑铃形态展布的两个局部断背斜构造(图 1－1－1)。

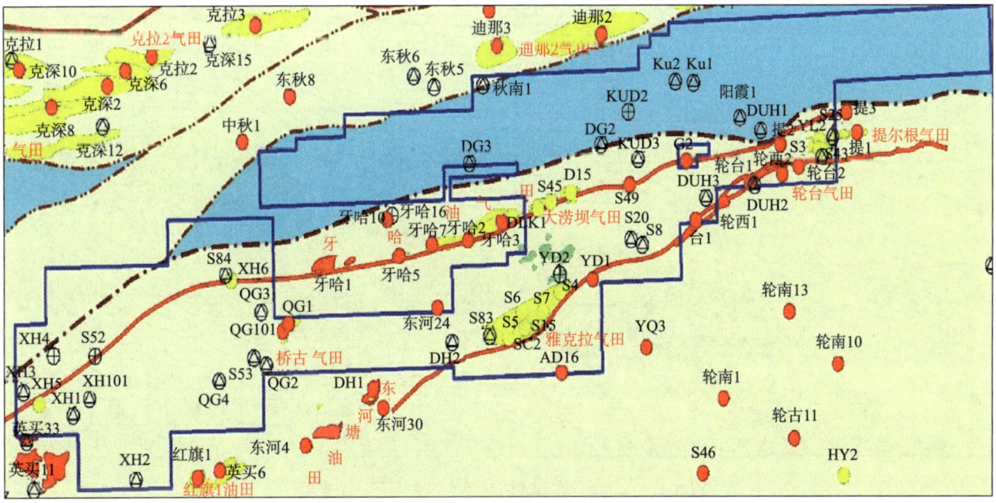

图 1－1－1　大涝坝凝析气藏位置图

一、圈闭特征

大涝坝气田平面上呈不规则哑铃形态的东西 1 号、2 号两个断背斜构造，纵向上包含古近系苏维依组上、下凝析气藏和白垩系巴什基奇克组凝析气藏。其中 1 号构造采用先衰竭后注水开发，2 号构造采用先衰竭后注气开发。2 号断背斜圈闭，呈东窄西宽长条形展布，苏维依组上、下气层顶面构造(图 1－1－2、图 1－1－3)与巴什基奇克组顶面构造(图 1－1－4)形态相似，均属于继承性构造，背斜走向与断裂基本平行。背斜长轴为 6.04km，短轴为 1.37km，高点埋深 －3968m，圈闭面积 8.97km^2，闭合高度 57m。巴什基奇克组气层长轴为 4.43km，短轴为 1.32km，高点埋深 －4136m，圈闭面积 4.72km^2，闭合高度 59m。

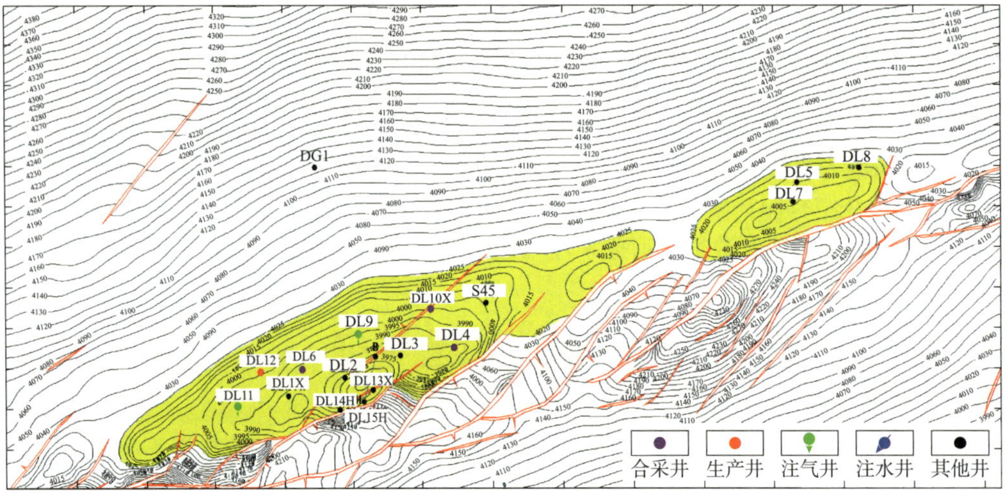

图 1－1－2　苏维依组上气层顶面构造图

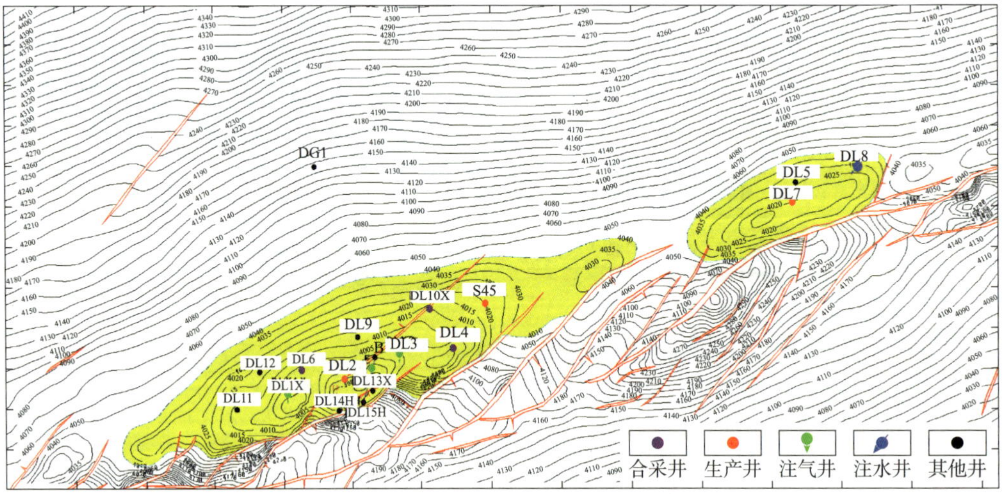

图 1－1－3　苏维依组下气层顶面构造图

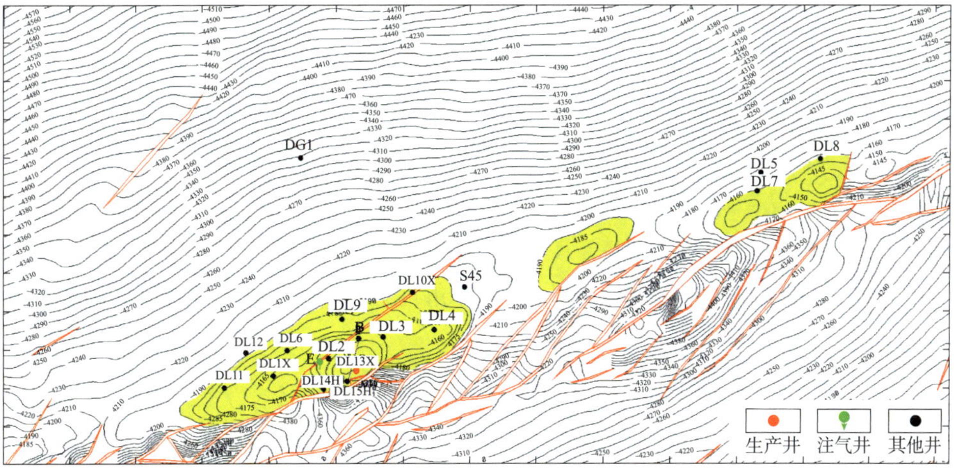

图 1-1-4　巴什基奇克组顶面构造图

二、断裂特征

亚南断裂为大涝坝区块的一条主断裂，控制区域构造的形成、发展及油气聚集与分布。其走向呈北东东方向，延伸长度约 80km，断面倾向南，倾角在 50°～60°之间，具有上正下逆的特点。在气藏区亚南断裂由呈雁行排列的若干断裂组成(图 1-1-5)，断面东南倾，延伸长度在 0.62～7.3km 之间，垂直断距在 10～300m 之间。在亚南断裂南北两侧，还派生了一些小的分支断裂，对油气藏的形成与分布也起一定的控制作用。

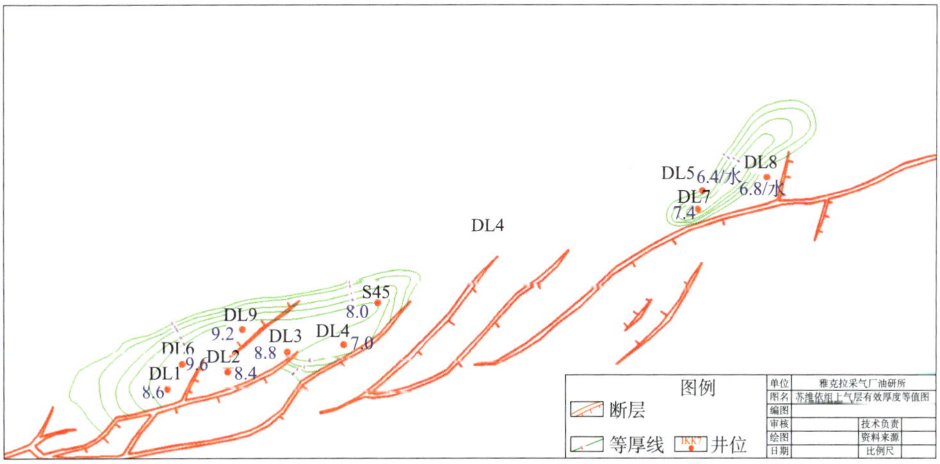

图 1-1-5　大涝坝亚南断裂分布图

第二节　储层特征

大涝坝凝析气田含油气层系主要为古近系苏维依组和白垩系巴什基奇克组，发育有以辫状河三角洲和湖泊相沉积为主的砂岩储层。储层整体呈层状展布，结构简单，内部发育具有封挡作用的隔层和局部夹层，储层横向连通性较好，属于中孔中渗储层，为高效注气开发提供了良好的物质基础。

一、地层层序及划分

气藏自上而下发育有第四系，新近系库车组、康村组、吉迪克组，古近系苏维依组、库姆格列木群，白垩系下统巴什基奇克组、巴西盖组、舒善河组等，寒武系和前震旦系；缺失中生界侏罗系，下白垩统卡普沙良群呈角度不整合覆盖于前震旦系变质岩之上（表1－2－1）。

表1－2－1　大涝坝气田地层简表

系	统	组(群)	代号	段	岩性描述
第四系	全新统		Q		顶部：黄灰色表层土，中部：黄灰色黏土及粉砂岩，底部：灰色含砾砂层
新近系	上新统	库车组	N_2k		上部：浅黄、棕色粉砂质泥岩、泥岩、泥质粉砂岩、细砂岩互层。下部：浅棕色粉砂质泥岩、粉砂岩、细砂岩互层
	中新统	康村组	N_1k		棕色、棕褐色泥岩，粉砂质泥岩与棕灰色、浅灰色粉砂岩，泥质粉砂岩略等厚－不等厚互层
		吉迪克组	N_1j		上部：棕、棕褐、蓝灰色泥岩与灰棕色长石石英细砂岩略等厚互层。中部：棕、棕褐色泥岩，膏质泥岩夹浅灰色粉砂岩及白色石膏层。下部：棕褐、褐色泥岩，粉砂质泥岩，含膏泥岩夹浅灰色、棕灰色长石石英粉砂岩细砂岩
古近系	渐新统	苏维依组	E_3s		棕褐色泥质粉砂岩，灰褐色细砂岩、含砾中－细砂岩，细砾岩夹棕褐色泥岩
	古－始新统	库姆格列木群	$E_{1-2}km$		砂泥岩段：棕褐色粉砂质泥岩，泥岩，褐棕、棕灰色泥质粉砂岩，粉砂岩，褐棕色细砂岩略等厚互层，局部夹含膏泥岩、膏岩，褐棕、灰褐色砾质中－细砂岩，细砾岩
					底砂岩段：灰褐色(含砾)细、中砂岩，砾质中、粗砂岩，细砾岩，浅褐、棕色泥质粉砂岩夹褐棕色泥岩和粉砂质泥岩
白垩系	下统	巴什基奇克组	K_1bs	一段	褐灰、浅褐红色中粒岩屑砂岩，细粒岩屑砂岩，粗砂岩夹棕褐色泥岩，粉砂质泥岩
				二段	浅褐灰、浅褐红色中粒岩屑砂岩，细粒岩屑砂岩，含砾粗砂岩夹棕褐色粉砂岩，泥质粉砂岩
				三段	底砾岩段：杂色中砾岩夹棕红色粉砂质泥岩
		巴西盖组	K_1b		浅棕灰色含灰质砂岩、砂砾岩夹棕褐色泥岩
		舒善河组	K_1s		棕褐、灰绿色泥岩夹灰色粉砂岩，泥质粉砂岩，细砂岩
寒武系			∈		粉晶、中晶、粗晶白云岩，泥质白云岩
前震旦系			AnZ		灰色粉晶白云岩、杂色角砾岩夹褐灰色泥质粉砂岩

大涝坝气田具有三套储盖组合，分别为：吉迪克组泥岩盖层与苏维依组储层；苏维依组中部膏泥岩盖层与苏维依组底部砂岩储层；库姆格列木群砂泥岩互层盖层与巴什基奇克组砂岩储层。主要含油层系为古近系苏维依组和白垩系巴什基奇克组，苏维依组地层厚度约35m，在平面上分布较稳定，白垩系巴什基奇克组地层厚度约350m(图1－2－1)。

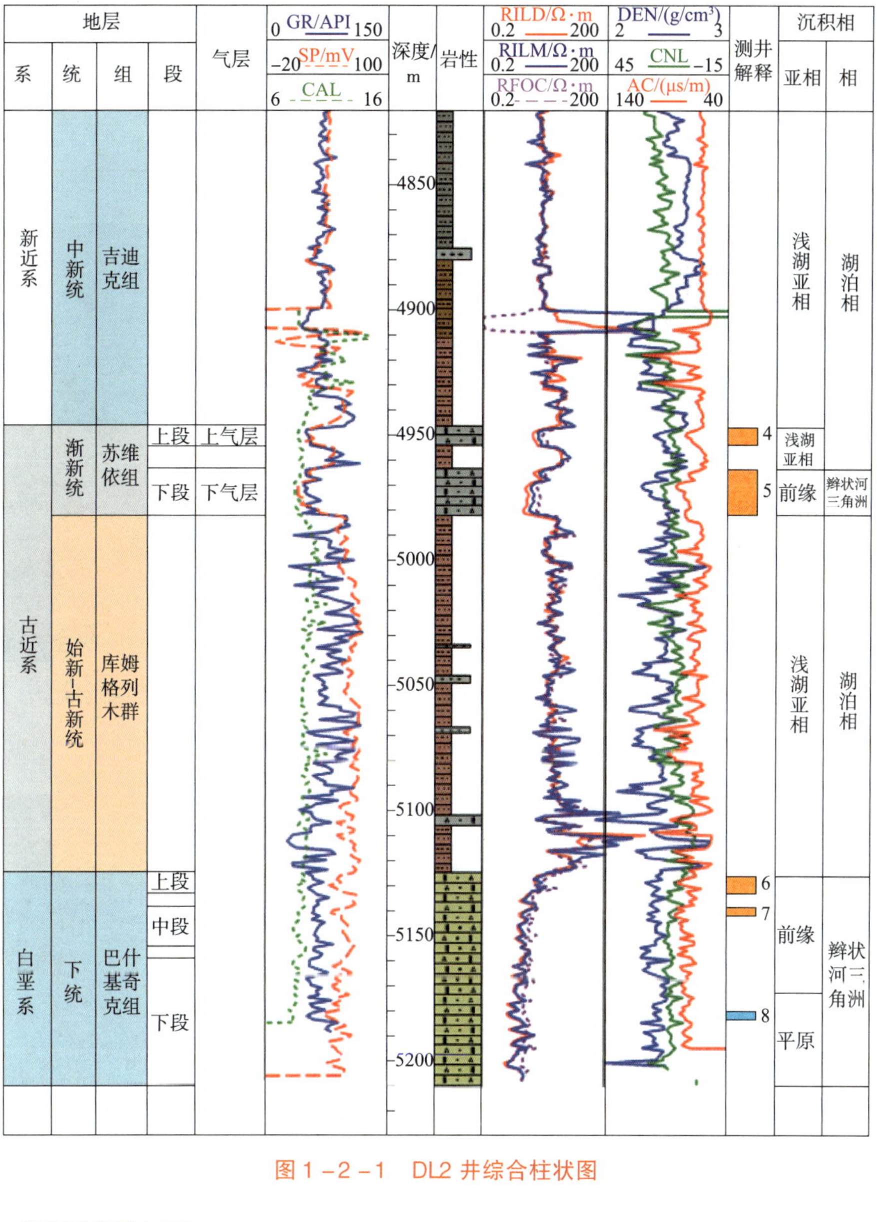

图1－2－1　DL2井综合柱状图

二、沉积相特征

(一)苏维依组

主要识别出辫状河三角洲和湖泊相两种沉积相类型(表1－2－2)，其中苏维依组上气层为浅湖亚相，沉积微相主要有近岸砂坝微相、远岸砂坝微相和浅湖泥微相；苏维依组下气层为辫状河三角洲前缘亚相，沉积微相主要有水下分支河道微相、河口砂坝微相、分流间湾微相(图 1 -2 -2)。

表 1 -2 -2　苏维依组沉积相、亚相、微相划分方案

沉积相	亚相	微相	分布
辫状河三角洲	辫状河三角洲平原		该区不发育
	辫状河三角洲前缘	水下分支河道、河口砂坝、分流间湾	苏维依组下气层
湖泊	浅湖	近岸砂坝、远岸砂坝	主要分布于苏维依组上气层
		浅湖泥	主要分布于上下气层之间的隔层

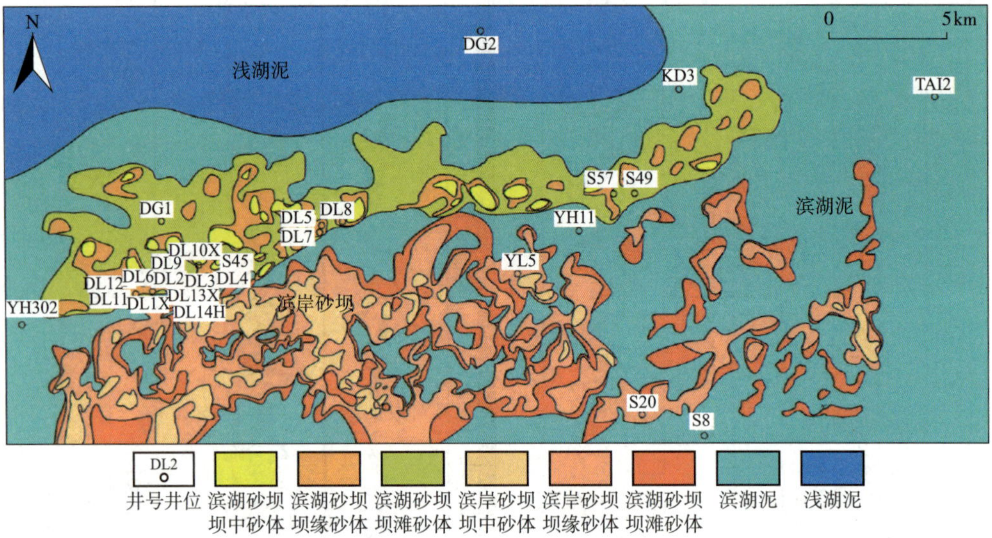

(a)上气层沉积微相平面图

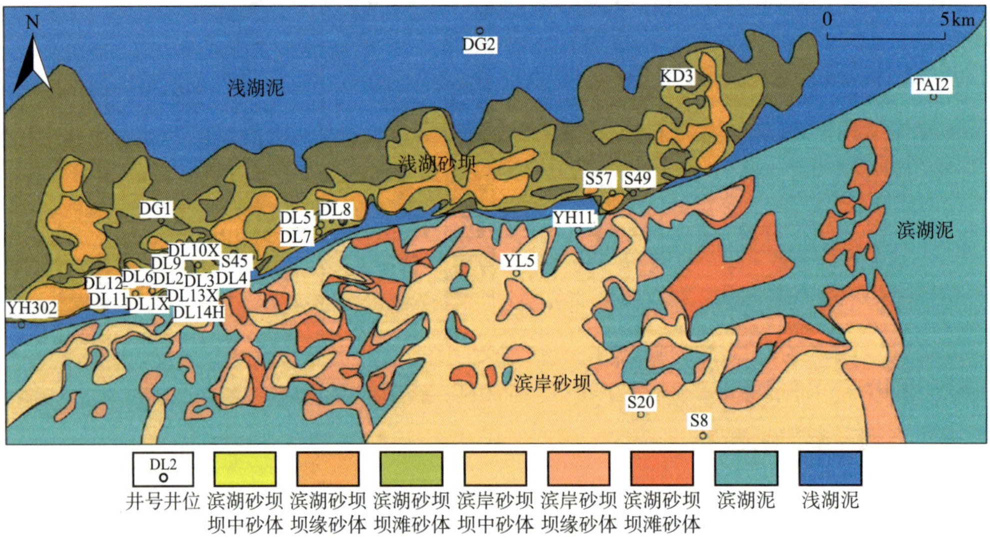

(b)下气层沉积微相平面图

图 1 -2 -2　苏维依组沉积微相平面精细刻画图

(二)巴什基奇克组

大涝坝气田仅 DG1 和 DL6 井钻穿巴什基奇克组，纵向上可划分为三段，多数井仅钻达二段。主要识别出辫状河三角洲和扇三角洲沉积类型。其中一段为辫状河三角洲前缘亚相，包括水下分支河道、河口砂坝、分流间湾、远砂坝微相；二段为辫状河三角洲平原亚相，包括辫状河道、泛滥平原两种微相，其中辫状河道较发育，构成辫状河三角洲平原亚相的沉积主体(表 1－2－3、图 1－2－3)。

表 1－2－3　巴什基奇克组沉积相、亚相、微相划分方案

沉积相	亚相	微相	分布
辫状河三角洲	辫状河三角洲前缘	水下分支河道、河口砂坝、分流间湾、远砂坝	一段(含油气层段)
	辫状河三角洲平原	辫状河道、泛滥平原	二段
	前辫状河三角洲	前三角洲泥	该区不发育

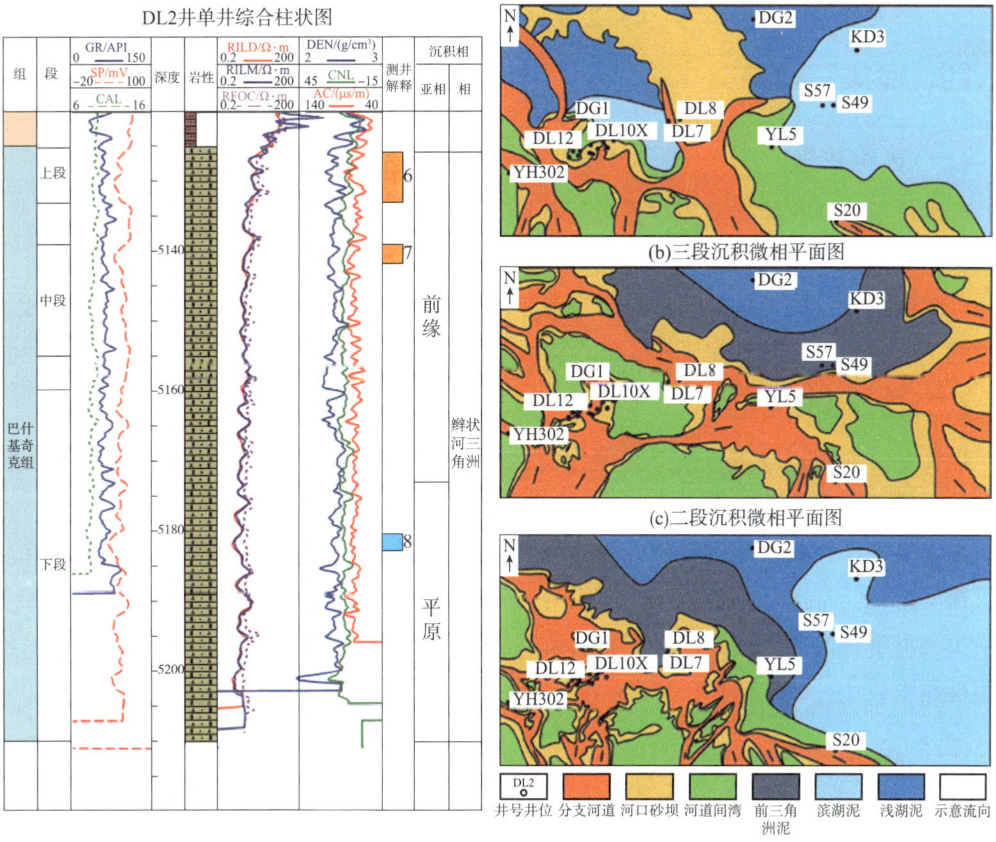

(a)综合柱状图　　(d)一段沉积微相平面图

图 1－2－3　巴什基奇克组沉积微相平面精细刻画

三、岩性特征

(一)苏维依组

苏维依组砂岩矿物成分以石英为主；岩石粒度较细，以细砂到粗粉砂为主；磨圆为次圆－次棱角状，分选中等。填隙物中泥质含量一般为1%～3%，主要为方解石和含铁方解石。胶结方式以颗粒支撑、孔隙式或接触－孔隙式胶结为主。砂岩成分成熟度中等，结构成熟度较高。

(二)巴什基奇克组

巴什基奇克组砂岩矿物成分以单晶石英为主；岩石粒度较粗，为细－中粒砂岩，磨圆度较好，多为次圆－次棱角状，分选中－差，以孔隙式、接触－孔隙式和孔隙－接触式胶结为主。填隙物包括杂基和胶结物，含量为1%～2%，且主要为方解石和硬石膏，少量方沸石。砂岩成分成熟度中等，结构成熟度较好。

四、储集空间类型

(一)苏维依组

苏维依组主要孔隙类型为原生粒间孔隙、扩大粒间溶孔，其次为粒内溶孔、贴粒缝、溶缝、收缩缝；平均孔径为14～30μm，为小孔隙储层。

苏维依组发育的扩大粒间溶孔，主要是由于粒间孔接触颗粒边缘的溶蚀作用形成，而收缩缝主要出现在杂基和泥砾中，粒内溶孔也较发育，被溶蚀的主要是长石、岩屑颗粒。

(二)巴什基奇克组

巴什基奇克组一段主要孔隙类型为原生粒间孔隙、扩大粒间溶孔，其次为粒内溶孔、贴粒缝、溶缝。平均孔径大于30μm，为中孔储层。

由于溶蚀作用强，原生粒间孔隙边缘颗粒经常被溶蚀，使得原生粒间孔隙变为次生的扩大粒间溶孔。在巴什基奇克组，粒内溶孔一般很少，而其中的晶间溶孔、溶缝主要类型有沿黑云母解理的晶内溶缝和沿千枚岩解理的晶内溶缝。此类溶缝一般较窄较短，对储层储集性贡献较小。

五、物性特征

(一)苏维依组

苏维依组上气层样品孔隙度分布在8.4%～22%之间，平均孔隙度为16.85%；渗透率分布在$0.11\times10^{-3}\sim242\times10^{-3}\mu m^2$之间，平均渗透率为$73.6\times10^{-3}\mu m^2$(表1－2－4)。实测孔隙度和渗透率之间的相关系数$r=0.8936$，具较好相关性，表明储层岩石的渗透性主要受孔隙度变化的控制。按照砂岩储层物性分类标准，苏维依组上气层整体属中孔中渗储层。

表 1-2-4　苏维依组上气层物性统计表

井号	取芯深度/m	层位顶深/m	层位底深/m	孔隙度/%				渗透率/$10^{-3}\mu m^2$			
				样品数	最小	最大	平均	样品数	最小	最大	平均
S45	4979.36～4982.32	4974	4982	16	8.4	22	15.8	16	0.11	242	72.4
DL3	4951.4～4956.74	4950.5	4957	2	17.2	18.5	17.9	2	42.2	104	74.8

苏维依组下气层孔隙度分布在6.9%～24.6%之间，平均孔隙度为16.97%；渗透率分布在0.09×10^{-3}～$335\times10^{-3}\mu m^2$之间，平均渗透率为$53.13\times10^{-3}\mu m^2$（表1-2-5）。苏维依组下气层实测孔隙度和渗透率之间的相关系数$r=0.9228$，具较好相关性，表明岩石的渗透性主要受孔隙度变化的控制。按照砂岩储层分类标准，苏维依组下气层整体属中孔中渗储层。

表 1-2-5　苏维依组下气层储层物性统计表

井号	取芯深度/m	层位顶深/m	层位底深/m	孔隙度/%				渗透率/$10^{-3}\mu m^2$			
				样品数	最小	最大	平均	样品数	最小	最大	平均
S45	4992.03～5002.5	4992	5002.5	56	8.4	24.6	17.1	54	0.23	335	44
	5002.5～5010.85	5002.5	5011	73	6.9	23.7	15.8	73	0.09	246	21.1
DL3	4968.5～4984.75	4967	4987	10	14.7	22.6	18	10	2.07	202	94.3

苏维依组砂岩储层的毛管压力曲线显示排驱压力为0.3035MPa，中值压力约1MPa。曲线歪度略粗，曲线平缓部分长，几乎平行横坐标（图1-2-4），说明孔喉集中、分选性较好，表明苏维依组岩石储集性能较好。

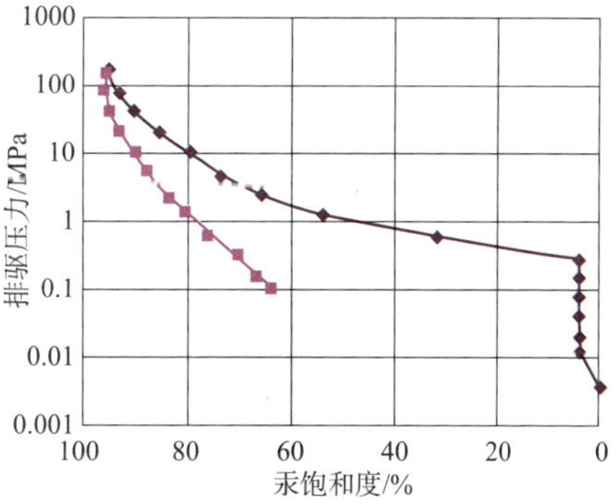

图 1-2-4　苏维依组典型压汞曲线

（二）巴什基奇克组

巴什基奇克组孔隙度分布在7.6%～22.6%之间，平均孔隙度为15.2%；渗透率分布在0.68×10^{-3}～$728\times10^{-3}\mu m^2$之间，平均渗透率为$79.48\times10^{-3}\mu m^2$（表1-2-6）。巴什基奇克组实测孔隙度和渗透率之间的相关系数$r=0.7936$，具较好相关性，表明岩石的渗透性主要受孔隙度变化的控制。按照砂岩储层分类标准，巴什基奇克组为中孔中渗储层。

表1-2-6 巴什基奇克组储层物性统计表

井号	取芯深度/m	储层顶深/m	储层底深/m	孔隙度/%				渗透率/$10^{-3}\mu m^2$			
				样品数	最小	最大	平均	样品数	最小	最大	平均
S45	5159.07~5167.8	5155	5155.5（未穿）	51	7.6	22.6	15.4	49	0.68	728	117.4
DL3	5130.42~5146.25	5129.5	5129（未穿）	8	11.79	19.9	15	8	7.17	131	41.55

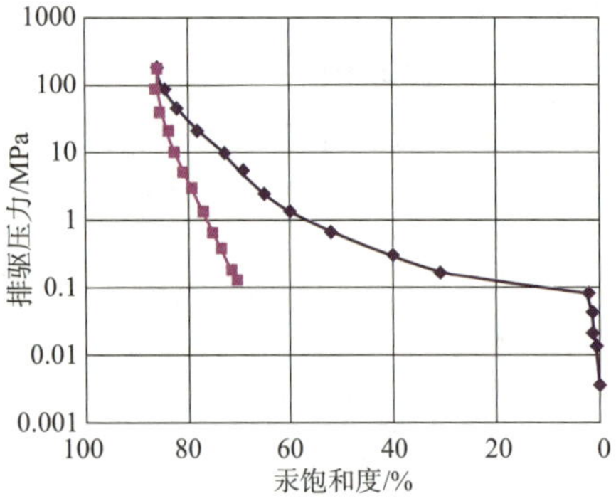

图1-2-5 巴什基奇克组典型压汞曲线

巴什基奇克组砂岩储层的毛管压力曲线排驱压力为0.0797MPa，中值压力约0.6MPa。曲线歪度略粗，曲线平缓部分长且接近横坐标（图1-2-5），说明喉道粗且分布较集中，表明巴什基奇克组岩石储集性能较好。

六、储层非均质性

（一）层内

层内非均质性作为决定注气波及厚度的关键因素，对气藏注气开发效果影响较大。大涝坝凝析气藏根据岩芯剖面资料，结合孔隙度、渗透率等数据进行分析，确定苏维依组和巴什基奇克组主要存在以下4种非均质模式。

1. 物性向上变差的非均质模式

单层储集砂体内物性向上变差的现象主要出现在粒度向上变细的水下分支河道-浅湖泥沉积的连续沉积序列中（图1-2-6）。在此模式中，单砂体内储集物性变化幅度较大，好的储集砂岩主要位于下部的较粗粒水下分支河道砂体中，物性向上变差，过渡以泥、粉砂岩为主的储层。

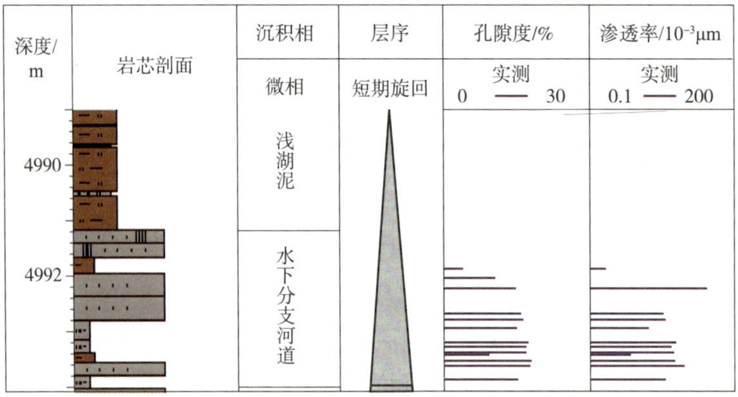

图1-2-6 物性向上变差的非均质模式

2. 物性变化不大的非均质模式

物性变化不大的非均质模式以单层储集砂体内和相邻叠置发育的储集砂体之间的物性变化小而均匀为特征，主要出现在多个连续沉积的叠置水下分支河道砂体中(图 1－2－7)，接近冲刷面的砂体下部粒度较粗，物性较好，上部略变差，因此在多个砂体连续叠置的垂向剖面上，经常出现受冲刷面控制的物性韵律性变化，但由于单砂体内或相邻砂体间的物性变化幅度通常较小，呈现出储层物性变化不大的非均质特征。

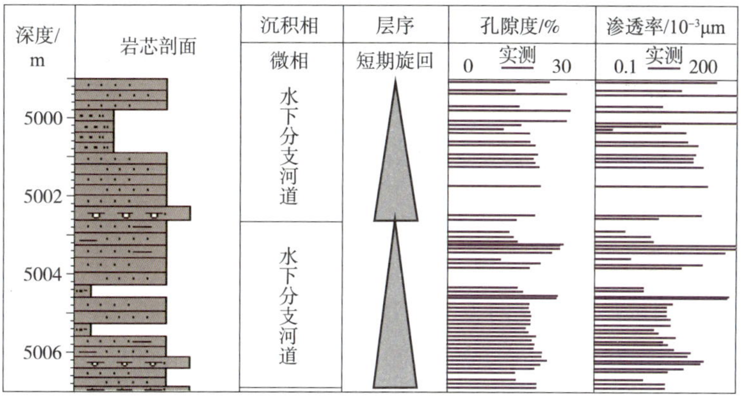

图 1－2－7　物性变化不大的非均质模式

3. 物性向上变好的非均质模式

单层内储集砂体的物性向上逐渐变好的现象主要发育于近半砂坝中。在此模式中，单砂体内向上粒度变粗、泥质含量减少，储集物性变好(图 1－2－8)。在单层砂体内物性变化幅度一般较大，较好的储层主要位于旋回上部。

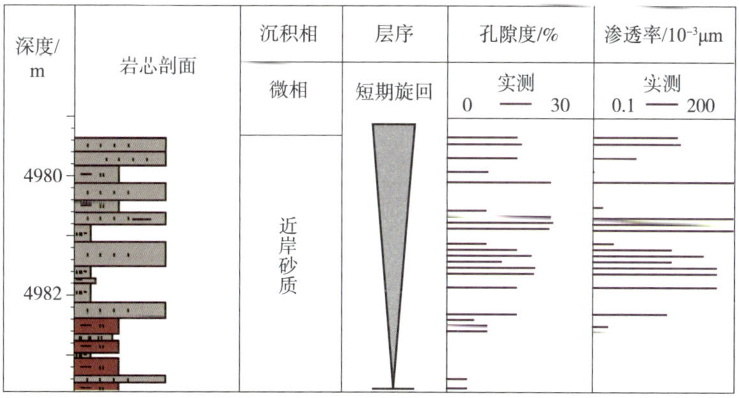

图 1－2－8　物性向上变好的非均质模式

4. 物性向上变差后再变好的非均质模式

物性向上变差后再变好的非均质模式以单一沉积韵律旋回内储集砂体物性向上变差再变好为特征，主要发育于水下分支河道向河口砂坝转化的对称型沉积序列中(图 1－2－9)。上、下两套储集砂体间通常被物性很差的泥质粉砂岩或泥岩组成的隔层分隔，以此为界形成物性向上变差再变好的非均质性特征。此类型通常为中等－较差储层的非均质模式。

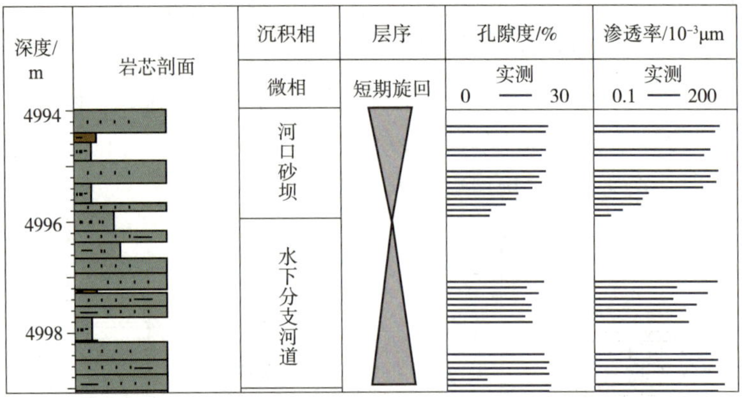

图 1－2－9　物性向上变差再变好的非均质模式

除以上四种非均质模式外，层内非均质性也可通过各项非均质参数表征(表 1－2－7、表 1－2－8)，储层内部渗透率纵向差异较明显，苏维依组上气层储层非均质变异系数为 0.96，下气层变异系数为 1.18，苏维依组储层平均变异系数 1.07，均属于非均质性严重，其中下气层非均质性比上气层更严重。巴什基奇克组储层内部渗透率纵向差异较明显，变异系数平均为 1.21，属于严重非均质性储层。

表 1－2－7　苏维依组储层物性与非均质参数统计表

井名	层位	孔隙度/%	样品数	渗透率/$10^{-3}\mu m^2$	样品数	非均质参数		
						级差	突进系数	变异系数
S45	上气层	14.03	16	55	16	2200	4.4	1.5
	下气层	16.68	129	33.06	127	3722.2	10.13	1.6
DL3	上气层	17.88	2	74.82	2	2.45	1.39	0.42
	下气层	18	10	94.3	10	97.7	2.15	0.76
上气层		15.96	18	64.91	18	1101.2	3.73	0.96
下气层		17.34	139	63.68	137	1889.4	4.73	1.18

表 1－2－8　巴什基奇克组储层物性与非均质参数统计表

井名	层位	孔隙度/%	样品数	渗透率/$10^{-3}\mu m^2$	样品数	非均质参数		
						级差	突进系数	变异系数
S45	K_1bs	15.4	51	117.4	49	1070.58	6.2	1.38
DL3	K_1bs	15.03	8	41.55	8	18.27	3.15	1.03

(二)层间

储层的层间非均质性一般用于表征不同层位之间的性质差异。苏维依组上、下气层之间发育一条厚度为 3～10m 的泥岩隔层，形成于浅湖环境，岩性主要为含膏泥岩或含膏质粉砂质泥岩，一般含较纯的泥岩。上气层压力高于下气层压力(表1－2－9)，说明隔层起到了完全的分隔作用。储层物性统计结果也表明，苏维依组上气层的平均渗透率为$73.6\times10^{-3}\mu m^2$，苏维依组下气层平均渗透率为$64\times10^{-3}\mu m^2$，两者相差很小；层内非均质统计结果表明，苏维依组上气层的变异系数为0.96，苏维依组下气层的变异系数为1.18，两者差距同样也不大。综合分析认为，苏维依组上、下气层之间非均质性较小。

(三)平面

储层的平面非均质性决定了注入气在平面上能否均匀推进，这对注入气平面波及范围影响较大。苏维依组上气层渗透率变异系数为0.15，横向渗透率级差为1.36，平面非均质性在三个层位中最弱；苏维依组下气层渗透率变异系数为0.33，横向渗透率级差为2.38，平面非均质性中等；白垩系巴什基奇克组渗透率变异系数为0.655，横向渗透率级差为4.18，渗透率平面非均质性最严重。

(四)夹层分布情况

苏维依组夹层是在分流间湾处形成的，岩性主要为含膏质泥岩或含膏质粉砂质泥岩。苏维依组下气层存在2条泥质粉砂岩夹层(夹层1、夹层2)，将下气层分为三个小层。夹层1分布稳定，各井均有钻遇，厚度最大为2.0m(DL6井)，最小为0.8m(DL5井)，平均为1.0m左右，由西向东，厚度逐渐减小。夹层2全区分布不稳定，仅在区块的东部(DL4井以东)分布，6口井没有钻遇，厚度最大为1.5m(DL4井)，最小为1.0m(DL8井)，平均为1.0m左右，厚度变化不大(图1－2－10)。根据DL10X井MDT测试数据(表1－2－9)，下气层1和下气层2的压力基本相同，说明夹层只起到局部分隔作用。

表1－2－9 DL10X井MDT测试数据表

序号	测试点斜深/m	测井解释	压力/psi ($1psi=6.895\times10^3Pa$)	压力/MPa	原始地层压力/MPa	层位
1	4986.0	油气层	6569	45.30	55.02	E_3s 上
2	5000.5	油气层	6271	43.25	56.17	E_3s 下1
3	5002.0		6261	43.18		
4	5010.5		6264	43.20		E_3s 下2
5	5013.1		6270	43.24		
6	5167.5	油气层	6179	42.61	56.40	K_1bs1
7	5169.2		6151	42.42		K_1bs1
8	5172.0		6164	42.51		K_1bs1
9	5174.7	油水同层	6592	45.47		K_1bs2
10	5179.0	水层	6512	44.91		K_1bs3
11	5182.5		6549	45.17		K_1bs4
12	5186.5		6905	47.62		K_1bs5

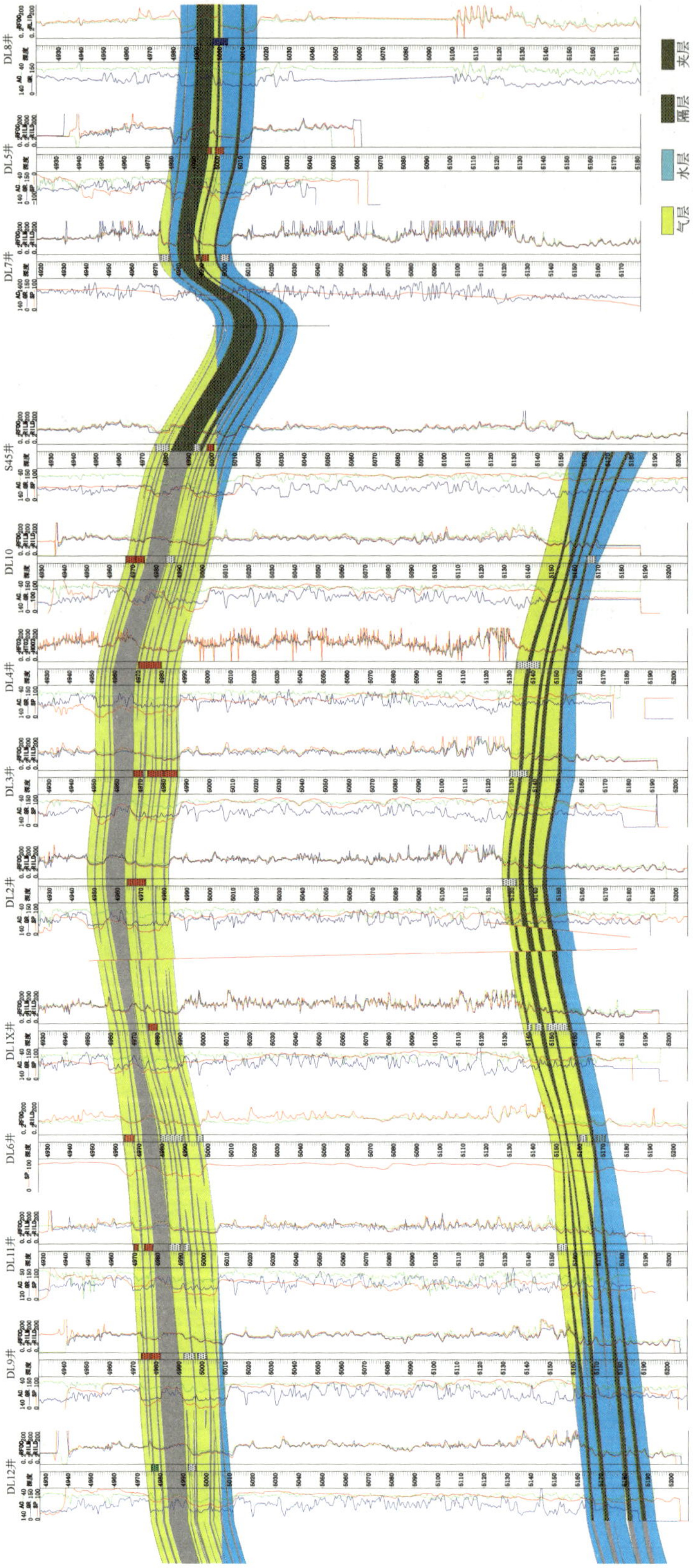

图1-2-10　大涝坝隔夹层分布图

巴什基奇克组夹层是在分流间湾处形成的，岩性主要为含膏质泥岩或含膏质粉砂质泥岩，在平面上连续性差。巴什基奇克组一段储层存在5条夹层（夹层3~夹层7），将巴什基奇克组一段分为五个小层。夹层3、夹层4和夹层5的厚度较小，在1.0~1.5m范围内，横向上连续性较差。夹层6厚度最大为4.0m（DL3井），最小为1.0m（DL10X），平均在2.0m左右。夹层7在一段分布最广，连续性最好，在各井上该夹层厚度一般大于2m，在DL6井上厚度最大，为3.0m（图1-2-10）。根据DL10X井MDT测试数据（表1-2-9），巴什基奇克气层1的压力相对其他气层的较低，且巴什基奇克气层5的压力相对原始地层压力下降8.78MPa，说明夹层只起到一定的局部分隔作用。

第三节　气藏类型特征

大涝坝凝析气藏属于常温常压系统，凝析油具有低密度、低黏度、低含硫、高含蜡的特点，天然气具有甲烷含量高，含氮气和二氧化碳的特点。总体为边水、背斜层状砂岩、中孔中渗、常温常压、高含凝析油的凝析气藏。

一、气藏温压系统

该凝析气藏苏维依组上气层、苏维依组下气层、巴什基奇克组均属于常温常压系统，原始地层压力分别为55.02MPa、56.17MPa、56.40MPa，压力梯度分别为1.11MPa/100m、1.13MPa/100m、1.10MPa/100m，原始地层温度均为137℃，地温梯度为2.66~2.76℃/100m（表1-3-1）。

表1-3-1　大涝坝凝析气藏原始地层压力、温度数据表

气层	中深/m	原始地层压力/MPa	原始地层压力梯度/(MPa/100m)	原始地层温度/℃	地温梯度/(℃/100m)
E_3s上	4960	55.02	1.11	137	2.76
E_3s下	4982	56.17	1.13	137	2.75
K_1bs	5146	56.40	1.10	137	2.66

二、流体特征

（一）地面流体性质

大涝坝凝析气藏苏维依组与巴什基奇克组所产原油性质差别不大，均以稻黄色为主，属于低密度、低黏度、低含硫、高含蜡的轻质原油，具凝析油特点。原油地面密度在0.7923~0.7937g/cm³；黏度在2.59~2.65mPa·s；含硫量在0.012%~0.153%；含蜡量在9.428%~16.202%（表1-3-2）。

表 1－3－2　大涝坝凝析气藏凝析油性质数据

层位	地面密度/(g/cm^3)	黏度/mPa·s	凝固点/℃	含盐量/%	含硫量/%	含蜡量/%
E_3s 上	0.7933	2.64	9.98	1815.65	0.153	9.428
E_3s 下	0.7937	2.59	15.04	478.82	0.013	16.202
K_1bs	0.7923	2.65	14.51	1422.07	0.012	16.163

大涝坝凝析气藏苏维依组与巴什基奇克组所产天然气性质也非常接近。天然气中甲烷体积分数在80.67%～82.59%，$C_1/(C_2+C_3)$均小于8；重烃(C_{2+})体积分数在12.95%～14.51%，二氧化碳体积分数介于0.68%～0.81%，氮气体积分数介于4.14%～3.54%(表1－3－3)。

表 1－3－3　大涝坝凝析气藏天然气性质数据

层位	地面密度/(g/cm^3)	体积分数/%								
		甲烷	乙烷	丙烷	异丁烷	正丁烷	异戊烷	正戊烷	氮气	二氧化碳
E_3s 上	0.682	80.67	9.58	3.23	0.58	0.67	0.25	0.20	4.14	0.68
E_3s 下	0.668	82.59	9.13	2.55	0.41	0.53	0.17	0.16	3.54	0.81
K_1bs	0.674	81.92	9.28	2.81	0.50	0.63	0.20	0.19	3.68	0.70

大涝坝凝析气藏地层水密度在1.16～1.18g/cm^3，地层水矿化度在248984～334565mg/L；Cl^-质量密度在151285～203317mg/L，分析水型为$CaCl_2$型，属于高矿化度卤水，矿化度从上往下逐渐降低。

(二)地层流体性质

大涝坝苏维依组上气层、下气层、巴什基奇克组气层凝析油质量浓度分别为406g/m^3、574g/m^3、712g/cm^3(表1－3－4)，结合相图(图1－3－1～图1－3－3)分析，认为均属于高含凝析油凝析气藏。由于地露压差小(6.27～9.45MPa)，凝析油质量浓度高，最大反凝析液量大(37.46%～38.24%)(图1－3－4)，衰竭式开发过程中容易出现反凝析现象，影响气藏采收率。

表 1－3－4　大涝坝凝析气藏地层流体性质

层位	原始地层压力/MPa	露点压力/MPa	地露压差/MPa	凝析油质量浓度/(g/cm^3)	最大反凝析液量/%	最大反凝析压力/MPa
E_3s 上	55.55	46.1	9.45	406	37.46～38.24	30～40
E_3s 下	56.17	49.9	6.27	574		
K_1bs	55.41	47.2	8.21	712		

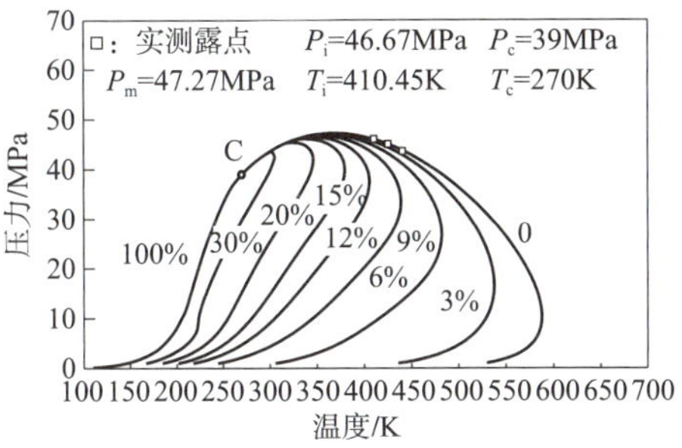

图 1－3－1　苏维依组上气层流体相图

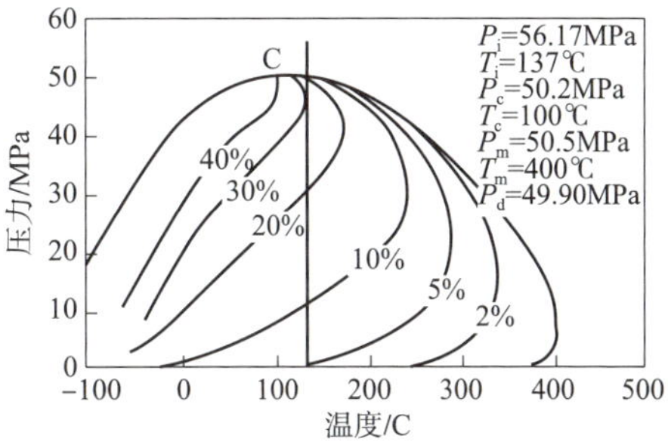

图 1－3－2　苏维依组下气层流体相图

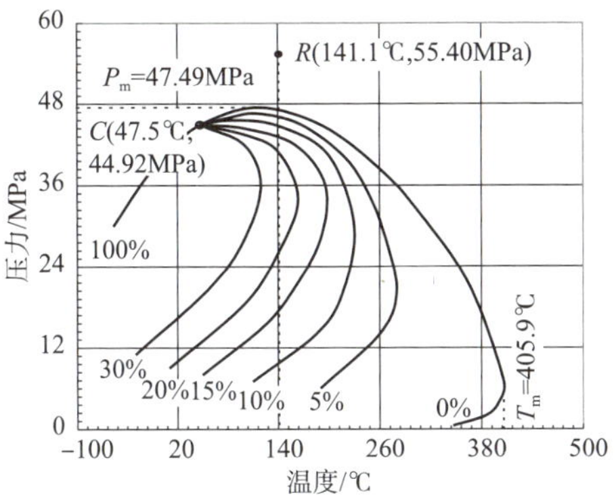

图 1－3－3　巴什基奇克组流体相图

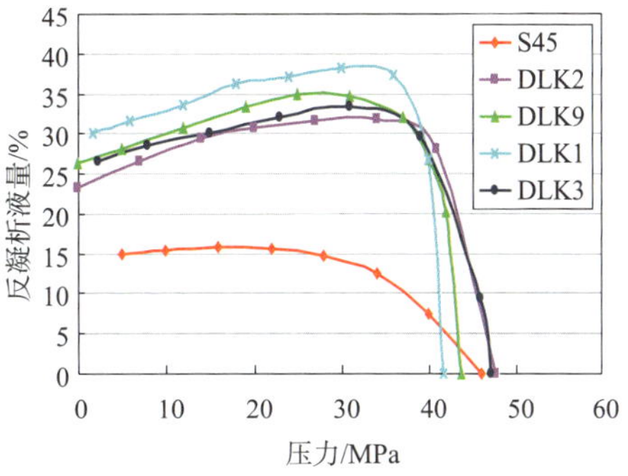

图 1－3－4　各井凝析油饱和度变化图

三、气藏类型及储量

苏维依组上气层气水界面为－4023m，下气层气水界面为－4032m。巴什基奇克组气水界面东西不一致，西块气水界面为－4188m，东块气水界面为－4179m（图 1－3－5）。

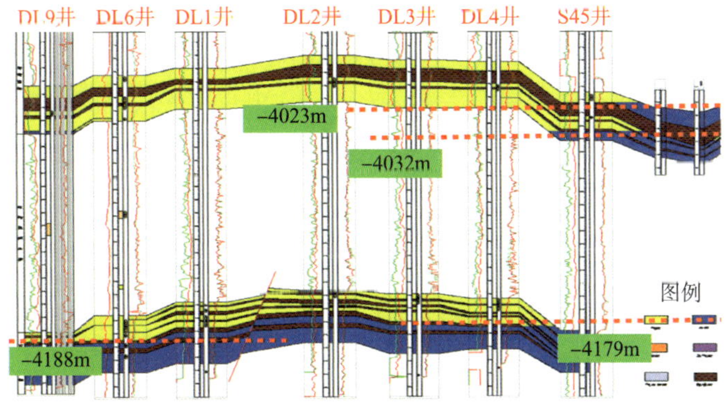

图 1－3－5　气水界面示意图

综合分析认为，苏维依组气藏为具边水、背斜层状砂岩、中孔中渗、常温常压、高凝析油质量浓度不带油环凝析气藏。巴什基奇克组气藏为具边水、背斜层状砂岩、中孔中渗、常温常压、特高凝析油质量浓度带油环凝析气藏。大涝坝凝析气藏总地质储量为凝析油 312.6×10^4t、天然气 $34.6\times10^8m^3$（表 1－3－5）。

表 1-3-5　大涝坝凝析气藏地质储量表

层系	含气面积/km^2	有效厚度/m	有效孔隙度/%	含气饱和度/%	地质储量（复算）	
					凝析油/10^4t	天然气/10^8m^3
E_3s 上	4.21	5.9	14.2	64.7	65.1	9.9
E_3s 下	4.58	13.9	15.5	62.6	135.1	16.4
E_3s 小计	—	—	—	—	200.2	26.3
K_1bs	2.82	11.5	15.0	59.8	112.4	8.3
合计	—	—	—	—	312.6	34.6

第四节　试采特征及面临的挑战

大涝坝凝析气藏于 1997 年开始试采，2005 年正式投入开发。经长期试采基本摸清了气藏反凝析变化规律，考虑到经济效益和气源供给等因素，早期确定以衰竭方式开采，开发过程中反凝析及边水侵入问题与预期基本一致。但随着开发的深入，开发形势有恶化态势，提高采收率面临挑战。

一、试采特征

1997 年 3 月 20 日，大涝坝凝析气藏 S45 井开井生产苏维依组上气层，采用 6mm 油嘴生产，油压 31.8MPa，日产液量 64.3t，日产油量 63.18t，日产水量 1.12t，日产气量 $9.78\times10^4m^3$，综合含水率 1.63%，气油比 $1547m^3/m^3$。截至 2005 年 5 月，试采期间大涝坝凝析气藏苏维依上气层累计产天然气量 $2.34\times10^8m^3$，天然气采出程度 24.19%；累计产凝析油量 12.87×10^4t，凝析油采出程度 20.14%；累计产水量 0.48×10^4t。

试采期间日产气量稳定在 $10\times10^4m^3$ 左右（图 1-4-1），而凝析油质量浓度由原始的

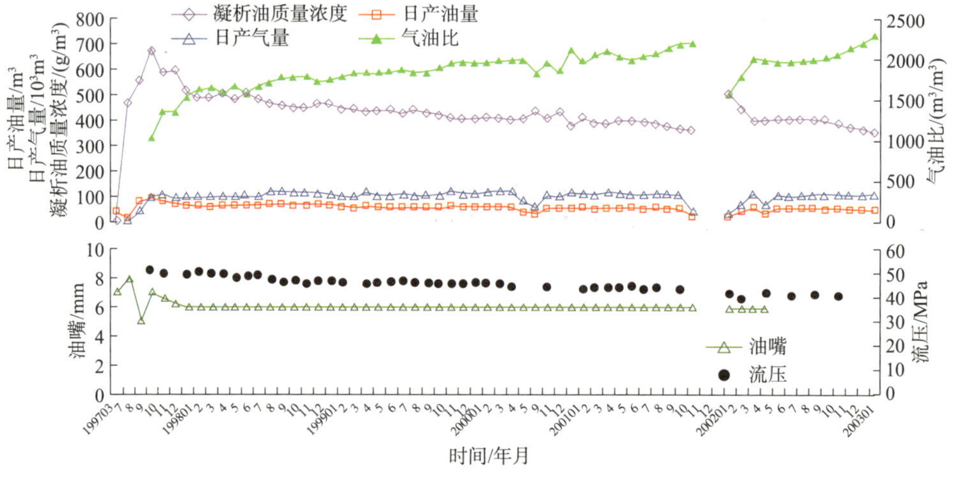

图 1-4-1　大涝坝气田上气层 S45 井采气曲线

509g/m³ 下降到 2003 年 2 月的 348g/m³ 左右，流压由初期的 50MPa 左右下降到 2002 年 10 月 40MPa 左右(图 1－4－2)。

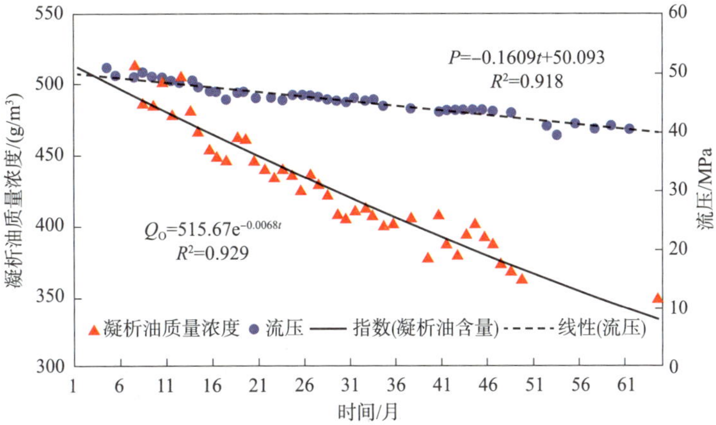

图 1－4－2　大涝坝气田井底流压和凝析油质量浓度递减关系曲线

随着试采的进行，地层压力下降较快，呈指数递减(图 1－4－3)，说明气藏开展试采后地层能量补充较少，地层压力降至露点压力以下，导致气藏中发生反凝析现象，气油比上升，气藏中凝析油的析出也使气藏单位压降采气量较低，生产效果变差。

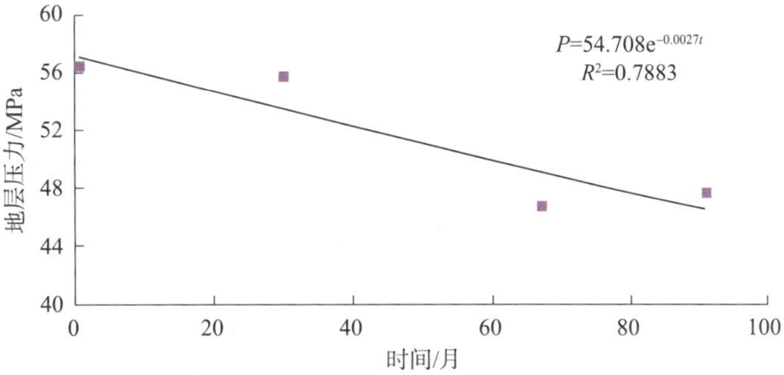

图 1－4－3　大涝坝气田上气层地层压力随时间变化趋势图

由于试采期间井少，采气速度较慢，日产气量、日产油量均处于较低水平，表现为无水采气期较长的特征(图 1－4－4)。

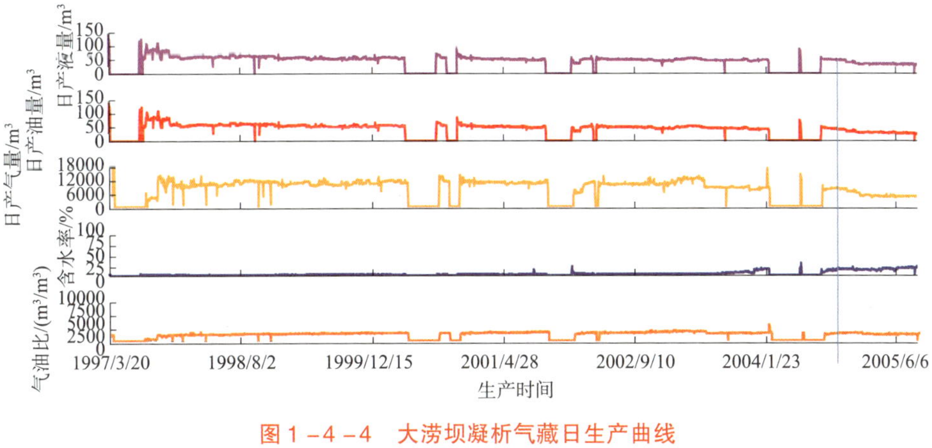

图 1－4－4　大涝坝凝析气藏日生产曲线

二、面临的挑战

(一)反凝析污染影响气井产能下降

凝析气藏开发中当地层压力降至露点压力以下时，气藏中就会出现反凝析现象。在大涝坝苏维依下气层的生产过程中同样出现了反凝析效应，在初始阶段平稳生产一段时间后，随着开发的进行，地层压力下降，造成一部分凝析油在储层中析出，并滞留在岩石孔隙表面不能采出，导致气油比升高，气井压力下降，产能降低，最终造成采收率较低(图 1 –4 –5)。

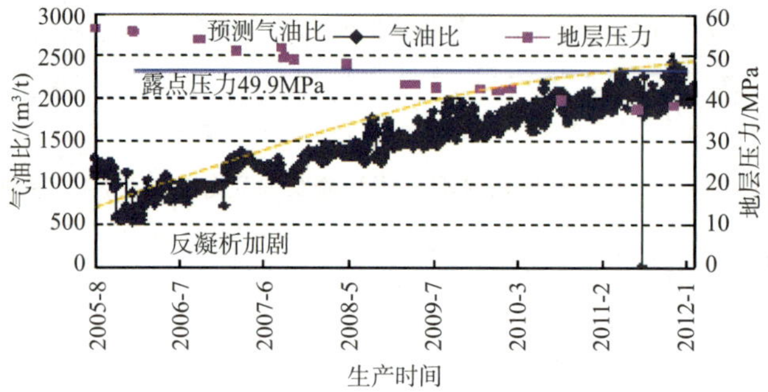

图 1 –4 –5　大涝坝苏维依组下气层气油比变化图

(二)水侵现象制约气藏高效开发

大涝坝气藏是边底水能量较大的凝析气藏，采用衰竭式开发的中后期，不可避免地会发生水侵。虽然水体对气藏而言是一种驱替能量，但开发过程中一旦发生边底水侵入，地层水占据渗流通道，将会导致气相渗透率下降，气井产能下降。此外，边底水侵入还会堵塞气相渗流通道，形成水封气，导致天然气无法采出，影响气井产能，甚至导致气井快速停喷关井，对采收率影响较大。大涝坝气藏生产初期采用衰竭式开发，地层压力下降，水侵现象较严重。在周期注气中，注入气会对水侵产生抑制作用，但在采气周期仍然会出现水侵现象(图 1 –4 –6)。

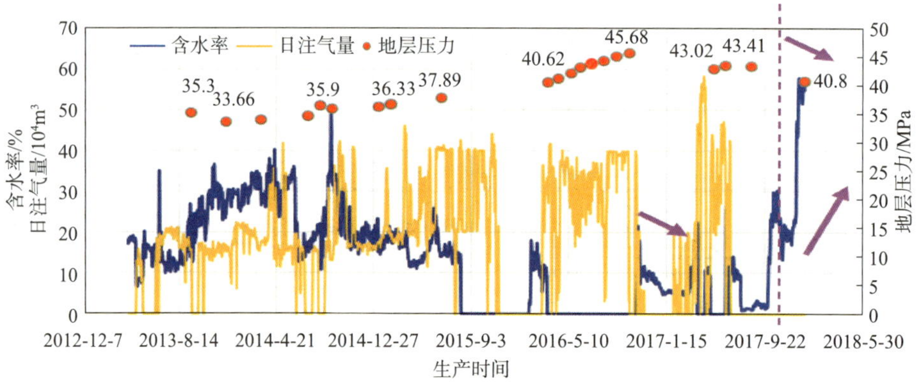

图 1 –4 –6　日注气量与地层压力、含水率间的关系曲线

（三）提高采收率关键技术亟须攻关研究

大涝坝高含凝析油凝析气藏开发初期采用衰竭方式开采，反凝析及水侵现象导致气藏开发效果变差、采收率较低。如何改善开发效果，最大限度提高动用，实现采收率最高是目前面临的挑战。需要系统研究注气等补能混相开发技术政策，着重开展衰竭式开发中后期水侵凝析气藏的实验机理、数值模拟研究，力求寻找最佳的注气方式、注采参数，从而实现气藏开发采收率最高，效益最好。

第五节　应对对策

根据大涝坝凝析气田开发中后期注气的特点和面临的挑战，广泛调研类比国内外类似气田的地质特征、流体特征、能量特征，分析总结类似气田开发方式选择、开发中暴露的问题及其应对开发技术的成功经验和失败教训。在此基础上，进行相关机理研究以及开发方案的优化调整，结合注气开发过程中的规律认识，在油气并举、社会效益、经济效益最大化的总原则下，针对大涝坝凝析气藏开发面临的问题，形成开发中后期凝析气藏提高采收率关键技术，解决了大涝坝凝析气藏开发面临的难题。

一、国内凝析气藏注气开发实例

（一）牙哈凝析气田

1. 气田基本信息

牙哈断裂构造带位于塔里木盆地塔北隆起中段，整个构造带呈 NEE—SWW 向展布，构造裂缝发育程度中等偏弱，储层内裂缝并不太发育。构造的特点比较理想，适于采用循环注气的保压方式生产。

牙哈凝析气田储层岩性以中－粉砂质细砂岩为主。储集空间以第三系吉迪克组为主，上砂体储层平均孔隙度为 17%，渗透率为 $45.7\times10^{-3}\mu m^2$；下砂体储层孔隙度为 18.2%，渗透率为 $100.5\times10^{-3}\mu m^2$，属中孔中渗储层；下第三系底砂岩储层，平均孔隙度为 15.3%，渗透率为 $145\times10^{-3}\mu m^2$，属中孔高渗储层；白垩系顶部砂岩平均孔隙度为 15.1%，渗透率为 $19\times10^{-3}\mu m^2$，属低孔、中低渗储层。储层非均质性严重，连通程度中等。

地面凝析油具有低密度、低黏度、低含硫、高含蜡、高凝固点的特点。饱和压力高（50MPa 以上），地饱压差仅 2～5MPa，地层条件下流体为单一气相。等容衰竭开采最大反凝析液量在 20% 以上，最大反凝析压力为 20～32MPa。N_1j、E＋K 凝析油质量浓度分别为 $573g/m^3$、$537g/m^3$，为特高凝析油质量浓度凝析气藏。

2. 注气开发效果

牙哈凝析气藏自 2000 年底采用循环注气，2004 年下半年采用间歇注气至今，地层压力保持水平较大，目前地层压力仍保持在 50MPa 附近，凝析油采收率提高至 15.32%。

3. 注气开发问题

在注气过程中开发矛盾不断呈现，主要表现在以下 3 方面。

①综合气油比从投产初期的 1600m^3/t 上升至目前的 2400m^3/t；

②射孔时，考虑气井产注能力前提下，多数井射开了高渗带；

③循环注气期间，注入气首先沿高渗带突进通道推进，造成注气不均。

4. 调整对策

针对问题矛盾所在，先后采用多种技术手段监测分析注气效果，封堵高渗气窜层，及时对注气进行平面、纵向调整，确保凝析油产量；与此同时采用较高回注比可以延缓地层水的推进速度，合理回注比为 N_1j 层 70% 以上，E + K 层 80% 以上。

(二)柯克亚凝析气田西五一(3)凝析气藏

1. 气田基本信息

柯克亚凝析气田位于塔里木盆地西南坳陷南缘的柯克亚背斜，已发现七个油气藏。西五一(3)凝析气藏的埋深为 3250 ~ 3340m，是西四二 – 西五二带油环凝析气藏的一个气层组，先导试验区由一口注气井(柯 242 井)、三口采气井(柯 233、柯 243、柯 250 井)、三口观察及调整井(柯 412、柯 415、柯 241 井)组成(图 1 –5 –1)。

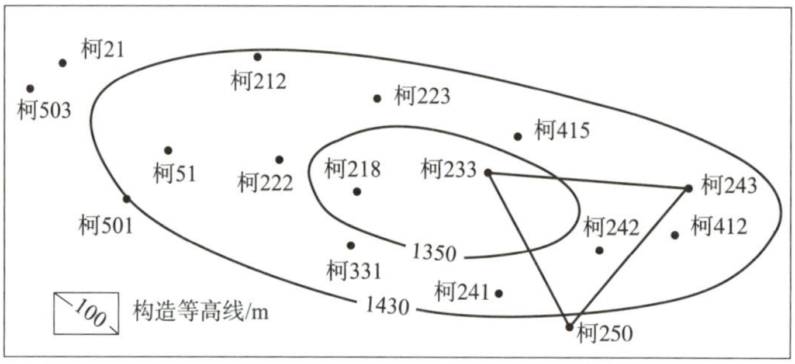

图 1 –5 –1　西五一(3)循环注气先导试验区示意图

试验区控制含油气面积为 3.2km^2，天然气储量为 $7.8\times10^8m^3$，凝析油储量为 32.14×10^4t。西五一(3)凝析气藏砂岩储集层以季节性河流相的河床亚相沉积为主，可细分为 6 个单砂层，厚度为 2 ~ 4m。第一、第四两砂层连通差，呈零星分布，其他层分布广泛。储层较均匀，层间连通性好、物性好，平均孔隙度为 13.09%，渗透率为 $62.8\times10^{-3}\mu m^2$。西五一(3)凝析气藏的注气层上部盖层与下伏地层封隔作用好。油气界面海拔 –1410m，油水界面海拔 –1430m，含气高度 25m，油环高度 20m。

西五一(3)凝析气藏原始凝析油质量浓度 500g/m^3，注气前为 200 ~ 250g/m^3，凝析油相对密度为 0.726，黏度为 0.6mPa · s，凝固点为 –60℃ ~ –30℃。

1994 年 9 月正式成功实施注气开发。初期注采比为 1.05，注气压力为 20 ~ 21.5MPa，日注气量为 22×10^4 ~ $28\times10^4m^3$；日采气量为 20×10^4 ~ $28\times10^4m^3$。

2. 注气开发效果

(1)采用注气保持压力的开发方式，减缓了地下反凝析速度，开发效果较好。5 年来试验区的凝析油采出程度达 39.2%，比衰竭式开发采收率提高了 18.2%，同时提高了气井利用率，缓解油气需求不平衡的矛盾。产量、气油比、凝析油采出程度等实际运行指标均好于原方案。

(2)同一气藏不同气层组以不同开发方式开发，效果截然不同。注气期间，试验区和四五一(3)气层组凝析油采出程度分别提高 21.8% 和 11.6%，即每采出 $1\times10^8m^3$ 凝析气、凝析油，采出程度就提高 6.1% 和 1.5%；而衰竭式开发的四五一(1+2)气层组在这期间凝析油采出程度仅提高了 1.2%，每采出 $1\times10^8m^3$ 凝析气，采收率仅提高 0.7%。另外，注气保持压力开发的气油比和压力变化也明显地优于衰竭式开发。

(3)注采比提高后，出现反蒸发现象，调整注采量的目的是控制注入气沿某方向渗流的速度。方案研究，柯 25 井在注气 1 年后气窜，实施中采取晚开井和降低采气量，使气窜时间比预计推迟了 8 个月。

3. 调整对策

在执行方案确定的 1.15 注采比时，由于柯 243 井方向采出量大，加之柯 250 井距注气井近，致使柯 243、柯 250 井于 1995 年 10 月、1996 年 5 月相继气窜。1995 年 11 月至 1996 年 5 月间，注气量较为稳定，将柯 243 井采气量由 $7\times10^4m^3/d$ 降为 $(4\sim5)\times10^4m^3/d$，一定时期内有效地遏制了气油比的上升速度；而柯 250 井降低采气量，没有达到目的，进而采取间歇开关井制度。

1997 年 3—11 月增加注采量，降低两口气窜井产量(柯 243 井间歇关开井)，为了进行再蒸发规律研究，注采比提高 1.6 左右，结果是采气井柯 233 井气油比下降，表明提高注采比，地层中存在“再蒸发”现象。

由于试验区注采井网是建立在老井利用的基础上，不可避免地存在井距不一致，加之储层非均质性影响，导致注入气推进不均一。气窜后，在调整注采量达不到降低气油比的目的时，就采取井网调整。

(三)大张坨凝析气藏

1. 气藏基本信息

大张坨凝析气藏目的层沙一段板Ⅱ油组为一由西向东倾没的鼻状构造，构造面积 $12km^2$，构造幅度 235m，地层倾角 5°。该气藏北面为一较大边水区，南面被大张坨断层破碎带遮挡，西面为岩性尖灭带，东面通过边水与板桥中区气藏连通，是一断鼻状岩性 2 构造凝析气藏。为落实气藏边界，分别在板 57 井、板 53 井进行了探边测试，解释结果与气藏构造形态吻合，从动态上落实了气藏西部和南部边界。气藏主要目的层板Ⅱ1 油组在平面上连片，边部和底部以构造控制为主，局部岩性变化使流体界面东低西高呈倾斜状，气层集中在渗透砂岩主体部位，基本上平行于主断层。储集层为单一砂体，气层平均有效厚度为 5.62m，孔隙度 20%，渗透率为 $150\times10^{-3}\mu m^2$。气藏带一小油环，气油界面为

2675m，油水界面为2695m，气藏顶界面为2565m。

2. 注气开发效果

由于气藏规模较小、开发需要再钻井数少、难以实现规则布井，故采用了不规则的三角形井网。在注采井数上考虑了一注两采方案、两注两采方案和两注三采方案。由于该凝析气藏储层物性比较好，故选用两注两采方案，注采井距1600m，需新钻2口注气井，即坨注1、坨注2井。该凝气藏共有6口井，其中两口注气井、两口采气井(板52、板53)、两口观察井(板51、板57井)。

大张坨凝析气藏于1995年1月16日循环注气，至1996年6月底已连续注气18个月，累计注气量 $11689\times10^4m^3$，累计产出井流物量 $15039\times10^4m^3$，月注采比一般在0.8，累计注采比0.65，根据已录取的大量监测资料分析，初步见到以下效果。

①凝析油的产量稳定，气油比逐渐下降；

②产出井流物中的中间组分和重组分，较注气前，有增加的趋势；

③取样进行PVT试验，所作相图与注气前对比，形状相似，但两相区变宽；

④单位压降产出井流物数量大幅上升；

⑤产出井流物中未监测到示踪剂，预示注入干气在地层中无明显的窜流现象。

3. 注气开发认识

要提高凝析油气藏的开发效益，应尽量在凝析油气藏的原始状态条件下保持压力进行开采，特别是对于一些凝析油质量浓度高、露点压力高、反凝析现象在初始阶段变化较剧烈的凝析油气藏，更要在原始状态条件下保持压力开采。

二、国外凝析气藏注气开发实例

(一)俄罗斯乌克蒂尔凝析气田

1. 气藏基本信息

乌克蒂尔凝析气田位于俄罗斯科米自治共和国乌赫塔城东180km的沼泽地。其构造大、产层多、含气高度大(达1350m)，为裂缝性碳酸盐凝析气田，凝析油质量浓度较高，达 $366g/m^3$。气藏呈块状，结构复杂，气层岩石属不同时期，不同岩性成分，储集类型也不同。孔隙度在0.1%～27.2%范围内变化，渗透率从千分之几毫达西到几个达西变化。气藏以东25～30km乌拉尔山西坡出露上古生界，发育岩溶，但岩性不均，又有断层遮蔽，所以供水区作用不明显，水体能量较低。西翼断层以西钻到了边水，矿化度略高，出水量 $3\sim228m^3/a$。国家储委批准 $5000\times10^8m^3$ 天然气探明储量。设计的废弃压力3.4MPa，天然气采收率90%。

2. 注气开发效果

气田于1968年投入开发，由于储层不均一、气藏结构复杂，故开发初期采用衰竭式，10年内凝析油稳产高产，使最终天然气采收率达90%、凝析油采收率达33%左右。尽管如此，预计凝析油的最终损失量可达 1×10^8t。于是从1993年起实施了大规模的工业性回注干气试验，由于在开发后期回注干气，此时气藏的地层压力已经降到凝析气最大凝析压力(5MPa左右)以下，回注的目的在于置换 $C_2 \sim C_4$ 组分的地层气和蒸发一部分已经析出的凝析油，这种注气方法试验的目的在于以下几方面。

①用干气置换(驱替)地层中富含 $C_2 \sim C_4$ 组分的凝析气；

②原始地层气中凝析油相占10% ~15%地层孔隙体积，在现行地层压力下，凝析油质量浓度只有 $50g/m^3$ 左右，有相当一部分凝析油析出损失在地层中，通过注干气再蒸发一部分已经析出在地层中的凝析油；

③减缓地层压力下降速度；

④阻挡边水进入凝析气区；

⑤让生产井继续保持较好的工作状态；

⑥提高凝析油的最终采收率。

(二)The Headlee Devonian 凝析气田

The Headlee Devonian 气藏发现于1953年8月，位于得克萨斯州西部、敖德萨(Odessa)市的东部。凝析油质量浓度($1460g/m^3$)高，在8年循环注气期间，生产了大量液态烃。储层孔隙度为5.8%，渗透率为 $0.11 \times 10^{-3} \sim 0.30 \times 10^{-3} \mu m^2$。露点压力较高。高露点压力和低渗储层导致井底流压低于露点压力。

由于渗透率的降低和地层水的影响，气藏东部的开发受到限制。可采面积也因此而受限，为了提高产量，气藏进行了大规模的压裂作业。措施中每英尺净储层需300加仑地层水，支撑剂用量为 $239.65kg/m^3$。在气藏开发过程中认识到若在压力降至露点压力以下再进行循环注气，会造成凝析油极大的损失，因此，该凝析气藏在1956年11月1日把月生产天数从15d降为6d。1957年12月为了开展循环注气，对该凝析气藏进行组合划分，采用9点井网。重组之前，采出的油气低于最终采收率2%。1959年末注采达到平衡，产量重新恢复到1960年1月的水平。

三、研究注气开发机理

大涝坝衰竭开发后期压力下降迅速，过程中还伴随着复杂的相态、渗流变化，面临着重质组分过早析出、地层水侵等严重影响采收率的问题，亟须通过注气保压开发的方式补充地层能量，提高凝析油采收率。

首先，对大涝坝井流物开展PVT相态实验，分别研究衰竭式反凝析特征、注气反蒸、多孔效应以及流体蜡含量对流体相态变化的影响。结果表明，大涝坝凝析气藏反凝析现象严重，衰竭式开发凝析油采收率低。而注气能有效反蒸发和驱替凝析油，能大幅提高凝析油采收率。

其次，对大涝坝凝析气藏岩芯开展气水互驱、油气互驱、注气驱替实验，探究开发过程中气藏油气水三相流动机理。结果表明，大涝坝岩芯气水相渗曲线形态不同，水驱气相渗具有较强的滞后现象。气井生产过程应避免边底水过早侵入气井和近井地带，形成水锁效应。

在此基础上，基于分子扩散、重力超覆、气体膨胀等微观机理，采用实验与数值模拟等方法，探究注气开发过程中流体相态变化特征及渗流特征，并深入开展凝析气藏注气提高采收率的机理研究。研究结果表明，开发中后期注气仍能起到反蒸发、驱替与抑制水侵的作用，通过注入干气以分子扩散、弹性膨胀、重力超覆等作用原理，实现对地层流体的驱替、分异及对重质组分的抽提蒸发与传质作用，揭示了循环注气提高凝析油采收率的机理，支撑了关于注气保压开发的决策。

四、设计优化注气开发方案

通过调研国内外循环注气气藏发现，与大涝坝凝析气藏类似情况较少，大涝坝存在反凝析、水侵严重等问题，上气层为开发后期注气，下气层为开发中期注气，具有注气的特殊性，注气方案需要结合大涝坝自身实际情况不断进行优化，以达到最好的开发效果。

井网设计时，充分利用已有井网，考虑井距不均匀、储层非均质性及各方向动用的差异性，下气层选择“高注低采”防止重力超覆效应，上气层水侵严重采用“边部注气”延缓水侵。注采井完井时，采用非对应射孔提高波及范围和防气窜。

针对注采方式的设计则提出了连续强注、错峰强注、间歇强注、连续温和注入等不同注采方式。通过对各方案进行模拟优选，发现连续强注后，气油比快速上升，容易发生气窜，同时结合产销需要，不允许连续强注；间歇强注能有效恢复地层压力，且强注期间气油比呈下降趋势，有利于凝析油反蒸发，提高采收率，且由于井距小、气窜快，强注期间采气井关井，可以防止快速气窜；同时间注间采，混相抽提更充分，有利于凝析油反蒸发。综合考虑采用间歇强注方式，结合生产需要和客户供气需求，间歇强注以冬天采气、夏天注气为主，综合判断间歇强注为开发效果较好，满足市场供应需求的注气开发方案。

针对注采强度的设计，使用数值模拟手段进行了不同注采比参数影响，以及不同注采强度对比。结果表明，上气层的注采比介于1.2～1.4，注气效果最好；下气层注采比介于1.4～1.6，注气效果最好，在更大注采比情况下容易发生气窜，注采比越大反而增油效果越差。明确上下气层注采强度为120%时，开发效果最好，注采强度大，容易造成近距离井过早气窜，远距离井抑制水侵效果差。

五、深化认识注气开发规律

与早期循环注气开发的凝析气藏不同，大涝坝凝析气藏为衰竭式开发中后期采用注气开发，储层中流体分布情况更复杂，注入气与地层中析出的凝析油、凝析气、地层水多相流相互作用，导致注气开发规律更难以认识，限制了后续开发方案的调整与制定，亟待通过实验、生产数据分析等手段搞清注气开发规律。

大涝坝凝析气藏首先通过室内实验的手段，明确循环注气提高采收率机理，包括干气与凝析油气发生复杂的组分交换现象，致使地层流体相态发生变化的对流扩散机理；注入气溶解于凝析油中致使凝析油膨胀，体积增大，进而使地层能量增加的气体膨胀效应；在密度差的影响下发生重力超覆效应机理。在这些机理综合作用下，注入气在气藏中会发生气驱油以及反蒸发现象，从而提高采收率。

在注气开发实践过程中，对各注气阶段的地层流体进行 PVT 测试得到对应相图，通过对不同注气阶段相图变化情况进行分析，明确注气提高采收率的效应与注气强度相关，注气强度较低时，注入气在气藏中主要起到气驱油的作用；注气强度较高时则以反蒸发效应为主导。此外，注气抑制水侵效果也与注气强度呈正相关关系。

最终，通过提炼分析注气开发以来的开发资料以及取得的规律认识，总结出衰竭式开发中后期的注气规律，注入干气以分子扩散、弹性膨胀、重力超覆等作用原理，实现与地层流体组分进行驱替、分异、抽提蒸发的传质与相态变化，并伴有前缘混相带的形成、消失、再形成、再消失的反复循环过程。

第二章
大涝坝注气开发实验研究与机理认识

区别于早期循环注气方式，大涝坝凝析气藏衰竭开发至中后期转为注气开发，面临着水侵、反凝析等问题，注气时的流体相态和渗流机理更复杂。凝析气藏开发过程中的流体相态变化剧烈且规律复杂，国内外对于深层凝析气藏衰竭式开发中后期提高采收率的机理研究也较缺乏。本章基于大涝坝气田的开发特征和现场实践，开展了室内相渗相态实验研究以及数值模拟研究，论证了凝析气藏中后期注气开发的可行性，总结了衰竭开发中后期水侵凝析气藏均衡注气提高采收率机理，以期为国内外类似凝析气藏高效开发提供理论依据与实践参考。

第一节　注气开发流体相态室内实验

为进一步研究凝析气藏衰竭式开发中后期注气提高采收率机理、掌握注气开发规律、明确注气后流体相态变化规律和作用机理，开展了衰竭开发相态实验、多孔介质中凝析油气相态实验等研究。室内实验研究表明，高含凝析油凝析气藏衰竭开发中后期转注气开发仍能提高凝析油采收率。且随着注气量的加大和压力的升高，反蒸发及抽提作用增强，凝析油流动性能改善，露点压力和反凝析液量逐渐降低，早注气和多注气能更好地提高凝析油采收率。实验表明，该阶段注气开发具有反凝析、反蒸发、气驱油、抑制水侵等作用机理同步发生和反复循环的特性，实际上是注入干气与地层中的油、气、水多相流相互作用和博弈的协同作用过程。

一、衰竭开发相态实验

大涝坝凝析气藏为富含气态凝析水的凝析气藏，利用PVT相态特征、地层流体降压过程中析出液量(凝析油和凝析水)与压力的变化关系确定初始凝析压力、最大凝析压力、最大反凝析油和凝析水量，研究气态可凝析水在生产过程中对气藏、气井生产的影响，从而为气井产能评价和早期产水规律的分析提供更准确的流体相态特征数据。

(一)气藏露点压力测试

通过实验测试了有地层水共存时凝析油气体系在不同温度下的露点压力变化

(表2-1-1)。测试结果表明，地层凝析油气体系露点压力高，地露压差较小，生产较短时间便会进入反凝析开采阶段。

表2-1-1 含气态地层水凝析气体系露点压力测试结果

DL1X	温度/℃	141.7*	126.7	111.7
	露点压力/MPa	44.76	45.46	46.28
DL4	温度/℃	134.4*	119.4	104.4
	露点压力/MPa	46	46.55	47.24

注：*为地层温度。

(二)单次闪蒸测试

富含地层气态凝析水的地层流体样品经单次闪蒸测试，得到DL1X井和DL4井的井流物组分、物质的量分数实验分析数据(表2-1-2)。井流物的组分中间烃和重物质的量分数较大，可液化体积较大，属于低气油比高含凝析油的凝析气体系。

表2-1-2 DL1X、DL4井含地层水井流物组分、物质的量分数实验分析数据 %

DL1X		DL4	
组分	物质的量分数	组分	物质的量分数
H_2O	0.349	H_2O	0.408
CO_2	0.648	CO_2	0.627
N_2	2.99	N_2	2.868
C_1	64.026	C_1	71.507
C_2	8.092	C_2	7.977
C_3	4.086	C_3	2.988
iC_4	1.634	iC_4	0.727
nC_4	2.471	nC_4	1.066
iC_5	1.824	iC_5	0.627
nC_5	1.734	nC_5	0.608
C_6	2.94	C_6	2.34
C_7	3.209	C_7	1.962
C_8	3.318	C_8	1.593
C_9	1.096	C_9	0.847
C_{10}	0.658	C_{10}	0.568
C_{11+}	0.937	C_{11+}	3.287
$\rho_{C_{11+}}=0.8303g/m^3$；$M_{C_{11+}}=184.20g/mol$ 实验室分离闪蒸气油比：$663m^3/m^3$ 实验室分离闪蒸油密度(20℃条件下)：0.7807g/mL 地层温度 $T_{fi}=141.7℃$；地层压力 $P_{fi}=56.4MPa$		$\rho_{C_{11+}}=0.8628g/m^3$；$M_{C_{11+}}=228.50g/mol$ 实验室分离闪蒸气油比：$1048m^3/m^3$ 实验室分离闪蒸油密度(20℃条件下)：0.7831g/mL 地层温度 $T_{fi}=134.4℃$；地层压力 $P_{fi}=56.17MPa$	

(三)气态可凝析水含量实验

对 DL1X 井进行了定容衰竭过程井流中气态水含量的测定，结果表明大涝坝凝析气藏除了含边底水，地层流体体系中还含凝析水。DL1X 井在衰竭开采过程中随压力的降低，井流物中气态水含量逐渐上升(图 2－1－1)。

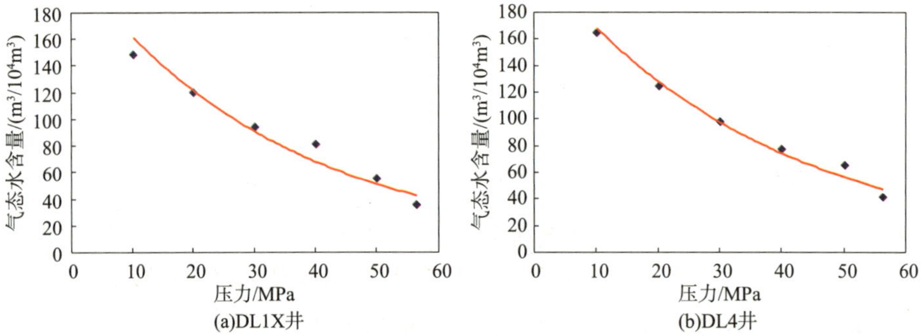

图 2－1－1 DL1X、DL4 井定容衰竭过程中井流物气态地层水含量变化图

在压力降至 10MPa 时 DL1X 井井流物中气态水含量上升至 148～165$m^3/10^4m^3$；天然气中折算气态水量上升至 0.121～0.134$m^3/10^4m^3$。因此，在开采过程中，就必然要考虑到气态地层水的影响，同时通过气水比测试还可以判断出气井的产水类型和井底是否积液。

(四)等组成膨胀测试

通过富含气态地层水凝析气等组成膨胀实验测试研究表明：地层温度下，随着压力的降低，富含气态地层水凝析油气体系相对体积逐渐增大。大涝坝凝析气藏属低气油比、高含凝析油气体系，当压力降低到露点压力以下时，DL1X 井凝析油饱和度迅速上升至 38%左右，DL4 井凝析油饱和度迅速上升至 30%左右(图 2－1－2、图 2－1－3)。通常情况下，对于地层凝析气－地层平衡共存水体系，气态地层水的存在往往会引起反凝析液饱和度增加。

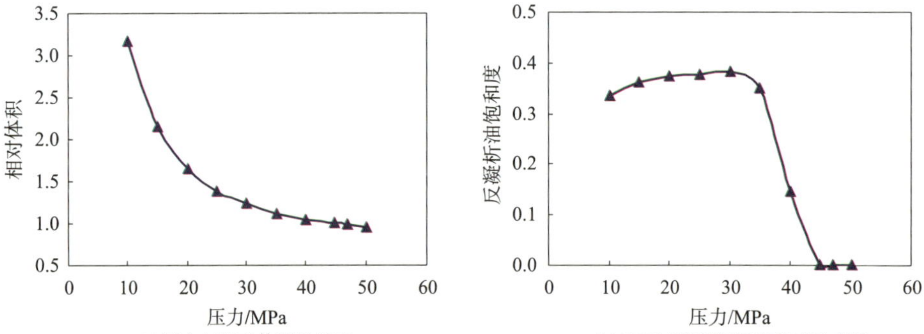

图 2－1－2 DL1X 井地层流体压力与相对体积的关系及 CCE(等组成膨胀)过程反凝析油饱和度变化

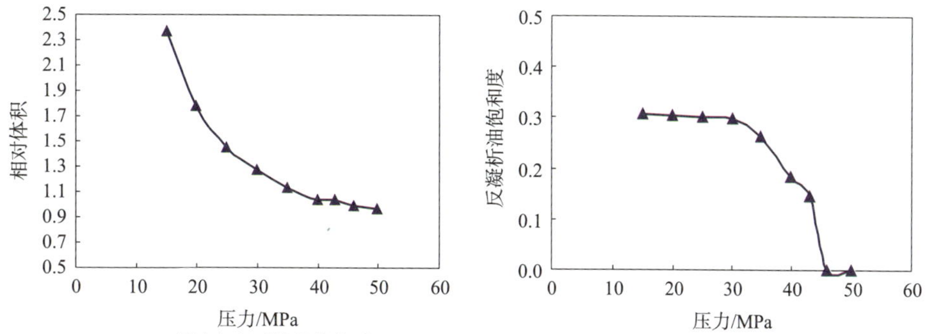

(a)压力与相对体积的关系　　(b)CCE过程反凝析油饱和度的变化

图 2－1－3　DL4 井地层流体压力与相对体积的关系及 CCE 过程反凝析油饱和度变化

(五)定容衰竭实验

模拟定容衰竭采出过程的实验结果(图 2－1－4、图 2－1－5)表明：大涝坝气藏属高含凝析油的凝析油气体系，地层压力一旦下降至露点压力以下，凝析油便迅速析出，导致储层中凝析油饱和度急剧升高，DL1X 和 DL4 井最大反凝析压力分别为 26MPa 和 28MPa，相应的最大反凝析油饱和度为 34.66% 和 28.72%，从而导致凝析油的采出程度低，仅为 12.89% 和 18.74%。因此，在开发过程中，要注意保持压力开采。

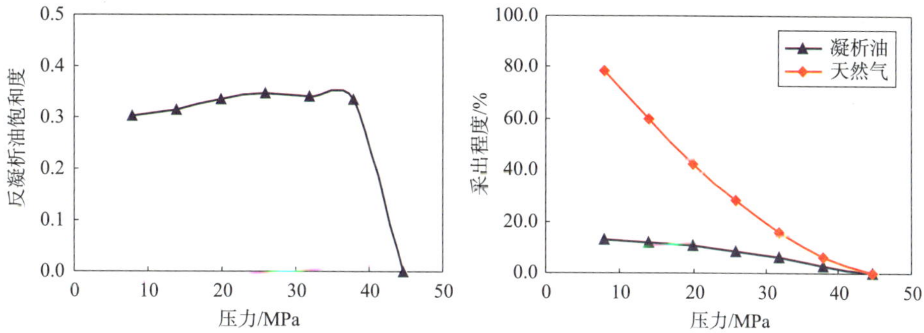

(a)反凝析油饱和度的变化　　(b)采出程度

图 2－1－4　DL1X 井 CVD 过程反凝析油饱和度的变化及 CVD 过程油气采出程度图

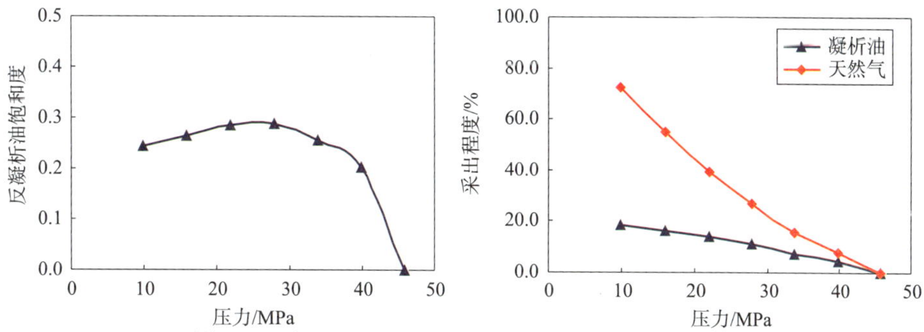

(a)反凝析油饱和度的变化　　(b)采出程度

图 2－1－5　DL4 井 CVD 过程反凝析油饱和度的变化及 CVD 过程油气采出程度图

二、多孔介质中凝析油气相态实验

目前凝析气藏开发中通用的相态测试技术及计算模型均基于这样一个假设：凝析油气在 PVT 筒中和在储层这种多孔介质中的相态行为一致，不考虑多孔介质中毛细凝聚、毛管压力、润湿、吸附等界面现象对相平衡的影响。但是地下多孔介质因具有较大的比面积而对凝析油气流体具有较强的吸附能力，多孔介质对凝析油气藏中流体的相态具有不可忽略的影响。

凝析气藏在开发过程中，随着地层压力的下降，多孔介质表面吸附随之发生变化，吸附态流体、自由态流体组成也随之变化，同时多孔介质表面气体吸附往往伴随着毛细凝聚现象的发生，从而影响相图、PVT 物性参数、地层反凝析油损失量等。因此，考虑多孔介质界面现象对凝析油气体系相平衡规律的影响，能更真实地反映凝析油气体系在储层多孔介质中的相态特征，从而更准确地认识凝析气藏的开发动态规律，以便合理高效地开发凝析气藏。

(一)多孔介质中真实露点分析

多孔介质对凝析气藏露点压力的影响主要基于以下几个因素。

1. 气体吸附

凝析气藏流体处于地下多孔介质中，多孔介质由于巨大的比面积而具有较强的吸附能力，不可避免地会发生吸附现象。在原始地层条件下，凝析气藏流体处于单一的气相状态，多孔介质表面对凝析气混合物的吸附具有选择性，某些组分会优先吸附，因而吸附态气体组成不同于自由态气体。同时，在凝析气藏开发过程中，随地层压力下降，原先吸附在储层多孔介质表面的流体会发生解吸，同样由于存在竞争吸附，即重组分优先吸附，解吸出来的流体中重烃组分较多，因此开发过程中吸附态气体组成和自由态气体组成均随地层压力的下降而不断发生变化。由于凝析气藏开发过程中，解吸出来的流体中重烃组分较多，使得参与相平衡的重组分含量增多，影响凝析气藏的露点，使得凝析气藏的露点可能高于未考虑吸附作用的露点。而且体系中原始重烃含量越高，吸附作用的影响越强，露点升高的幅度也越大，也就是说，富含凝析油的凝析气藏受吸附作用的影响更强，露点升高的幅度更大。同时，原始地层压力与露点压力的差值越大，即地露压差越大，在从原始地层压力点到露点的衰竭过程中，脱附的气体量越多，吸附作用的影响也越强，露点压力升高的幅度越大。相反，若地露压差为零，则吸附作用不影响露点。由于吸附量随温度增加而减小，故对相同凝析气流体而言，原始储层温度越高，由吸附引起的露点变化越小。同时对于低渗气藏，吸附态气体在总气量中的占比较大，吸附产生的影响相应也会增强。

2. 毛细凝聚

就凝析气藏而言，由于凝析气藏流体处于地下的多孔介质中，毛细凝聚不可避免地会对其反凝析过程产生影响，从而影响其露点，凝析液首先在最细的毛孔中产生，然后较粗的毛孔中也相继出现凝析液。凝析气藏储层温度、孔隙半径、气藏流体的性质以及储层岩石的润湿性均会影响多孔介质毛细凝聚现象。由于多孔介质微毛细管的毛细凝聚作用使得凝析油气体系会提前发生反凝析现象，从而使得多孔介质中露点可能比无多孔介质作用时的高，特别是对于低渗透凝析气藏。

为计算多孔介质中凝析油气体系真实露点，建立了多孔介质中凝析油气体系真实露点预测的相平衡计算数学模型。该模型包含 $n+3$ 个方程，其中含 n 个各组分气液相平衡逸度相等方程，其余三个方程分别为组成归一化方程、毛细凝聚露点压力方程、凝析气吸附－脱附平衡方程。

（1）基本假设条件：

①开采过程中，凝析气藏温度恒定不变；

②忽略开采过程中岩石弹性对孔隙空间的影响；

③流体同时满足吸附平衡和相平衡，状态改变，吸附平衡也同时改变；

④流体以吸附态和自由态两种状态存在，仅自由态流体参与相平衡，吸附态流体解吸为自由态后才参与相平衡。

（2）凝析油气体系真实露点预测的相平衡计算数学模型：

$$\begin{cases} f_{1\mathrm{L}} - f_{1\mathrm{V}} = 0 \\ f_{2\mathrm{L}} - f_{2\mathrm{V}} = 0 \\ \quad\vdots \\ f_{i\mathrm{L}} - f_{i\mathrm{V}} = 0 \\ \quad\vdots \\ f_{n\mathrm{L}} - f_{n\mathrm{V}} = 0 \\ 1 - \sum\limits_{i=1}^{n} \dfrac{Z_i}{K_i} = 0 \\ \ln\left(\dfrac{p_\mathrm{d}}{p_\mathrm{ds}}\right) - \dfrac{2\sigma V_\mathrm{LM}\cos\theta}{RT_r} = 0 \\ y_i\phi_i p - \gamma_i^{(s)} x_i \dfrac{n_m^{(s)}}{n_m^{(s),\infty}} \dfrac{n_i^{(s),\infty}}{b_i}\left[\dfrac{\exp \alpha_i v}{1+\alpha_i v}\right]\exp\left[\left(\dfrac{n_i^{(s),\infty} - n_m^{(s),\infty}}{n_m^{(s)}} - 1\right)\ln\gamma_\mathrm{i}^{(s)}\gamma_\mathrm{i}^{(s)}\right] = 0 \end{cases} \tag{2-1}$$

式中　$f_{i\mathrm{V}}$，$f_{i\mathrm{L}}$——组分 i 在气、液相中的逸度，Pa；

K_i——i 组分的平衡常数，无量纲；

x_i——液相中 i 组分的物质的量分数，无量纲；

y_i——气相中 i 组分的物质的量分数，无量纲；

p_d——多孔介质中凝析气真实露点压力，Pa；

p_ds——常规 PVT 测试的露点压力，Pa；

V_LM——液相的摩尔体积，$\mathrm{m^3/mol}$；

θ——润湿角，(°)；

ϕ_i——i 组分的逸度系数；

b_i——i 组分的分子不可压缩体积修正系数。

(3)吸附影响组成的物料平衡关系：

A_j 处气体的解吸量 ΔN_{gj} 为：

$$\Delta N_{gj} = N_{g(j-1)} - N_{gj} \tag{2-2}$$

从而气体物质的量分数改变量 Δn_{ji} 为：

$$\Delta n_{ji} = n_{A(j-1)i} N_{g(j-1)} - n_{Aji} N_{gj} \tag{2-3}$$

因此 A_j 处气体的 n_{ji} 则为：

$$n_{ji} = \frac{n_{(j-1)i} + n_{ji}}{1 + \Delta N_{gj}} \tag{2-4}$$

式中 N_{gj}——A_j 处气体吸附量，mol/mol；

n_{ji}——A_j 处吸附气相中 i 组分物质的量分数，无量纲。

方程(2-1)～方程(2-4)一起构成了完整的考虑多孔介质影响的露点数学模型。

由混合气体吸附模型求出的吸附量是指单位质量吸附剂所吸附气体的物质的量 N_t，其单位为 mol/kg，因此应将其转化为 1mol 烃类体系所对应的吸附量 N(mol/mol)：

$$N = N_t \frac{ZRT_f \rho_s (1-\phi)}{p\phi} \tag{2-5}$$

式中 ρ_s——孔隙介质的密度，kg/m^3；

ϕ——孔隙介质的孔隙度，%。

这样，考虑多孔介质影响的露点的求解步骤：

①首先求取单组分凝析气的吸附等温线；

②根据凝析气混合物的吸附模型计算 A_{j-1}，A_j 处混合气吸附量 $N_{g(j-1)}$；N_{gj} 以及吸附相物质的量分数 $n_{A(j-1)_i}$，$n_{A_{ji}}$；

③计算 A_j 处气体物质的量分数 n_{ji}；

④求取露点 p_d，判断 p_d 是否大于 A_j 处压力 p_{Aj}，若是，则 p_d 为所求露点，若不是，再在下一点 A_{j+1} 处重复上述步骤，直到满足条件。

(二)多孔介质中定容衰竭相平衡计算方法

定容衰竭过程测试是凝析气藏开发过程动态预测的重要手段之一。对于凝析气藏衰竭开采过程，假设地下储烃空间保持不变，按反凝析相变组成过程进行相平衡计算，从而可以早期预测凝析气藏实际开采过程中不同开采阶段的各级压力下地层反凝析油损失规律、采出井流物组成变化、偏差因子以及地层流体采出程度等生产动态参数的变化；预测采出气中重质物质的量分数变化对凝析油产量和采收率的影响；为井筒相变和压力分布的动态计算提供流体数据；为气井试井方法等分析提供井流物组成变化数据；为气藏数值模拟提供准确参数；在开发早期为地面轻烃回收工艺设计提供采出天然气中凝析油和轻烃组分的变化范围。

运用多孔介质相平衡理论建立了定容衰竭开采过程相平衡预测模型。该模型包括等温闪蒸相平衡逸度相等关系、衰竭过程的物质平衡关系、毛管压力平衡关系以及吸附－脱附组成平衡关系，共由 $n+3$ 个方程组成。

基本假设同露点压力预测模型相同。

$$\begin{cases} f_{1\mathrm{L}} - f_{1\mathrm{V}} = 0 \\ f_{2\mathrm{L}} - f_{2\mathrm{V}} = 0 \\ \vdots \\ f_{i\mathrm{L}} - f_{i\mathrm{V}} = 0 \\ \vdots \\ f_{n\mathrm{L}} - f_{n\mathrm{V}} = 0 \\ \sum\limits_{i=1}^{N} \dfrac{n_i(K_i - 1)}{1 + (K_i - 1)V} = 0 \\ p_{\mathrm{V}} - p_{\mathrm{L}} - \dfrac{2\sigma\cos\theta}{r} = 0 \\ y_i\phi_i p - \gamma_i^{(s)} x_i \dfrac{n_m^{(s)}}{n_m^{(s),\infty}} \dfrac{n_i^{(s),\infty}}{b_i} \left[\dfrac{\exp \alpha_i v}{1+\alpha_i v}\right] \exp\left\{ \left[\dfrac{n_i^{(s),\infty} - n_m^{(s),\infty}}{n_m^{(s)}} - 1\right] \ln\gamma_{\mathrm{V}}^{(s)} \gamma_{\mathrm{V}}^{(s)} \right\} = 0 \end{cases} \tag{2-6}$$

式中　V——气相物质的量分数；

p——i 组分的压力，MPa；

n_i——i 组分的物质的量分数；

α_i——i 组分的分子间引力修正系数；

v——相对分子体积；

p_{V}——气相压力，MPa；

p_{L}——凝析油相压力，MPa。

1. 定容衰竭物质平衡关系

露点压力下单位摩尔质量的油气体系所占的孔隙体积：

$$V_{\mathrm{d}} = \frac{Z_{\mathrm{d}} R T_{\mathrm{f}}}{P_{\mathrm{d}}} \tag{2-7}$$

第 k 次压降段采出井流物的摩尔质量：

$$\Delta N_{\mathrm{p}k} = \left\{ (Z_{\mathrm{p}k} V_k + Z_{\mathrm{l}k} V_k)(1 - N_{\mathrm{p}k-1}) \frac{RT_{\mathrm{f}}}{p_k} - V_{\mathrm{d}} \right\} \frac{p_k}{Z_{\mathrm{g}k} RT_f} \tag{2-8}$$

衰竭开采至第 k 级压力时，井流物的摩尔质量累计采收率：

$$N_{\mathrm{p}k} = \sum_{j=2}^{k} \Delta N_{\mathrm{p}j} \tag{2-9}$$

衰竭开采至第 k 级压力时，地层反凝析油损失饱和度：

$$S_{\mathrm{l}k} = \frac{Z_{\mathrm{l}k} L_k (1 - N_{\mathrm{p}k-1}) RT_{\mathrm{f}}}{V_{\mathrm{d}} p_k} \times 100\% \tag{2-10}$$

衰竭开采至第 k 级压力时，地层剩余流体的物质的量分数：

$$n_{ik} = \frac{n_i - \sum\limits_{j=2}^{k} (\Delta N_{pk} y_{ij})}{1 - N_{pk}} \tag{2-11}$$

第 k 次衰竭压力时，采出井流物物质的量分数：

$$y_{ij}=\frac{n_{ik}k_{ik}}{1+(k_{ik}-1)V_k} \tag{2-12}$$

式中 V_d——露点压力下单位摩尔质量的油气体系所占的孔隙体积，m^3/mol；

Z_d——储层温度和露点压力下地层流体的压缩因子，无量纲；

Z_{gk}——第 k 次压降时地层中平衡气相的压缩因子，无量纲；

Z_{lk}——第 k 次压降时地层中平衡液相的压缩因子，无量纲；

V_k——第 k 次压降时地层中平衡气相的物质的量分数，mol；

L_k——第 k 次压降时地层中平衡液相的物质的量分数，mol；

N_{pk}——第 k 次压降采出井流物的摩尔质量，kg/mol；

$N_{p(k-1)}$——第 k 次压降时井流物累计采出程度，%；

S_{lk}——第 k 次压降时地层反凝析损失饱和度，%；

i——组分数，$i=1，2，3，\cdots，N$；

j——衰竭压降次数，$j=1，2，3，\cdots，k$。

2. 吸附影响组成的关系

在每一压力衰竭步长 p_j-p_{j+1} 内，每一分析单元对应的因压降引起的气体脱附量：

$$\Delta N_{gj}=N_{gj}-N_{g(j+1)} \tag{2-13}$$

地层流体物质的量分数的改变量：

$$\Delta n_{ji}=y_{pji}N_{gj}-y_{p(j+1)i}N_{g(j+1)} \tag{2-14}$$

从而地层流体新的物质的量分数为：

$$n_{(j+1)i}=\frac{n_{ji}+\Delta n_{ji}}{1+\Delta n_{g(j+1)}} \tag{2-15}$$

气、液相的物质的量分别为：

$$V_{p(j+1)}=V_j+\sum_{i=1}^{N}\frac{\Delta n_{ji}k_i}{k_i+1} \tag{2-16}$$

$$L_{p(j+1)}=L_j+\sum_{i=1}^{N}\frac{\Delta n_{ji}}{k_i+1} \tag{2-17}$$

气、液相的物质的量分数为：

$$V_{j+1}=\frac{V_{p(j+1)}}{L_{p(j+1)}+V_{p(j+1)}} \tag{2-18}$$

$$L_{j+1}=\frac{L_{p(j+1)}}{L_{p(j+1)}+V_{p(j+1)}} \tag{2-19}$$

因此考虑吸附后，在压力点 p_{j+1} 处组分 i 在气、液相中的物质的量分数为：

$$y_{(j+1)i}=\frac{n_{ji}k_i}{1+(k_i-1)V_{j+1}} \tag{2-20}$$

$$x_{(j+1)i}=\frac{n_{ji}}{1+(k_i-1)V_{j+1}} \tag{2-21}$$

方程(2－6)～方程(2－20)一起构成了完整的考虑多孔介质影响的定容衰竭相平衡计算数学模型。

(三)多孔介质中凝析油气相态特征

在凝析气藏开发过程中，随地层压力下降，原始状态下吸附在地层孔隙介质表面的气体组分会逐渐脱附，从而影响凝析气组成的变化；同时孔隙介质中微毛管的毛细凝聚作用，又使得凝析气发生凝聚即反凝析提前。因此，多孔介质中凝析相态特征不同于常规PVT测试结果。

应用上两节给出的考虑多孔介质影响的开采过程中凝析气藏相态特征计算模型，以大涝坝苏维依组DL6井为例，对地层流体在多孔介质中凝析油气体系真实露点、反凝析油饱和度随地层压力变化的相态进行预测。

1. 露点压力

用该方程对DL6井凝析油气体系露点进行了预测，储层孔隙介质中露点压力计算结果如表2－1－3、图2－1－6所示。由计算结果可直观地看出，考虑毛细凝聚和吸附等界面现象的作用，所得到地层流体的露点压力略有升高。

表2－1－3　DL6井露点计算结果表　MPa

井号	有介质露点压力	无介质露点压力	$\frac{P_d-P_{do}}{P_{do}}$
DL6	50.1	49.9	0.40

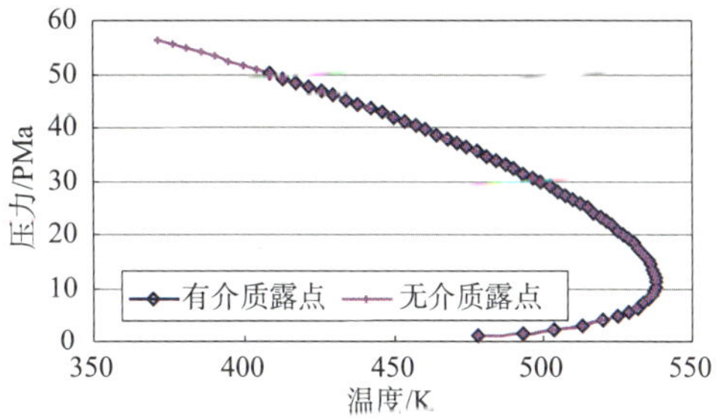

图2－1－6　DL6井地层流体的露点线

通常多孔介质孔隙表面会优先吸附烃类气体中的重烃组分，那么在从原始地层压力到露点压力的压降过程中，由于吸附的气相中重烃组分含量高，因而脱附气使得气相中重烃浓度升高，并参与新的气液相平衡，同时毛细凝聚使得液滴加速从气相中析出，从而使地层流体的露点压力升高。并且原始体系中重烃组分含量越大，吸附作用的影响越强，露点升高的幅度也越大。同时，地露压差越大，则$P_i \rightarrow P_d$的衰竭过程中脱附的气体量越多，吸附作用的影响也越强。一般由于吸附量随温度增加而减小，故相同体系储层温度越高，由吸附引起的露点变化越小。

DL6井E_3s层露点的变化受多孔介质影响较小，主要原因是其地露压差小(小于10MPa)、地层温度高(大于130℃)、储层为中－高孔渗型孔隙半径较大，因而吸附作用较弱，对气相的露点压力影响小。

2. PVT物性参数

1)物质的量分数的变化

对大涝坝凝析气藏定容衰竭的相态特征进行了计算，结果表明DL6井E_3s层凝析气的定容衰竭相平衡在考虑和不考虑多孔介质影响时，其凝析油气体系中各组分物质的量分数表现出较明显的变化。

图2－1－7、图2－1－8是DL6井C_1组分的变化曲线。由曲线看出，考虑多孔介质的两种情况下，气相中C_1组分的物质的量分数变化有较明显的差异，而C_1在液相中物质的量分数变化相差甚微。考虑多孔介质影响时C_1气相物质的量分数较不考虑介质影响时的高，说明脱附出的C_1主要进入了气相。从C_1总组分物质的量分数曲线看，随压力的降低，考虑多孔介质时C_1组分的物质的量分数比不考虑时的低，即影响程度越来越大。

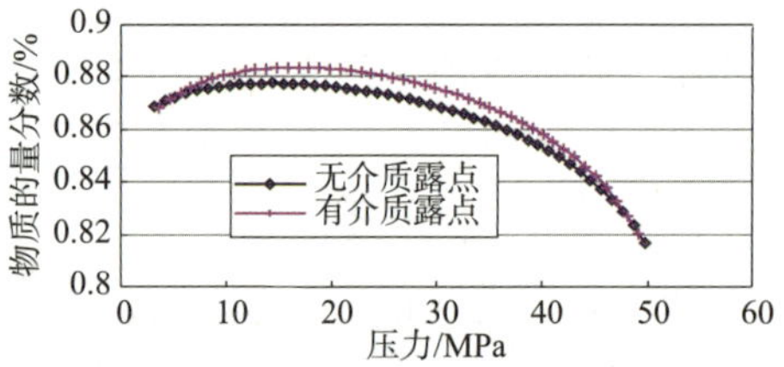

图2－1－7　DL6井定容衰竭过程中气相C_1组分物质的量分数的变化

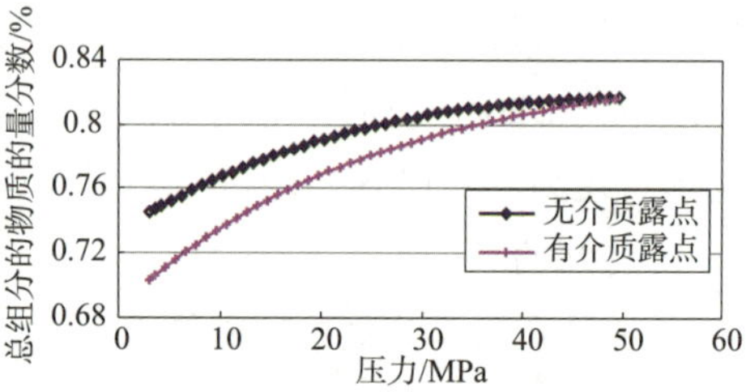

图2－1－8　DL6井定容衰竭过程中C_1总组分物质的量分数的变化

由图2－1－9～图2－1－11中大涝坝DL6井C_3组分的物质的量分数的变化曲线可以看出，考虑和不考虑多孔介质影响的两种情况下，C_3组分在气、液相和总组分的物质的量分数的变化均有明显差别，即考虑介质作用时的值均低于不考虑介质作用时的值，说明脱附出的C_3同时进入了气、液两相。

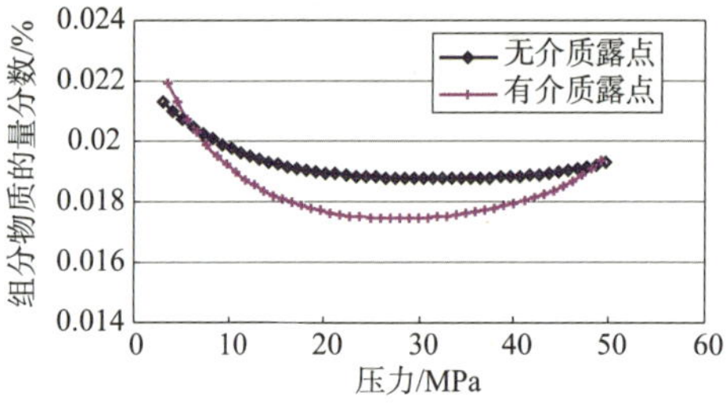

图2－1－9　DL6井定容衰竭过程中气相C_3组分物质的量分数的变化

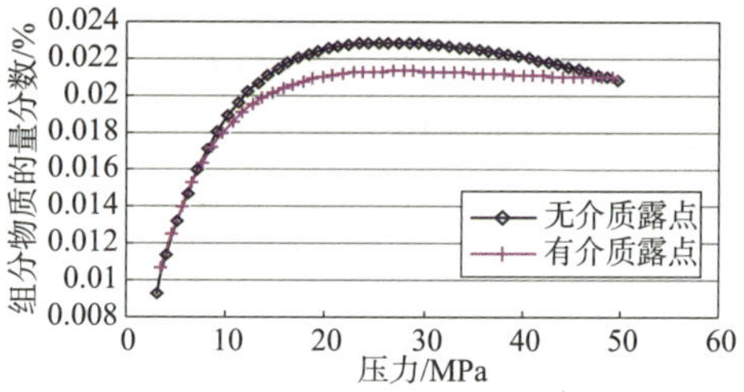

图2－1－10　DL6井定容衰竭过程中液相C_3组分物质的量分数的变化

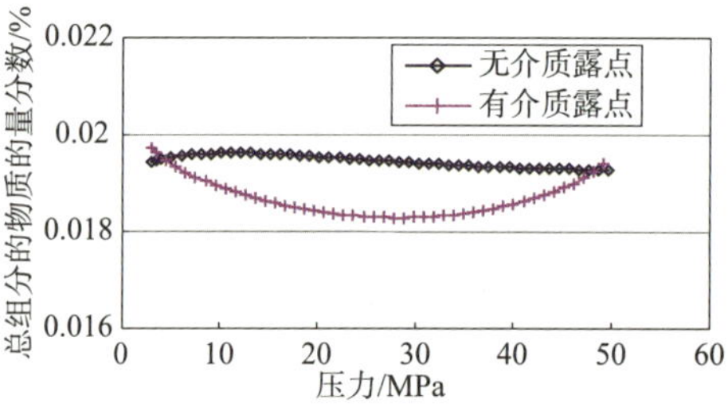

图2－1－11　DL6井定容衰竭过程中C_3总组分物质的量分数的变化

由图2－1－12、图2－1－13中DL6井定容衰竭中液相及总组分中的C_{7+}组分的物质的量分数的变化曲线可以看出，对于 C_{7+} 组分，气相中 C_{7+} 物质的量分数受多孔介质影响较小，而液相 C_{7+} 组分和总组成 C_{7+} 组分的物质的量分数有多孔介质的明显高于无多孔介质的，说明脱附出的 C_{7+} 组分主要进入了液相中。

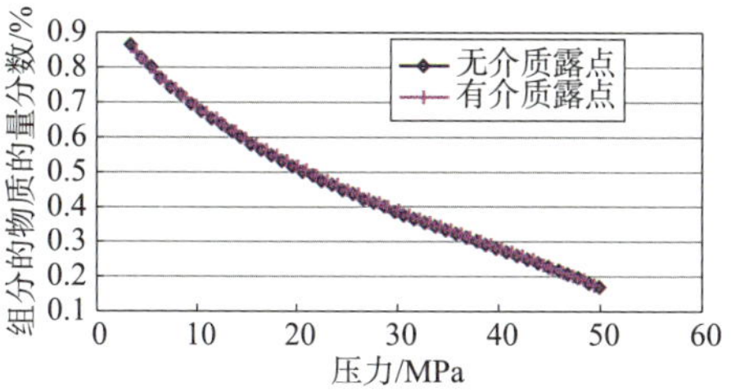

图 2－1－12　DL6 井定容衰竭过程中液相 C_{7+} 组分物质的量分数的变化

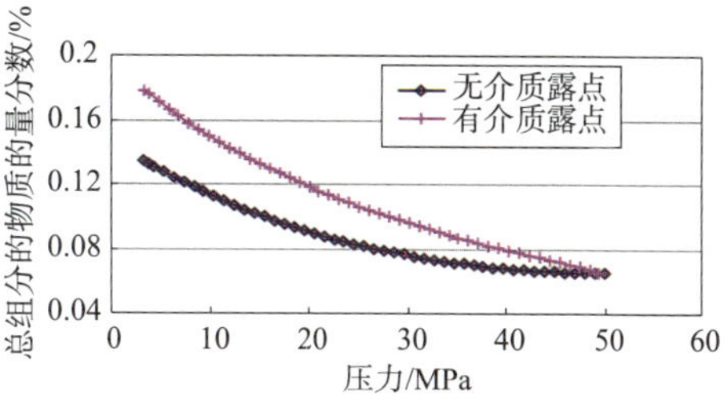

图 2－1－13　DL6 井定容衰竭过程中 C_{7+} 总组分物质的量分数的变化

可见，受多孔介质的影响 C_1 总组分的物质的量分数明显下降，C_{7+} 总组分的物质的量分数则明显增加，C_3 总组分的物质的量分数变化处于二者之间。由于混合气体在多孔介质表面吸附作用的影响，各组分总物质的量分数受影响的程度在低压下均明显高于在高压下。等容衰竭过程中随压力的下降，被吸附气体不断脱附，且脱附气体中重质组分的物质的量分数高于轻质组分的，并且在低压下比高压脱附出的气量多，这些因素的综合作用使得重组分在总组成中占比相应增加，轻组分则减少。

定容衰竭中凝析气各组分受多孔介质影响的明显变化，会进一步对大涝坝凝析气藏地层反凝析产生影响，因此在大涝坝凝析气藏衰竭开发动态分析中应引起重视。

2) 反凝析油液饱和度的变化

定容衰竭过程中，地层流体物质的量分数的变化必然引起流体的其他物性参数的变化。应用该模型预测了 DL6 井凝析油气体系在多孔介质中定容衰竭反凝析油饱和度变化特征(表 2－1－4、图 2－1－14)。

表 2－1－4　DL6 井渗流条件下最大反凝析油饱和度变化　　%

井号	无介质	有介质	差值	误差
DL6	27.97	33.11	5.14	18.4

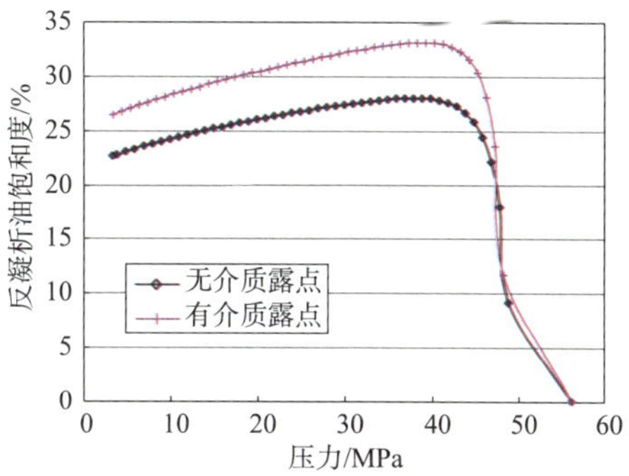

图 2－1－14　DL6 井渗流过程反凝析油饱和度曲线

预测结果表明：在考虑与不考虑多孔介质界面现象影响的两种情形下，凝析油气体系在地下渗流过程中地层反凝析油饱和度的变化规律差异较大，即考虑介质界面现象的影响时，反凝析液饱和度明显高于不考虑介质影响的。多孔介质对渗流条件下地下反凝析油饱和度影响显著，其主要原因是脱附的气体中重烃物质的量分数相对高。

从图 2－1－14 可以看出，当地层压力下降至露点压力后，在考虑和不考虑多孔介质的两种情况下，反凝析油饱和度均有一个快速增长的压力区间，而后渐渐变平缓。原因是如果高压区凝析油绝对饱和度小、收缩效应也不大，则单位压降析出的凝析液量较大。收缩效应随压力降低而增强，同时由气相析出的凝析液量则逐渐减小，当凝析油析出与收缩等值时，凝析油饱和度达到最大值，直到最大凝析压力，收缩效应又增强。

综上所述，多孔介质对反凝析油饱和度的变化影响也说明在真实储层中，衰竭式开采凝析气藏，损失的凝析油比预想的大得多。

3）气、液相压缩因子的变化

由定容衰竭过程中气、液相压缩因子的变化曲线（图 2－1－15、图 2－1－16）来看，由于多孔介质的作用，DL6 井气相和液相的压缩因子均稍有增大，但变化幅度非常有限，在现场应用中可忽略。

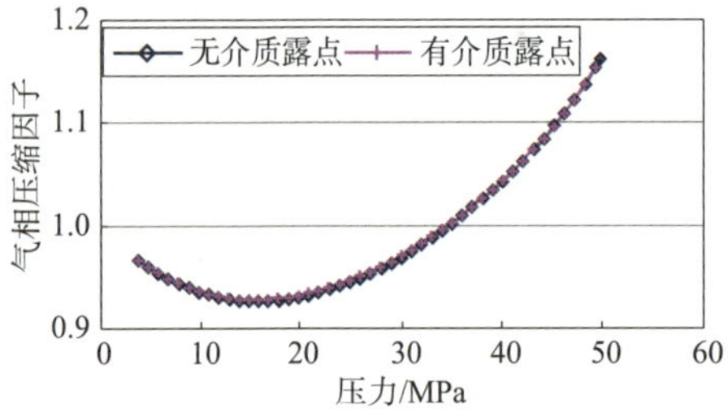

图 2－1－15　DL6 井气相压缩因子变化曲线

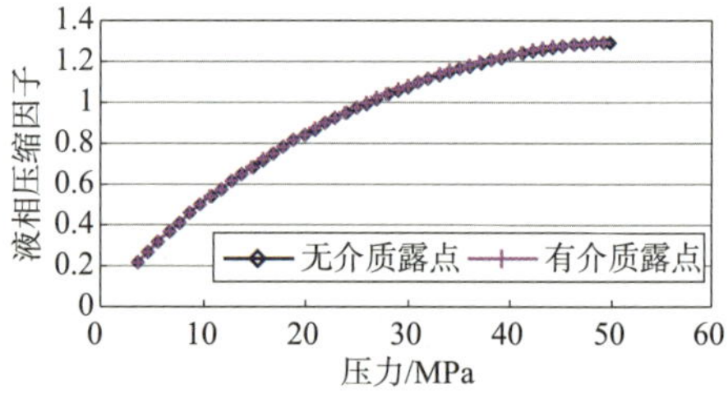

图 2－1－16　DL6 井液相压缩因子变化曲线

4）流体黏度的变化

图 2－1－17、图 2－1－18 为 DL6 井在考虑和不考虑介质影响时的凝析气相和油相黏度随压力的变化规律，考虑与不考虑介质对流体黏度的影响较小，只是考虑介质影响时的气相黏度略低于不考虑介质时的，而凝析油黏度略高于不考虑介质时的。这也充分说明了压降过程中脱附气体分别进入了气相和液相，使气、液相的组成发生变化而导致流体黏度的变化。

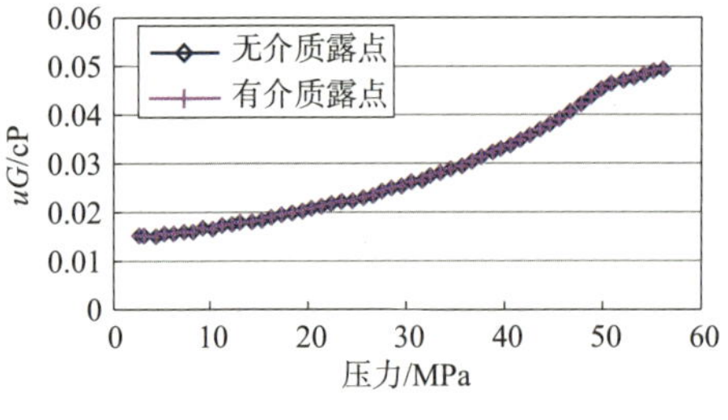

图 2－1－17　DL6 井气相黏度变化曲线

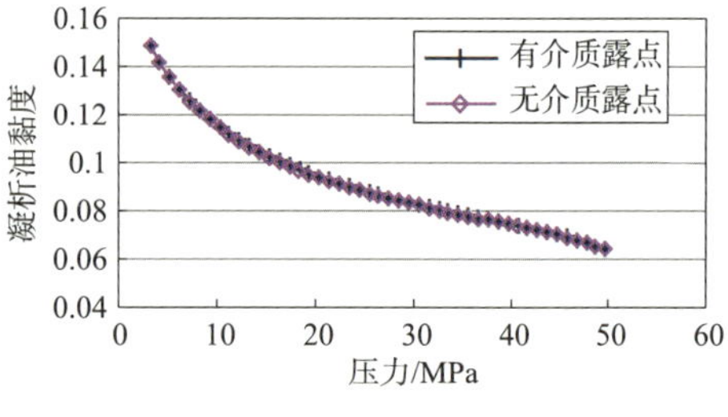

图 2－1－18　DL6 井凝析油黏度变化曲线

5)凝析油的体积系数和溶解气油比的变化

考虑介质界面现象影响时凝析油的体积系数(图2-1-19)、溶解气油比(图2-1-20)均比不考虑时稍微偏低，而凝析油密度则较不考虑时的高。出现这种现象的原因是地层压力下降过程中的脱附气体的重烃物质的量分数较高。同时在开发早中期，随着压力的下降，凝析油体积系数的下降幅度明显较大，多孔介质的影响也相对明显；凝析油的溶解气油比的变化特征也十分相似。

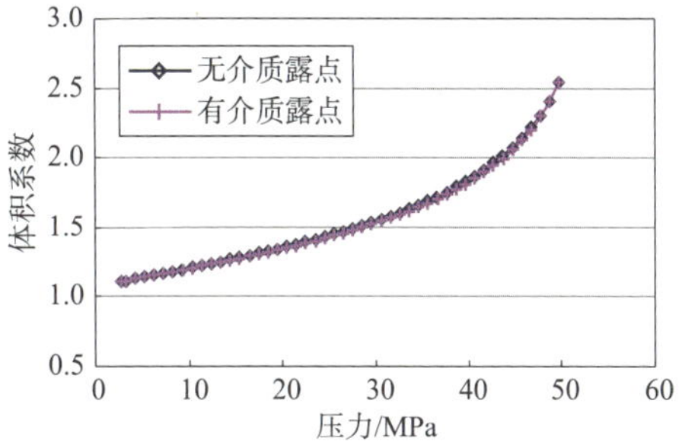

图2-1-19　DL6井凝析油体积系数变化曲线

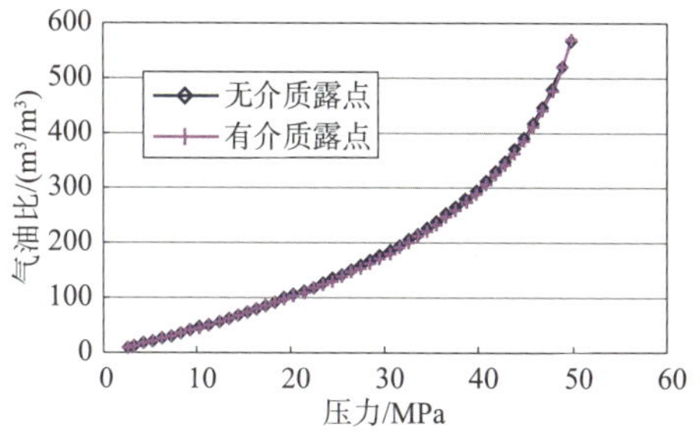

图2-1-20　DL6井凝析油溶解气油比变化曲线

以上计算结果说明，多孔介质对大涝坝凝析气藏凝析油气体系的流体物性参数存在一定的影响，这些参数也是凝析油气在储层中渗流的敏感参数，考虑多孔介质影响对雅克拉-大涝坝凝析气藏开发中取准参数有一定的意义。

三、注气驱相态实验

相态变化对于注气混相驱替过程相当重要。当存在多相流体流动时，油气体系间会产生相间传质和传热，当有气体注入时，流体的物理化学性质(如黏度、密度、体积系数、界面张力、气液相组分和组成等)均会发生变化。因此，准确评价注入气与地层流体之间抽提-溶解传质过程中的相态变化特征，是确定凝析气藏注气开采机理和注气适应性的基础。

(一)注气中的相变机理

在注入气体驱替凝析气的过程中，在流动方向上，两种气体会被混合带所隔开，混合带中的气体是这两种气体的混合物，在流动方向上的这种混合称作“纵向分散”；在层间存在渗透率差异时，注入气体不仅在流动方向上与凝析气混合，还与低渗透小层的凝析气发生横向混合，这种垂直于流动方向的横向混合称作“横向分散”，见图2-1-21。

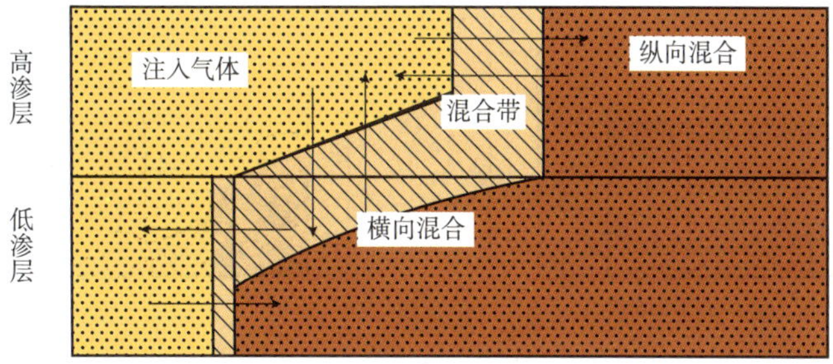

图2-1-21　注入气体与凝析气之间的纵向和横向分散混合机理

由于注气过程中存在这种双重混合作用，增加了凝析气体系相态变化的复杂性，在混合带处的相态变化特征与凝析气区及干气覆盖区的差别较大。

(二)注气引起的凝析油饱和度分布变化特征

注气过程中，注入气与凝析气体系之间并非理想情况下的活塞式均匀推进，由于储层中层内及层间非均质的作用，使得注入气体与凝析气发生分散混合，形成混合带；由于混合带中组分的变化，其相态特征与干气区域及凝析气区域的不同，因此会形成一种与凝析气藏衰竭式开发不同的凝析油饱和度分布特征。

混合带的相态特征与凝析气藏原始流体相态特征的差别，在开发过程中体现在气藏中凝析油饱和度分布规律的变化，由于混合带中气体露点压力升高，使得混合带处的凝析油饱和度发生局部增加现象。注入气体性质不同，引起凝析气露点压力升高的幅度不同，研究表明，对于凝析气藏，注入氮气引起的露点压力升高值比甲烷的大。以下以注入氮气为例，阐述凝析气藏在循环注气过程中饱和度分布的变化规律，p_r、p_{wh}、p_{rw}、p_w 分别代表气藏压力、混合带露点压力、近井地带气藏压力、露点压力。

在高于露点压力下注入氮气，储层中凝析油饱和度分布规律如图 2-1-22 所示，当近井地带地层压力低于露点压力时，在井筒附近将有凝析油析出，并聚集在井筒附近，而气藏其他区域(包括混合带处)压力高于露点压力，因此，在这些区域不会出现凝析油析出及聚集现象[图 2-1-22(a)]。当地层中某处压力低于露点压力时，此处开始析出凝析油，凝析油析出及聚集的半径增大[图 2-1-22(b)]。随着注气时间延长，混合带不断向前推进，当地层压力低于混合带的露点压力时，在混合带内便有液体析出，并发生聚集，而此时在混合带之后的区域内，地层压力仍高于露点压力，因此并没有液体析出

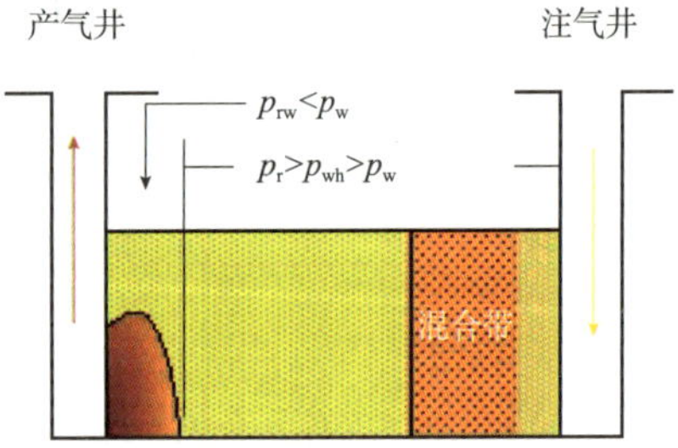

(a)近地带地层压力低于露点压力

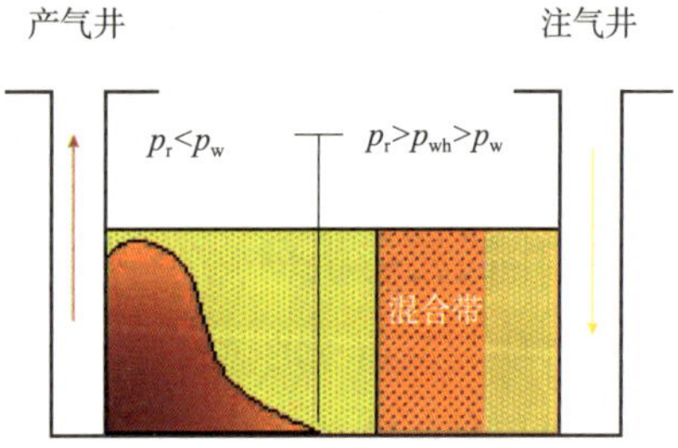

(b)地层中某处压力低于露点压力

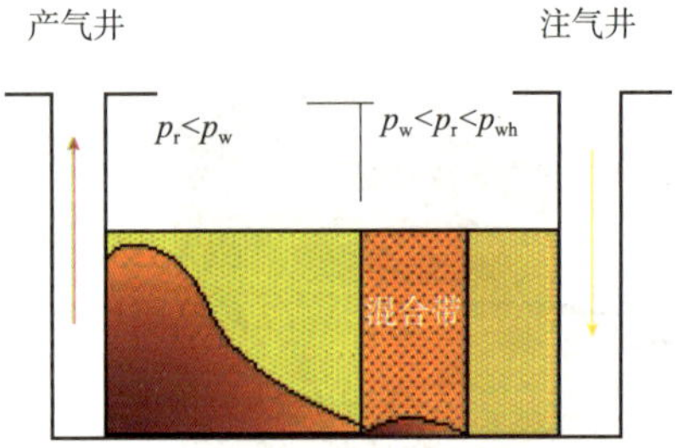

(c)地层压力低于混合带的露点压力

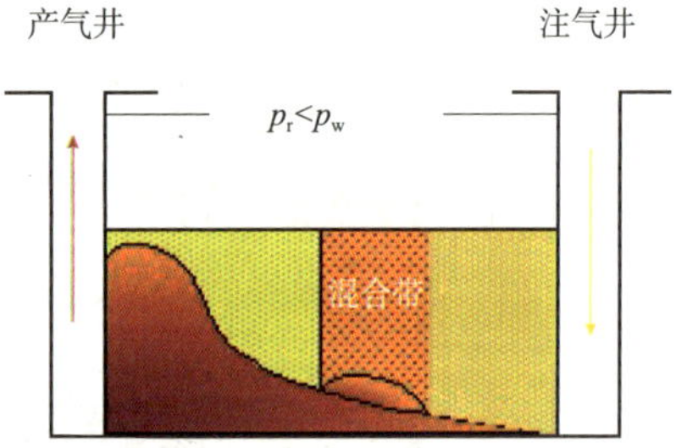

(d)所有区域的压力均低于露点压力

图 2-1-22 循环注气过程中凝析油饱和度分布的变化规律

[图2－1－22(c)]。当地层压力进一步降低，气藏内所有区域的压力都低于露点压力时，则整个气藏内都有凝析油析出，但其凝析油分布规律会出现“驼峰”现象[图2－1－22(d)]，这是注入气体与凝析气体的混合，使得混合体系露点压力局部升高所引起的。当注气时地层压力已经低于露点压力，其凝析油饱和度分布规律与图2－1－22(d)所示的规律相似。

(三)凝析油反蒸发实验

1. PVT筒衰竭注气

①将地层条件(138℃，56MPa)下的地层流体，定容衰竭生产到35MPa。②保持该压力条件，向PVT筒内注干气。③每加入一定体积的干气时，让干气与原流体充分混合平衡，测凝析油减少量。④保持35MPa压力排气，用冷凝器收集排出气中的油，对气体进行计量，并取油气样进行气相色谱分析。⑤依此步骤，到加入3倍干气体积时为止。

由于降压方式不同，定容衰竭比常规分析衰竭生产时的液量线略高，衰竭生产到35MPa时，反凝析液占孔隙体积的19.22%，而常规PVT的为18.05%～19.22%(图2－1－23)。

加入干气后，反凝析液量减少程度，随注气量的增加近似呈直线上升，说明反蒸发现象明显。注气体积分别为1、2、3倍孔隙体积时，反凝析液量分别减少31.2%、48.6%、66.1%(图2－1－24)。

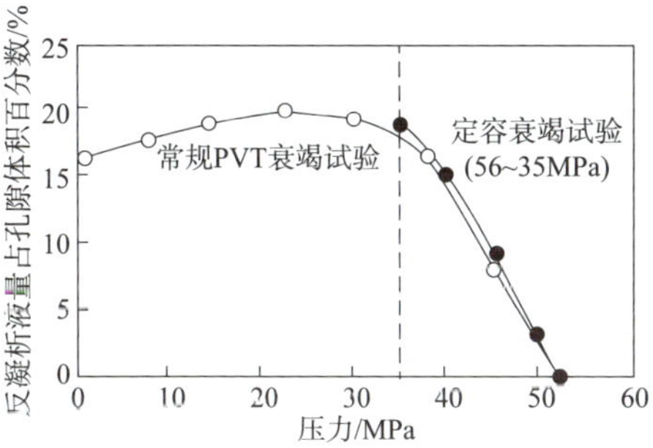

图2－1－23　衰竭过程中反凝析液量与压力关系曲线

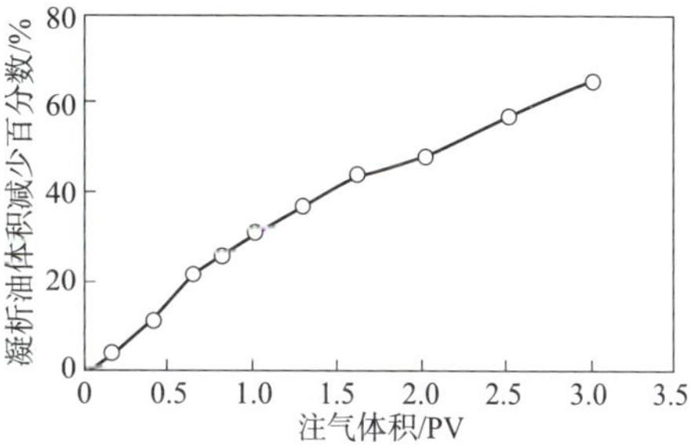

图2－1－24　PVT筒反凝析液量随注气体积变化关系曲线(35MPa)

随注入气体积的增加，除甲烷外，气相各物质的量分数基本都呈下降趋势(图2－1－25)。油C_5～C_{10}组分的物质的量分数呈下降趋势，C_{11}～C_{19}以及C_{20+}物质的量分数呈上升趋势(图2－1－26)。从图2－1－27也可以看出，产出油的密度随注气量增加而升高。

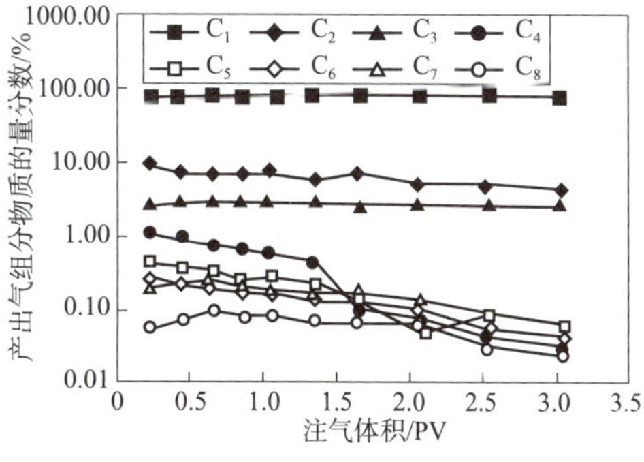

图2－1－25　PVT产出气组分的物质的量分数随注气体积变化关系曲线(C_5～C_{10}，35MPa)

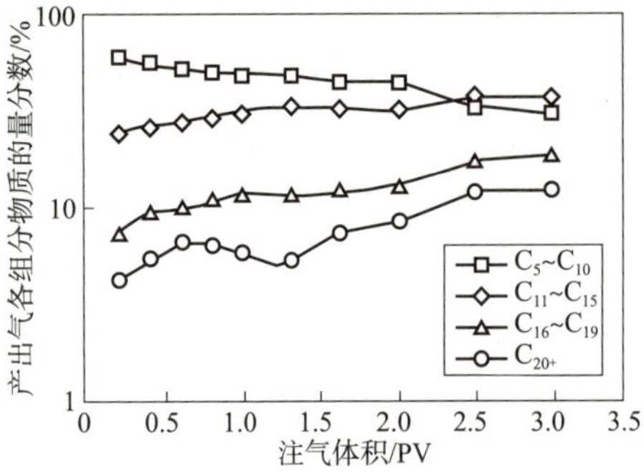

图 2-1-26　PVT 筒产出油组分的物质的量分数随注气体积变化关系曲线（C_5 ~ C_{19} 以及 C_{20+}，35MPa）

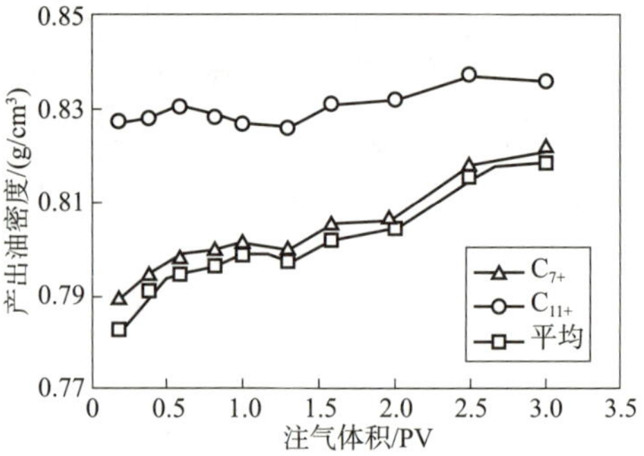

图 2-1-27　PVT 筒产出油密度随注气体积变化关系曲线（35MPa）

实验结果表明，凝析油中的中间组分、C_{20+} 重组分均能被蒸发。地层压力从 56MPa 衰竭生产到 35MPa 时，凝析油的采收率为 18.4%，气的采收率为 21.1%；注干气 2 倍孔隙体积时，油采收率为 35.3%，气总采收率为 53.7%；注气 3 倍孔隙体积时，油总采收率为 64.8%。

2. 长岩芯保持地层压力注气实验

在地层压力下，用地层流体饱和长岩芯后，以 $2m^3/d$ 的速度注入干气，用回压阀控制生产压差，并达到注采平衡。在岩芯的出口端接一冷井捕集器和气量计，定时计量产出油气的产量，定时取油气样进行色谱分析，利用在出口端的观察窗，随时了解注气过程中的相态变化情况。待注气体积达到 2 倍孔隙体积时停止实验。

1）气油比

注气体积小于 0.7 倍孔隙体积时，气油比随注气量增加基本保持不变，表现活塞式驱替过程。注气体积为 0.7 ~ 1.2 倍孔隙体积时，气油比略有升高，这是注气前沿与原始流全进行组分交换过程中，存在露点升高的现象，导致部分凝析气的反凝析；继续注气，后续的干气在进行组分交换时变富，又将反凝析出的油重新蒸发出。这一阶段为驱替和蒸发并存的过程。当注气量大于 1.2 倍孔隙体积时，气油比便迅速增加（图 2-1-28）。注气约在 0.7 倍孔隙体积后突破。

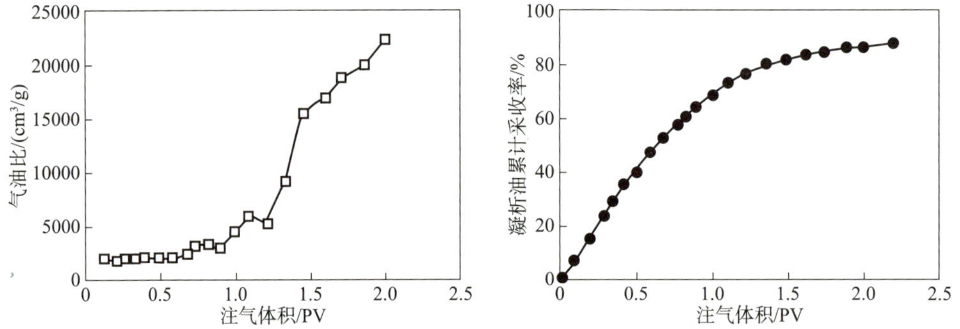

(a)气油比　(b)采收率

图 2-1-28　气油比、累计采收率随注气体积变化曲线

2)凝析油采收率

当注气体积小于0.8倍孔隙体积时，凝析油采收率几乎呈直线增加。注气体积大于1倍孔隙体积后，采收率随注气体积的增加趋于平缓，最后趋于定值不再增加。注气1倍、2倍孔隙体积时，凝析油采收率为68.28%、86.22%(图2-1-28)。

3)产出油密度

注气体积小于0.6倍孔隙体积时，产出油密度基本保持不变，注气体积为0.6~0.8倍孔隙体积时，产出油密度值略有下降。注气体积大于0.8倍孔隙体积之后，产出油密度随注气体积增加迅速上升(图2-1-29)。

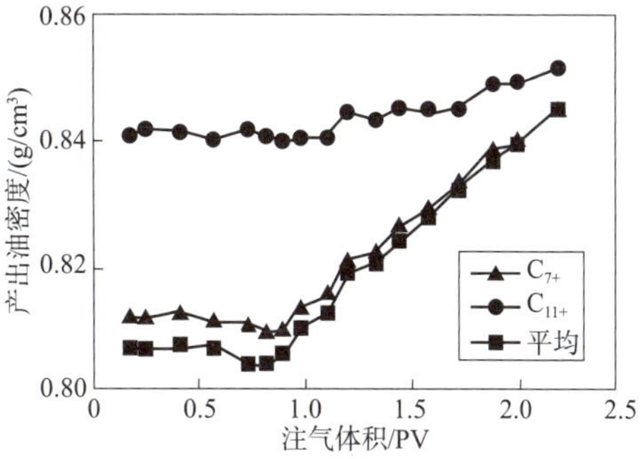

图2-1-29　产出油密度随注气体积变化曲线(56MPa)

4)产出气组分的物质的量分数

注气体积小于0.6倍孔隙体积时，产出气组分的物质的量分数随注气体积的增加基本保持不变，大于0.6倍孔隙体积，除甲烷外，产出气各组分的物质的量分数随气体注入量的增加而减少；气体突破后，C_5~C_{10}明显下降，而C_{11}~C_{15}、C_{16}~C_{19}和C_{20+}则上升。说明保持压力注气开采，前期采出油主要是轻、中质油，后期则主要是中、重质油(图2-1-30、图2-1-31)。

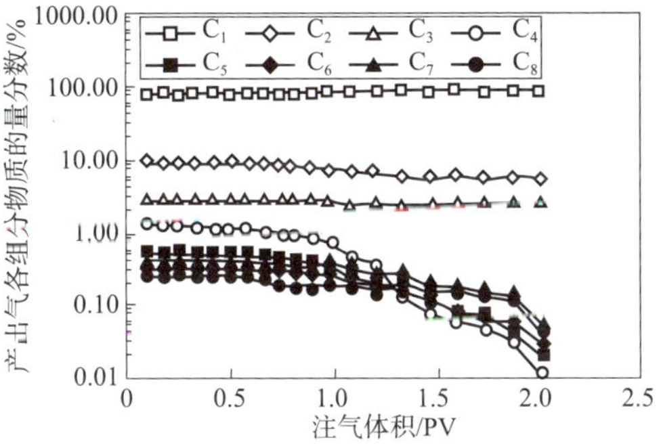

图2-1-30　产出气组分的物质的量分数随注气体积变化曲线(56MPa)

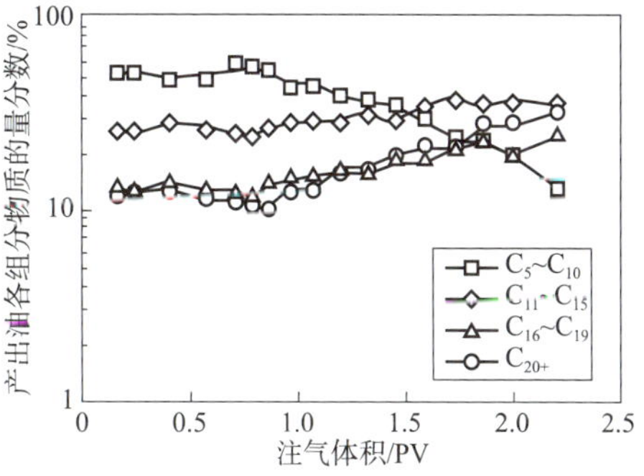

图2-1-31　产出油组分的物质的量分数随注气体积变化曲线(56MPa)

从实验结果分析，当注气体积为2倍孔隙体积时，凝析油的采收率为86.22%，比预期的低，这可能是干气注入后，凝析气藏流体露点压力升高，有反凝析现象发生所致。

3. 长岩芯衰竭后再注气实验

该组实验方法和手段与保持压力注气时的不同点在于：先衰竭生产到35MPa后，保持该压力注气，当注气体积为2倍孔隙体积时停止。衰竭开采到35MPa时，凝析油的采收率为12.07%，天然气的采收率为21.53%。

1)气油比

注气体积小于0.8倍孔隙体积时，随注气量的增加，气油比基本保持不变，为活塞式驱替过程；当注气体积为0.8~1.1倍孔隙体积时，曲线出现一平台，即气油比随注气量的增加，出现一相对平衡的阶段，说明凝析油的蒸发现象十分明显；随着注气量的继续增加，由于蒸发出的凝析油与注入气相比较少，气油比呈现出明显的上升趋势。气体突破时，注气体积约为0.8倍孔隙体积(图2－1－32)。

2)凝析油采收率

注气体积介于0～1.1倍孔隙体积时，凝析油累计采收率呈直线上升趋势，注气体积大于1.1倍后，累计采收率曲线趋于平缓，说明凝析油产量减少。气体突破时(0.8倍孔隙体积)的采收率为39.60%(图2－1－33)。

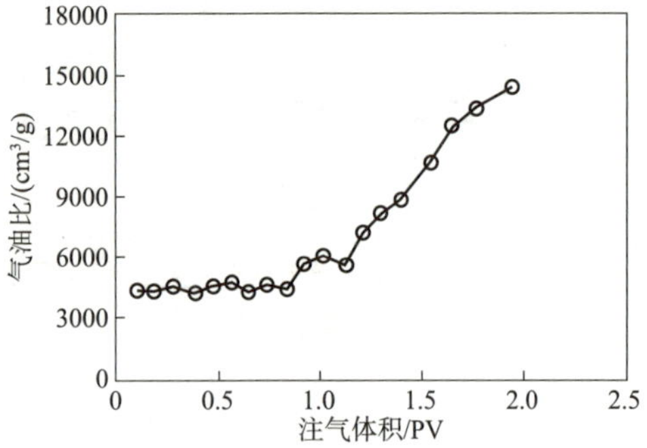

图2－1－32　气油比随注气体积变化曲线(35MPa)

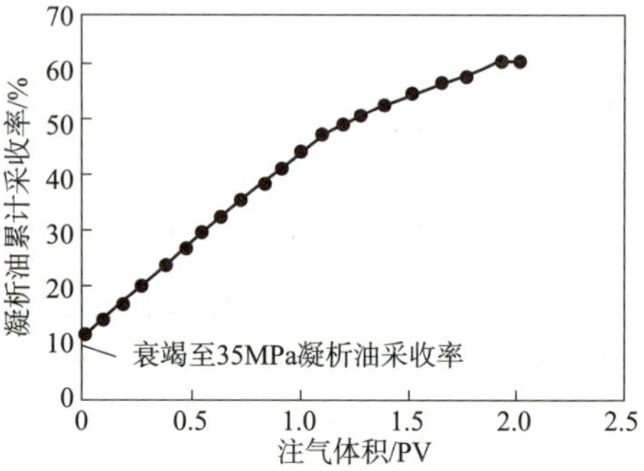

图2－1－33　凝析油采收率随注气体积变化曲线(35MPa)

3)产出油密度

气体突破之前，产出油密度基本保持不变；气体突破后，C_{7+}和平均密度均随注气增加而增高，而C_{11+}密度则变化不明显(图2－1－34)。

4)产出油组成

注气体积在0.8倍孔隙体积突破后，C_5～C_{10}组分的物质的量分数随注气体积增加也呈现下降的趋势，而C_{11}～C_{15}、C_{16}～C_{19}和C_{20+}的呈现上升趋势(图2－1－35)。

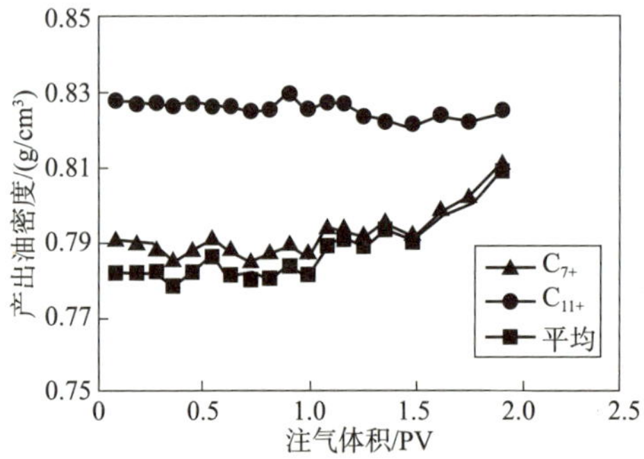

图2－1－34　产出油密度随注气体积变化曲线

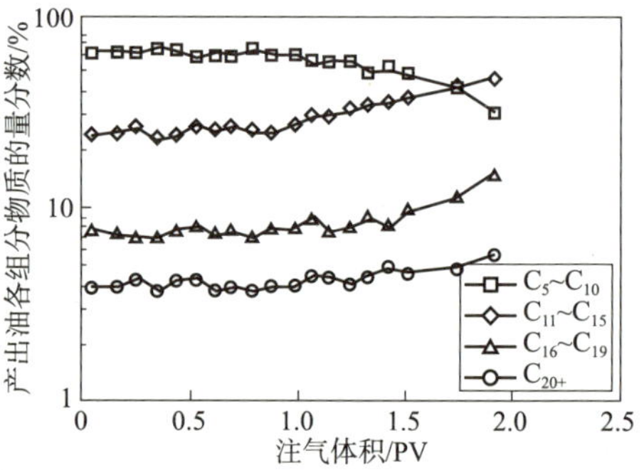

图2－1－35　产出油各组分物质的量分数随注气体积变化曲线(35MPa)

5)产出气组分

注气体积为2倍孔隙体积时凝析油总采收率为61.49%。注气突破后，除甲烷外产出气各组分的物质的量分数随注气增加而下降(图2-1-36)。

以上实验结果说明，衰竭后注气开采过程中，前期采出的主要是轻、中质凝析油，后期采出的油中重质含量虽有所增加，但仍以中、轻质组分为主。凝析油的蒸发现象显著。

4. PVT筒衰竭注气保持地层压力注气与衰竭后注气实验的对比

注气体积为1倍、2倍孔隙体积时，产出油组分(表2-1-5)差别不大。

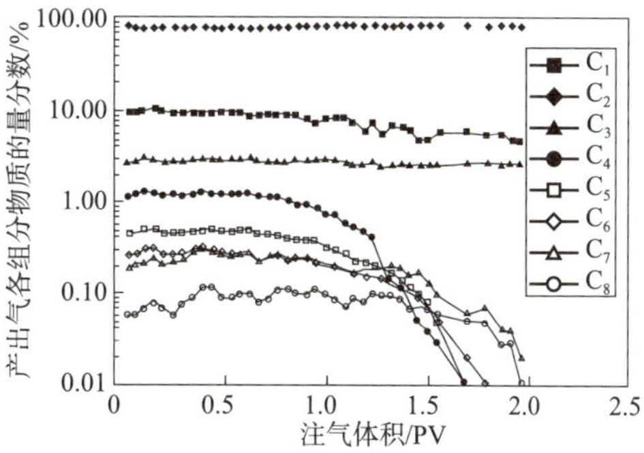

图2-1-36　产出气各组分物质的量分数随注气体积变化曲线(35MPa)

表2-1-5　产出油组分表

各组分参数	注入1倍孔隙体积干气		注入2倍孔隙体积干气	
	保持压力注气	衰竭后注气	保持压力注气	衰竭后注气
$C_5\sim C_{10}$组分的物质的量分数/%	45.02	64.32	18.26	31.83
$C_{11}\sim C_{15}$组分的物质的量分数/%	28.28	24.78	35.95	47.41
$C_{16}\sim C_{19}$组分的物质的量分数/%	13.98	6.94	19.41	15.08
C_{20+}组分的物质的量分数/%	12.72	3.96	26.38	5.68
C_{7+}密度/(g/cm^3)	0.8134	0.7865	0.84	0.8095
C_{11+}密度/(g/cm^3)	0.8394	0.8251	0.85	0.8245
平均密度/(g/cm^3)	0.8104	0.7814	0.84	0.8089
凝析油总采收率/%	68.28	45.10	86.22	61.49

实验结果表明，保压注气开采的凝析油明显较重(表2-1-6)。注气体积为1倍孔隙体积时，两组实验产出油都是轻、中质组分居多；注气体积为2倍孔隙体积时，保压注气产出油以中、重质组分居多，而衰竭后注气产出油则以中、轻质组分为主，重质组分增加不明显。

表2-1-6　产出气组分表

各组分参数	注入1倍孔隙体积干气		注入2倍孔隙体积干气	
	保持压力注气	衰竭后注气	保持压力注气	衰竭后注气
CO_2组分的物质的量分数/%	0.28	0.45	0.11	0.09
C_1组分的物质的量分数/%	87.44	86.50	91.98	92.59
C_2组分的物质的量分数/%	7.56	8.69	5.19	4.67
C_3组分的物质的量分数/%	2.82	2.70	2.57	2.62
iC_4组分的物质的量分数/%	0.30	0.32	0.00	0.00
nC_4组分的物质的量分数/%	0.45	0.44	0.01	0.00
iC_5组分的物质的量分数/%	0.16	0.16	0.01	0.00
nC_5组分的物质的量分数/%	0.17	0.17	0.01	0.00

续表

各组分参数	注入1倍孔隙体积干气		注入2倍孔隙体积干气	
	保持压力注气	衰竭后注气	保持压力注气	衰竭后注气
C_6 组分的物质的量分数/%	0.26	0.22	0.03	0.00
C_7 组分的物质的量分数/%	0.36	0.25	0.05	0.02
C_8 组分的物质的量分数/%	0.20	0.10	0.04	0.01
相对密度	0.6781	0.6773	0.63	0.62

凝析油采收率，保持注气的采收率较高。注气体积为1倍孔隙体积时，采收率为23.18%，注气体积为2倍孔隙体积时，采收率高达24.73%。

综合所述，凝析油能通过注气反蒸发。随注气增加，凝析油中的中间组分、C_{20+}以上的重组分均能被蒸发。注气体积为2倍孔隙体积时，保持压力注气与衰竭后注气比较，凝析油采收率高达24.73%。

四、注气相态特征数值模拟

对地层流体和注入相态行为主要有三个方面内容：一是基于流体膨胀(一次接触混相)和饱和压力升高的膨胀实验；二是描述气和油接触的实验，又称多次接触实验；三是基于物性测试的PVT测试。运用相平衡和数值模拟原理，对大涝坝凝析气藏地层流体和注入气相态特征进行模拟。

(一)流体相态拟合

为了检验流体相态实验结果的协调性并获得数值模拟计算所需流体热力学参数场，对区块的流体高压物性PVT实验数据进行拟合计算，主要包括地层流体组成、原始井流物拟组分划分、露点压力拟合、单次闪蒸实验拟合、等组成膨胀实验拟合、定容衰竭实验拟合等。最后得到能反映地层流体实际的性质变化和流体PVT参数场。

1. 流体组成

反凝析油是指大涝坝凝析气藏地层流体在目前地层压力(约43MPa)、温度(141.7℃)条件下与地层凝析气平衡共存的反凝析油，其各组分的物质的量分数如表2-1-7所示。

表2-1-7 目前地层压力(43MPa)下平衡油相组分的物质的量分数 %

组分	平衡液相组分的物质的量分数	组分	平衡液相组分的物质的量分数
CO_2	0.57	$iC_4 \sim nC_4$	4.17
N_2	2.11	$iC_5 \sim C_6$	8.60
C_1	52.52	$C_7 \sim C_{14}$	19.63
C_2、C_3	11.92	$C_{16} \sim C_{21}$	0.48

大涝坝凝析气藏循环注气气源来自大涝坝凝析气藏轻烃回收装置的外输干气，其组成分析如表2-1-8所示。

表 2-1-8　注入气组成　%

组分	组分的物质的量分数	组分	组分的物质的量分数
CO_2	2.718	iC_4	0
N_2	3.295	nC_4	0.007
C_1	88.946	iC_5	0.004
C_2	4.904	nC_5	0.006
C_3	0.1	C_{6+}	0.02
		$\sum$	100

2. 原始井流物拟组分划分

地层流体组分复杂，含有几十甚至上百种组分，每一组分都有不同的性质。由于受计算机内存、速度、时间等条件的限制，在数值模拟中不可能将所有组分进行单独处理，必须合并，即重新进行拟组分的划分处理，用尽可能少的组分反映油藏流体的相态特征。为了使计算值和实测值之间有很好的一致性，结果能反映油藏油气流体的性质和原始组分之间的相态变化特征，按组分性质相近的原则并考虑到注气吞吐相态机理评价数值模拟要求，对 DL1X 井地层流体的 15 个组分进行了延伸，并分化为 8 个拟组分，即 H_2O、N_2、C_1、C_2+CO_2、$C_3\sim nC_4$、$iC_5\sim C_6$、$C_7\sim C_{10}$、C_{11+}（表 2-1-9）。

表 2-1-9　DL1X 井地层流体拟组分划分　%

拟组分	物质的量分数
H_2O	0.349
N_2	2.99
C_1	64.014
C_2+CO_2	8.74
$C_3\sim nC_4$	8.191
$iC_5\sim C_6$	6.498
$C_7\sim C_{10}$	8.281
C_{11+}	0.937

3. 流体露点压力拟合结果

在优化组分模型中状态方程参数，改善状态方程对地层流体性质预测精度中，首先拟合对象为饱和压力，地层温度及其他温度下的饱和压力拟合均较好（表 2-1-10）。

表 2-1-10　不同温度露点压力拟合对比表

测试温度/℃	压力/MPa		误差/%
	实验值	计算值	
141.7（地层温度）	44.76	44.78105	0.047029
126.7	45.46	45.46303	0.006665
111.7	46.28	46.25415	0.055856

4. 流体单次闪蒸实验拟合结果

表2-1-11为DL1X井地层流体地面油密度以及闪蒸气油比拟合结果。拟合结果能很好代表实际生产过程地面油的性质。

表2-1-11　DL1X井单次闪蒸实验拟合对比表

拟合项	压力/MPa		误差/%
	实验值	计算值	
地面油密度/(kg/m³)	780.7	754.3766	3.3718
闪蒸气油比/(sm³/sm³)	663	673.2909	1.5522

5. 流体等组成膨胀实验拟合结果

地层流体CCE实验是模拟地层流体在降压开采过程中流体性质变化的方法之一。其主要反映地层流体的膨胀能力指标，图2-1-37为DL1X井地层流体在地层温度141.7℃下等组成膨胀实验P-V关系拟合结果图及反凝析液饱和度拟合结果。由图2-1-37的拟合结果可以看出，实验值与状态方程计算值之间误差很小，能够满足后续数值模拟的需要。

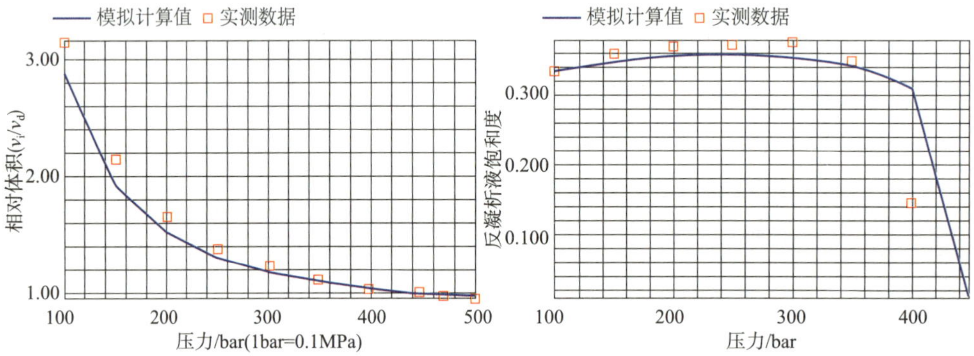

图2-1-37　DL1X井等组成膨胀实验P-V关系拟合结果及反凝析液饱和度拟合结果

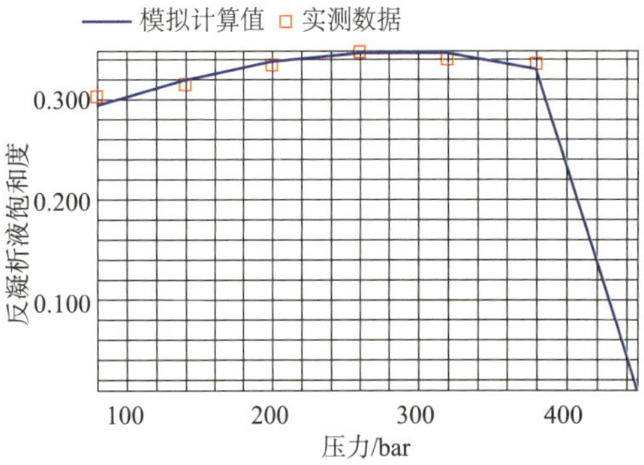

图2-1-38　DL1X井定容衰竭实验反凝析液饱和度拟合结果(141.7℃，地层温度)

6. 流体定容衰竭实验拟合结果

定容衰竭实验的目的主要是模拟凝析气藏开采时，随着地层压力的下降，地层流体反凝析液量及天然气采出程度的变化。定容衰竭实验过程反凝析液量及天然气采出程度的拟合是凝析气藏数值模拟相态拟合的重点，反凝析液量的多少也直接影响气井的产能。DL1X井地层凝析气定容衰竭实验反凝析液饱和度拟合结果如图2-1-38所示，反凝析液量的拟合效果很好。

7. 流体 PVT 高压物性参数场选择

通过对 DL1X 井原始地层流体的劈分和拟组分化，饱和压力、单次闪蒸实验、等组成膨胀以及定容衰竭实验数据的拟合，所得到的流体主要特征参数，如饱和压力、单次闪蒸气油比、反凝析液量等拟合效果均满足模拟精度。说明所得到的流体临界参数能反映实际地层流体性质的变化。

(二)地层流体反凝析相态特征模拟

通过定容衰竭实验模拟得到压力为 43MPa 下大涝坝凝析气藏的采出井流物组分的物质的量分数，如表 2－1－12 所示。

表 2－1－12　目前压力 43MPa 下采出井流物组分的物质的量分数　　%

拟组分	物质的量分数	拟组分	物质的量分数
H_2O	0.35	$iC_4 \sim nC_4$	4.08
CO_2	0.66	$iC_5 \sim C_6$	6.05
N_2	3.17	$C_7 \sim C_{14}$	7.05
C_1	66.34	$C_{16} \sim C_{21}$	0.09
$C_2 \sim C_3$	12.21		

通过注入不同比例的外输干气，研究注入气与采出井流物之间的相态特征。模拟计算向目前井流物中注入一定比例的外输干气后反凝析特征如图 2－1－39 所示。由图 2－1－39 可见，注气后露点压力略有降低，反凝析液量明显降低；注入气比例越大，反凝析液饱和度越低。说明注入外输气能有效降低凝析气藏反凝析油的析出，抑制反凝析，改善开发效果，提高采收率。

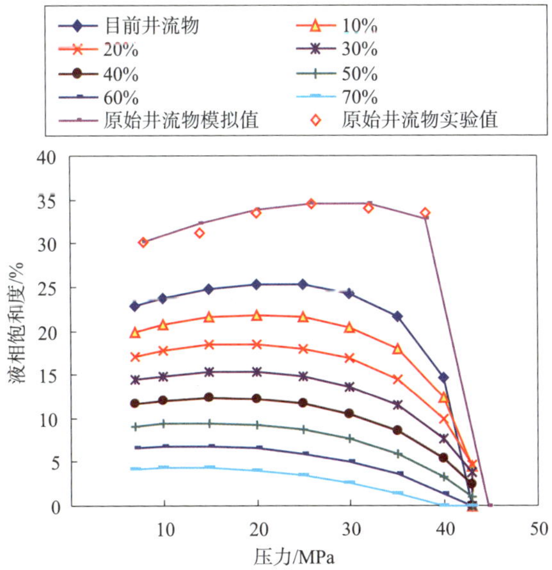

图 2－1－39　目前井流物注入外输气后的反凝析特征

（三）注气膨胀实验模拟

通过模拟计算，得到地层温度（141.7℃）条件下注入外输气物质的量比的增加对平衡油饱和压力和膨胀系数的变化的影响，结果如图 2－1－40 和图 2－1－41 所示。

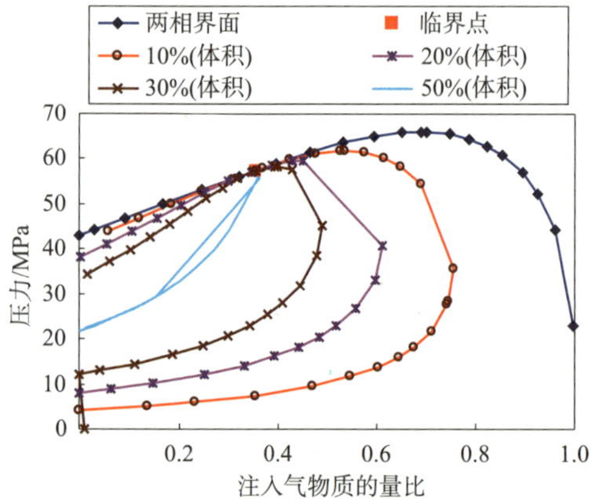

图 2－1－40　注外输气增溶凝析油 P－X 相图

1. P－X 相图

根据模拟注气膨胀 P－X 相图（图 2－1－40）表明：随着膨胀过程注入气物质的量比的增加，注入气完全溶于地层反凝析油的饱和压力会较显著增加，表明注入气溶入油中时所需增溶压力较高，不利于注气混相。

P－X 相图是划分混相机理和确定一次接触混相极限的最有效方法。从图 2－1－40 可以看出，当注入气物质的量达到 70% 以上时，才能与地层反凝析油实现一次接触混相，相应的一次接触理论混相压力约为 65MPa，混相压力偏高；其临界点在临界凝析压力的左边，混相机理为蒸发式。

2. 膨胀系数变化特征

从图 2－1－41 所给出的膨胀因子变化程度则可看出，当注入气物质的量超过 40% 时，反凝析油体积膨胀较明显，有利于注气驱替反凝析油。

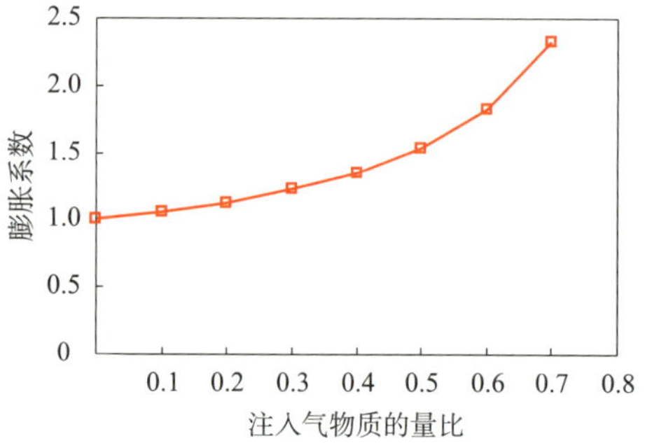

图 2－1－41　注外输气增溶凝析油膨胀系数的关系

（四）多级接触相平衡模拟

由于注入气与凝析油一次混相压力高，实现一次接触混相较困难，但在适当的压力下，可与凝析油多次接触达到动态混相，使界面张力降低接近于 0，从而提高凝析油采收率。

1. 多级接触拟三元相图

拟三元相图可以很好地表示多次接触的动态相平衡现象。通过注入气－地层反凝析油多级接触相平衡模拟，得到地层温度（141.7℃）条件下拟三元相图。图 2－1－42、图 2－1－43分别表示目前地层压力 43MPa、最小混相压力 46.1MPa 下注入气与地层凝析油多级接触气、液两相相平衡变化过程。

由图 2－1－42 可知，在 43MPa 条件下气、液两相不能达到混相，组成轨迹显示注入气被加富，反凝析油被重质化。由图 2－1－43 可知气、液两相在 46.1MPa 时可达到混相状态。

根据三元相图分析，在注气过程中，注入气与反凝析油发生溶解－抽提作用，一方面注入气溶解在凝析油中，改变凝析油的组成，改善凝析油物性；另一方面抽提作用使中间烃从凝析油中汽化进入注入气，在多次接触过程中，气相和液相组分的物质的量分数逐渐接近；增加压力，注入气可与反凝析油形成混相。

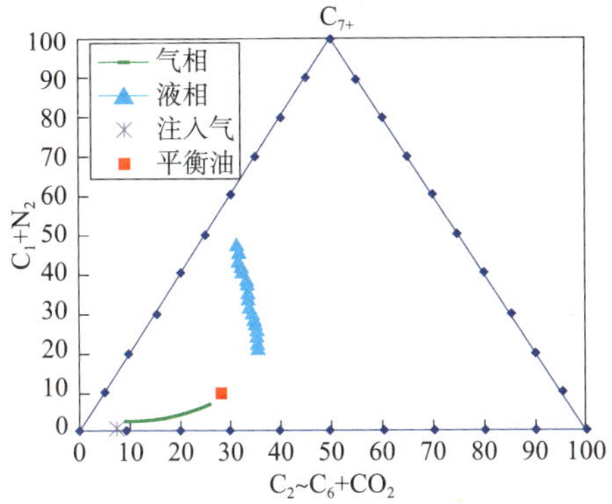

图 2－1－42　43MPa 时多级接触拟三元相图

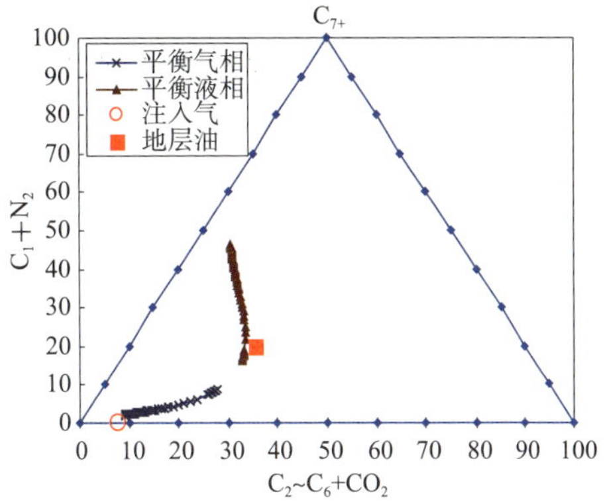

图 2－1－43　多级接触最小混相压力(46.1MPa)下拟三元相图

2. 向前、向后多级接触过程相态参数变化特征

在多级接触混相中，常分为向前接触和向后接触。通过相态模拟得到目前压力 43MPa 和地层温度 141.7℃下，注入外输干气与地层反凝析油向前接触、向后接触过程相态特征变化规律，包括平衡气、液两相各组分的物质的量分数、密度、黏度、界面张力的变化规律。

1)液相和气相物质的量分数的变化

由模拟结果(图 2－1－44、图 2－1－45)可知：向前多级接触随着接触次数增加，气相中 C_1 和 CO_2 等轻质组分的物质的量分数降低，C_2 ~ C_6 以及 C_{7+} 等中间烃和重质物质的量分数增加，显示出注入气在前缘不断被加富的过程，而液相中 C_1 以及 C_2 ~ C_6 的物质的量分数增加，C_{7+} 等重质组分物质的量分数降低。整个过程显示出气、液两相组成逐渐接近的过程，说明液相溶解气相，气相抽提出液相中的中间烃和重质组分，气、液两相进行组分交换。液相中 C_{7+} 等重质物质的量分数降低，说明注入气有利于重质组分的蒸发。

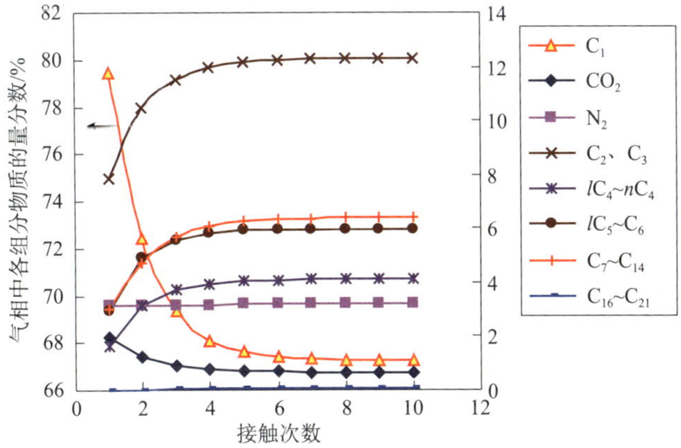

图 2－1－44　向前接触注气量(接触次数)与气相中各组分物质的量分数的关系曲线

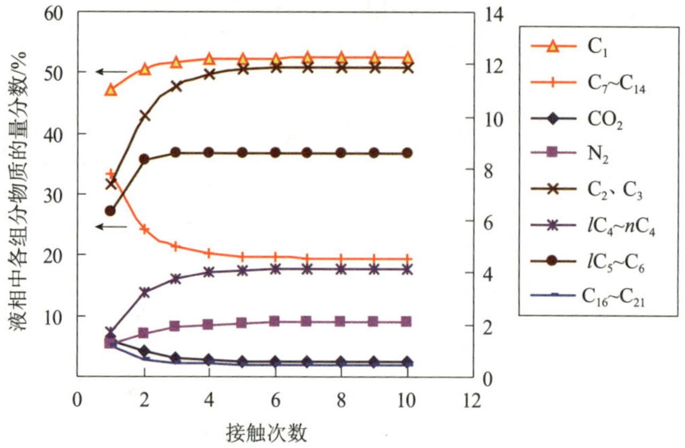

图 2-1-45　向后接触注气量(接触次数)与液相中各组分物质的量分数的关系曲线

2)液相、气相密度和黏度的变化

由模拟结果(图 2-1-46、图 2-1-47)可知：向前多级接触溶解引起液相密度、黏度下降；注入气抽提油中中间烃和重质组分引起气相密度、黏度略有增加。由于液相密度、黏度下降，可以提高凝析油的流动性。

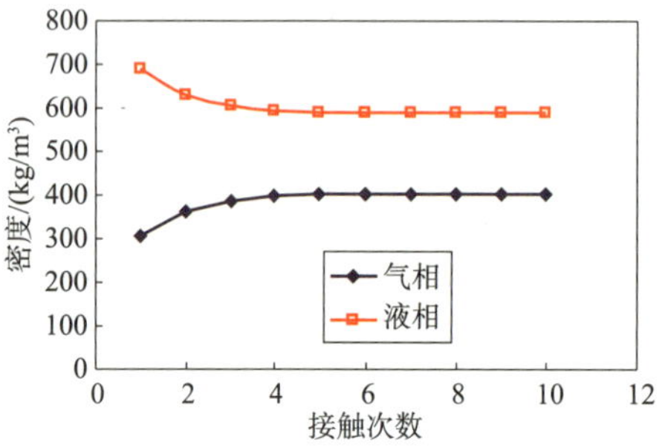

图 2-1-46　向前多级接触气、液相密度变化

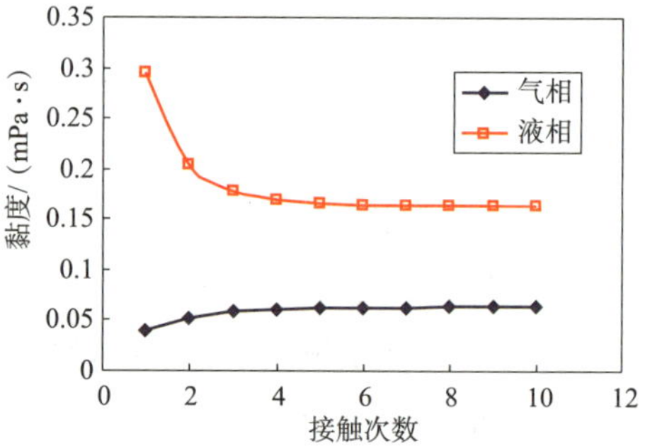

图 2-1-47　向前多级接触气、液相黏度变化

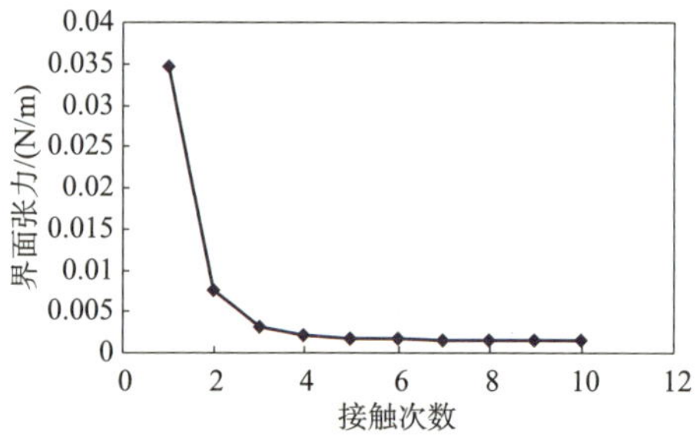

图 2-1-48　向前多级接触气、液相界面张力变化

3)界面张力的变化

由模拟结果(图 2-1-48)可知：向前多级接触过程中界面张力明显降低，可提高波及系数并减小残余油饱和度，大幅提高凝析油采收率。

3. 反凝析油向后多级接触混相过程中的相态参数变化特征

向后多级接触过程模拟表明(图 2-1-49～图 2-1-53)：注入外输气向后多级接触过程抽提引起气相轻质物质的量分数增加(如 C_1 等)，中间烃和重烃的物质的量分数降低(如 C_2～C_6，以及 C_{7+} 等)；液相密度、黏度、界面张力增加；气相密度、黏度略有降低；注气使得油气性质差异更大，不利于注气对油气性质的改变。这主要由于蒸发混相发生在驱替前缘；在气驱的后缘，即注入井和驱替前缘之间的区域，凝析油将不断被后续注入新鲜气体所抽提，溶解的气量不再增加，导致凝析油逐渐失去轻烃和中间烃而不断加重，油、气性质向差异更大的方向发展，不利于油气混相。

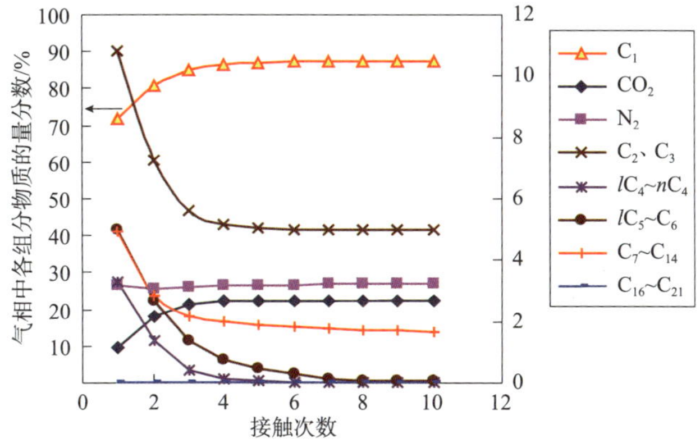

图 2－1－49　向后接触注气量(接触次数)与气相中各组分物质的量分数的关系曲线

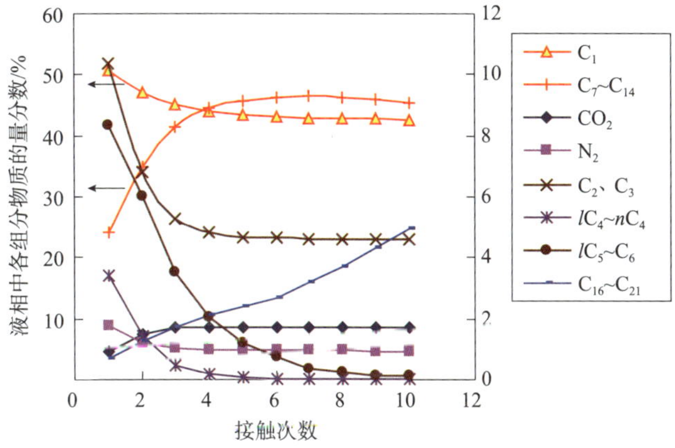

图 2－1－50　向后接触注气量(接触次数)与液相中各组分物质的量分数的关系曲线

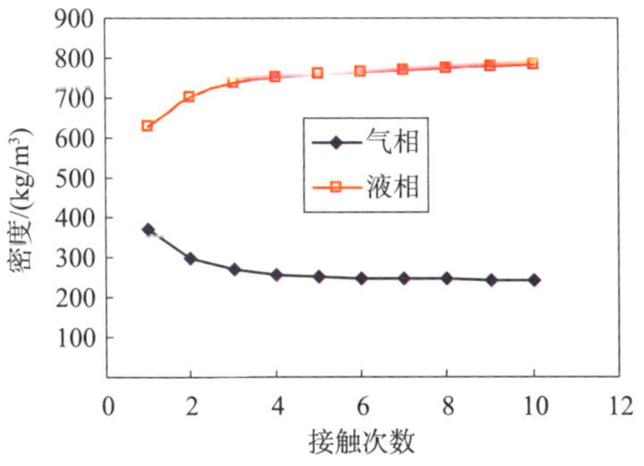

图 2－1－51　向后多级接触气液相密度变化

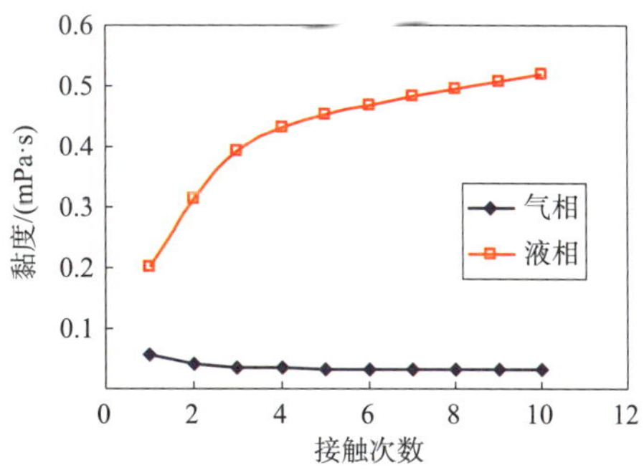

图 2－1－52　向后多级接触气液相黏度变化

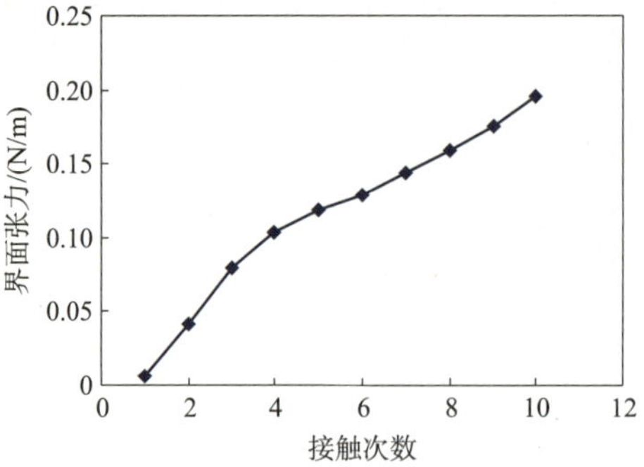

图2-1-53　向后多级接触气液相界面张力变化

第二节　大涝坝注气开发多相渗流实验

大涝坝凝析气田作为典型的边底水凝析气藏，无论是衰竭开发还是循环注气开发过程中，均存在较为复杂的边底水水侵过程。为进一步探究注气前后边水水侵规律，从油气水微观渗流机理入手，考虑了实际过程中多孔介质的影响，开展了气驱水、气驱油等岩芯相渗实验以及长岩芯注气驱替、吞吐实验并明确了注气开发可以驱替地层水，但效率不高。多轮次气水互驱后，由于应力敏感和水敏增强，残余水饱和度增加，加之水体能量补充以及气水渗流阻力增大，再次平衡外部边水压力将升高，需要注入更多的气量。因此，早注气和多注气恢复气藏内部压力，平衡或高于边水压力，防止进一步的生产井水淹和延缓水侵是注气的首要任务。

一、多孔介质中油气水微观分布特征

地下储层为多孔介质，具有颗粒细、孔隙小、比表面积大的特征，储层流体与储层介质间存在多种界面，流体受界面张力、润湿性、毛管压力等因素的作用呈现多种分布特征。

（一）束缚水分布特征

1. 束缚水分布形态

束缚水在储层中的分布形式主要有3种，如图2-2-1所示。

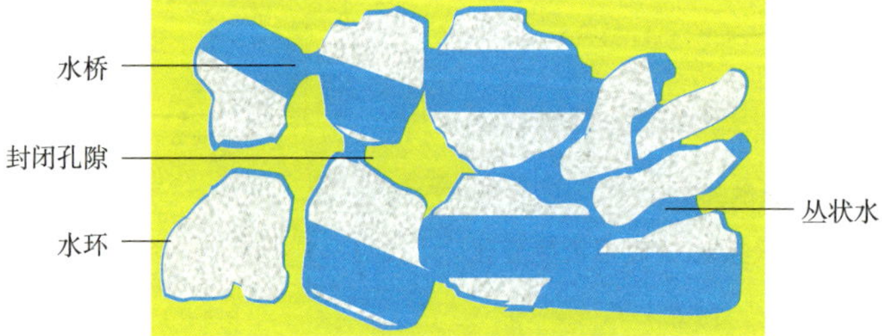

图2-2-1　束缚水在多孔介质中的分布

①束缚水以水膜形式吸附于岩石颗粒周围，形成孤立的水环；

②束缚水以小的透镜体状、不可动水的形式占据封闭孔隙、角隅和细小的吼道等处，形成水桥，有可能造成假的不连通孔隙；

③由于实际储层岩石的局部非均质性(吼道细小密集)，以丛状水的形式滞留在孔隙中，被邻近的致密孔隙和吼道所环绕。

2. 束缚水对凝析油的影响

束缚水在储层多孔介质中的三种形式对凝析油的分布和流动具有不同的影响：当储层中含束缚水时，束缚水首先堵塞曲率半径较小的角隅和小孔道处，这种分布降低了残余凝析油饱和度，有利于提高凝析油的采收率。当束缚水含量较高时，由于实际储层岩石的局部非均质性(吼道细小密集)，大部分的小孔道都被束缚水以水桥的形式占据，此时可能会造成孔道被封闭，产生圈闭气。

凝析现象出现在束缚水表面，当油气表面张力小于等于临界表面张力($\rho_{og} \leq \rho_c$)时，凝析油将在水表面延伸，其延伸速度高于固体表面的，更易形成油膜。当压力不断降低，多孔介质中有更多的凝析油析出后，水膜表面再析出的凝析油质量浓度会由于分子间力的作用降低，易在气体剪切力的作用下发生流动。因此，在束缚水饱和度较高的情况下，凝析气藏的临界流动饱和度较小。而束缚水含量低的凝析气藏，由于多孔介质对凝析油吸附作用更强，凝析油不易流动，因此临界流动饱和度较大。

(二)凝析油气分布特征

1. 低界面张力时

当地层压力低于露点压力时，凝析油析出，此时凝析油气界面张力较小，大部分凝析油以油膜的形式吸附在壁面的束缚水上。在孔隙角隅中，吸附的凝析油凝聚成团(图2-2-2)。

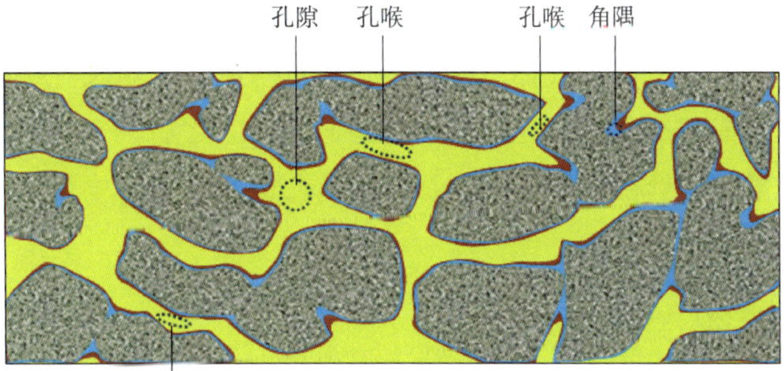

图2-2-2　低界面张力时凝析油气分布

2. 高界面张力时

随着凝析油气的继续开采，地层压力远低于露点压力时，地层中反凝析油进一步增多，此时油气界面张力进一步增大，大部分凝析油以段塞的形式分布在孔隙、角隅中(图2-2-3)。

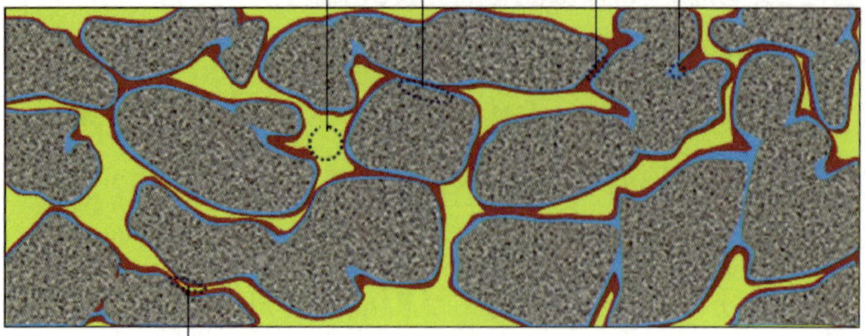

图2-2-3　高界面张力时凝析油气分布

二、气水两相流动实验

随着开发过程中气藏压力逐渐下降，水相逐渐侵入气藏，地层流体由单相流动过程变为气水两相流动过程。当水分侵入量较少时，此时为未见水阶段，侵入的水相会补充地层压力，还会对气藏中的气体产生类活塞式驱替的作用，一定程度上提高了气体产量。随着水相沿高渗流通道突破，采气井见水，水相会对天然气产生绕流、卡段、水锁作用，使自由气变为封闭气，显著降低气井产量。

（一）气水两相微观流动特征

1. 水驱气过程

水驱气过程中，主要为毛管压力与惯性力控制流动过程。其流动特征可概括为：①驱替压差较小时，毛管压力占主导地位，由于水为润湿相，其会吸附岩石壁面形成水膜，堵塞气体流动通道，增加渗流阻力；②驱替压差较大时，惯性力占主导地位，水分在压差的作用下沿大孔道突破并驱替其中气体，但由于指进、绕流、卡断及孔道特征的影响产生封闭气，封闭气一旦形成很难采出，尤其是当优势通道建立之后，气体流动大幅受限；③水驱气结束后，仍有部分气体滞留于死孔隙，“H”形孔道及小孔道中形成残余气。水驱气过程中封闭气形成机理如下。

1）指进形成封闭气

当驱替压差较小时，由于大孔道毛管压力较小，小孔道毛管压力较大，水会以较快速度吸附于小孔道壁面并爬行流动形成水膜。因此，大孔隙中气体易被小孔道封闭，成为封闭气，增大驱替压差，可采出部分封闭气。

当驱替压差较大时，水分在压差的作用下优先进入渗流阻力更小的大孔道，而封闭小孔道中的气体，此时增大驱替压差，水分流动速度更快，封闭现象更严峻，被封闭的气体难以进一步采出。

2）卡断形成封闭气

当气水两相经过细小喉道时，由于贾敏效应及水分沿岩石壁面分布形成水膜增大附加阻力，致使连续气体在流经喉道处被卡断形成多个气泡，气泡难以通过狭窄通道，滞留在孔道中央处形成封闭气。要驱动气泡流动，需要克服多个气泡流动产生的附加阻力。

3）孔隙盲端、角隅形成的封闭气

多孔介质中存在大量死孔隙，如孔隙盲端和角隅。在水驱气过程中，由于流动通道上流动压力较高，孔隙处气体压力较小，致使气体处于被压缩状态被封闭在死孔隙中。此时增加驱替压差也很难将其采出，这是由于提高驱替压差意味着滞留气体受到压缩作用增强，气体更难采出。因此，要采出该类盲端孔隙中封闭气，需要降低驱替压差使气体膨胀，使部分气体逸出盲端。

4）绕流作用形成封闭气

在水驱气过程中，一方面由于水进入孔隙会形成两相流动产生附加阻力；另一方面水孔隙壁面形成水膜，降低孔隙过流断面，都会增大渗流阻力，最终导致水流转向进入大孔隙。一旦大孔隙中的水突破，小孔隙中的气体就会被封闭形成封闭气。

5）“H”形孔道形成封闭气

“H”形孔道是砂岩气藏形成封闭气的重要原因，在均质砂岩孔隙模型中“H”形孔道形成的封闭气占比较大。其主要机理有两个方面：一方面，由于润湿性及指进现象，水分优先沿大孔道岩石壁面突破，占据一部分流动空间；另一方面是由于气体的压缩性，当“H”形孔道“桥”两侧的水分通过后，水分会由于毛细管作用进入“桥”中，进而压缩其中的气体形成封闭气。

水驱气流动特征表明，随地层压力的下降，水侵现象对大涝坝凝析气藏的开发是致命的，刚开始水侵量较少时，水分还会在毛管压力和惯性力的作用下驱替小孔道和大孔道的气体，暂时提升气井产量，但随着水侵量的提升，一方面气相渗流阻力会由于多相界面张力而增大；另一方面，水会沿优势通道突破形成指进现象，气井产量快速下降，而水一旦窜流至采气井建立优势通道后会造成大量气体封闭于死孔隙，“H”形喉道处，导致采气量大幅降低。因此在开发大涝坝凝析气藏时需注意水侵的影响。

2. 气驱水过程

对大涝坝气藏岩样进行 CT 扫描并开展气驱水孔隙网络模拟，得到的结果如图 2－2－4 所示。图像显示：气驱水过程与水驱气过程水气分布规律相反，由于水相为润湿相，气体为非润湿相，气驱水时毛管压力为阻力，因此当驱替压差较小时，水分附着于岩石壁面，导致气体过流断面减少，渗流阻力加大，且小孔道渗流阻力相对较大，气体优先进入大孔道[图 2－2－4(a)]，并于孔道中央流动，逐渐削减水膜。当驱替压差较大时，孔道内气体能量增大，此时气体沿小孔道快速突破[图 2－2－4(b)]。驱替结束后，孔隙中的残余水主要以附着于岩石壁面的“水膜”，死孔隙中的“盲端水”以及卡断、绕流形成的封闭水形式存在[图 2－2－4(c)]。其形成机理如下。

1）卡断作用形成封闭水

由于润湿性的不同，气体驱动水膜向前流动，当水膜流经细小喉道时由于附加阻力的影响会使得水膜聚集增厚，并逐渐堵塞喉道形成封闭水，如图 2 -2 -4(c)中 a 所示。

2)绕流作用形成封闭水

“A”形孔道是形成封闭水的重要原因。当气体流经“A”形孔道时会优先选择阻力较小的两翼突破而在架桥处形成封闭水，如图 2 -2 -4(c)中 b 所示。

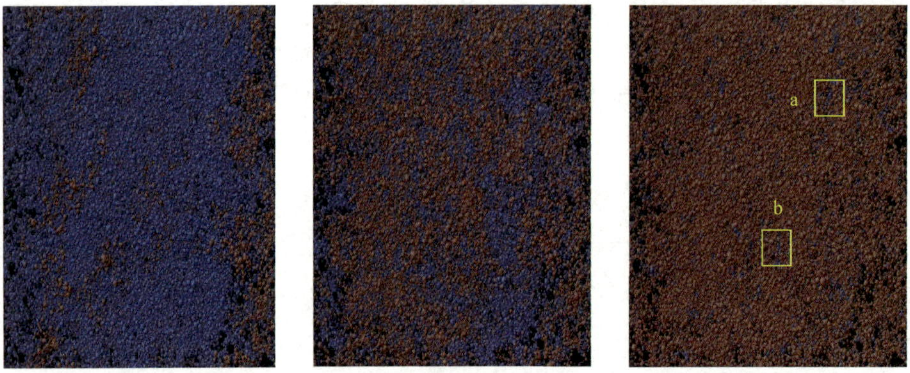

(a)气驱水初期　　(b)气驱水中期　　(c)气驱水末期

图 2 -2 -4　气驱水过程中气水分布

气驱水流动特征表明，针对衰竭式开发后期水侵现象严峻的大涝坝气藏，注气开发能在一定程度上抑制水侵，降低气井含水率。开始注气量较少时，气相抑制水侵速度较慢，只能驱替出小孔道的部分水，依然没办法缓解水相沿大孔道突破。之后随着注气量的提升，气相进入大孔道，一方面提高了水相的渗流阻力，另一方面驱替出了大孔道剩余的水，提高了气相过流断面，有效抑制了水沿优势通道窜流，降低了气井含水，提高了气井产量。

(二)气水两相相渗实验

1. 气驱水相对渗透率曲线特征

为确定气驱水过程(非润湿相驱替润湿相)气水两相流动特征，明确水锁效应对气体渗流的影响及注气解除水锁作用，对气藏岩样开展气驱水相渗实验。实验采用非稳态法测定，用 J. B. N 方法计算岩样的水、气相对渗透率和对应的含水饱和度并绘制水、气相对渗透率曲线，以研究气驱水过程渗流特征。

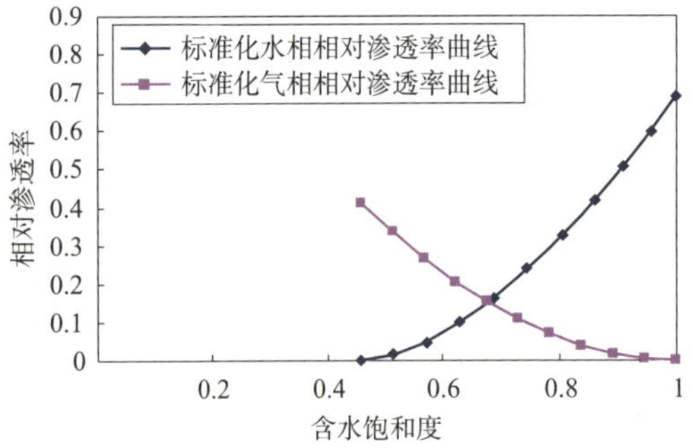

图 2 -2 -5　气驱水过程的标准化相对渗透率曲线

根据大涝坝气藏特征，依据不同岩样渗透率和孔隙度，选择若干条有代表性的相对渗透率曲线，在此基础上进行归一化处理，可得到气藏的标准化相对渗透率曲线(图 2 -2 -5)。

从图 2 -2 -5 中可以看出，气驱水过程残余气饱和度为 0，束缚水饱和度为 0.55，交点含水饱和度为 0.698，交点相对渗透率等渗值为 0.18。综上所述，大涝坝凝析气藏地层岩石亲水。

由气驱水过程气水相渗曲线(图 2-2-6)可知，一般情况下，岩样空气渗透率越大、孔隙度越大，岩样中的束缚水饱和度越低、气驱水效率越好。如 1-4/52-1 岩样，空气渗透率为 $34.28\times10^{-3}\mu m^2$，孔隙度为 15.03%，两相渗流区间的含气饱和度为 43.7% ~100%；束缚水饱和度为 43.7%；气水相渗等渗点含气饱和度为 35.75%；气驱水最终驱替效率为 56.3%。因为对于大涝坝凝析气藏水相为润湿相，气体为非润湿相，在驱替过程中毛管压力表现为阻力，而且由于岩石孔喉特征，水分会以“水膜”“封闭水”等形式残存于岩石中。由于润湿性及岩石孔喉特征的影响，水分以水膜的形式吸附于岩石壁面处，降低了气相渗流空间并增大了渗流阻力。同时，一旦气井近井地层含水饱和度上升，气体不能有效地将水驱赶至井筒中，这会形成水锁阻塞效应，导致气井产能下降。因此在开发过程中应注意水锁的影响。

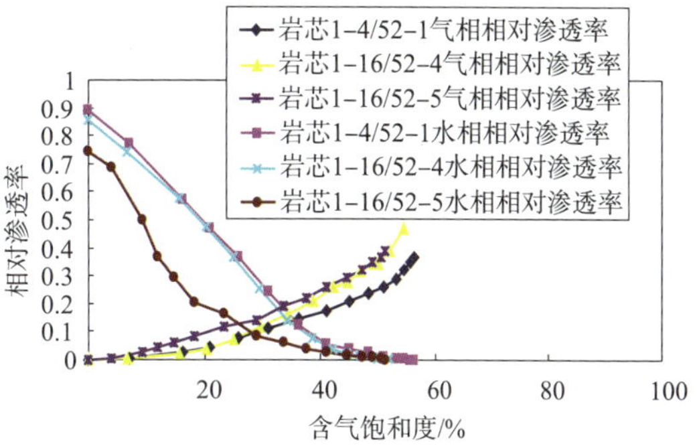

图 2-2-6 气驱水过程的气水相渗曲线

2. 水驱气相对渗透率曲线特征

为确定水驱气过程(润湿相驱替非润湿相)气水两相流动特征，评价地层可动水-气藏凝析气相对渗流特征，明确地层水侵入驱替气相及水相对气相渗流的影响，对气藏岩样开展气驱水相渗实验。实验采用非稳态法测定，用 J. B. N 方法计算岩样的水、气相对渗透率和对应的含水饱和度并绘制水、气相对渗透率曲线，以研究气驱水过程渗流特征。

实验采用非稳态法测定，用 J. B. N 方法计算岩样的水、气相对渗透率和对应的含水饱和度，并绘制水、气相对渗透率曲线，以研究其渗流特征。

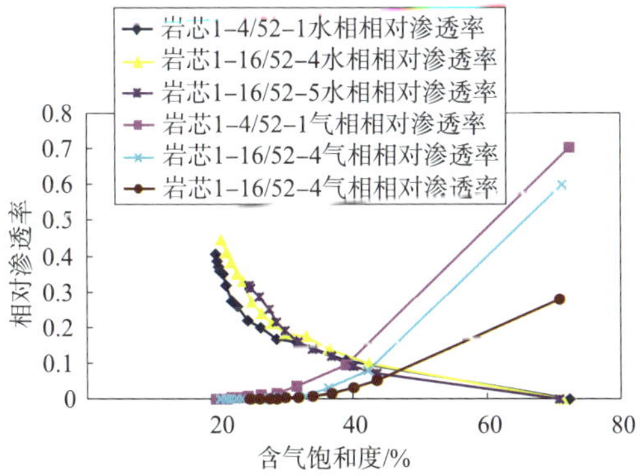

图 2-2-7 水驱气过程的气水相渗曲线

从水驱气过程的气水相渗曲线(图 2-2-7)中可以看出，气水相渗曲线特征表现为：束缚水饱和度中等，水驱气效率一般，束缚水饱和度下气相相对渗透率 $K_{rg}(S_{wi})$ 随渗透率不同，变化较大；两相渗流范围宽，同时岩芯残余气饱和度为 20%，而束缚水饱和度为 28%，交点含水饱和度 S_{gd} 的范围是 39.21% ~43.57%，平均值是 41.7%。

一般情况下，岩样空气渗透率越大，孔隙度越大，岩样中的束缚水饱和度越低，两相渗流区间越大，气水相渗等渗点含气饱和度越大，水驱气效率越好。如 1-4/52-1 岩样，空气渗透率为 $34.28\times10^{-3}\mu m^2$，孔隙度为 15.03%，两相渗流区间的含气饱和度为 19.6% ~72.41%；束缚水饱和度为 27.59%；气水相渗等渗点含气饱和度为 3.21%；水

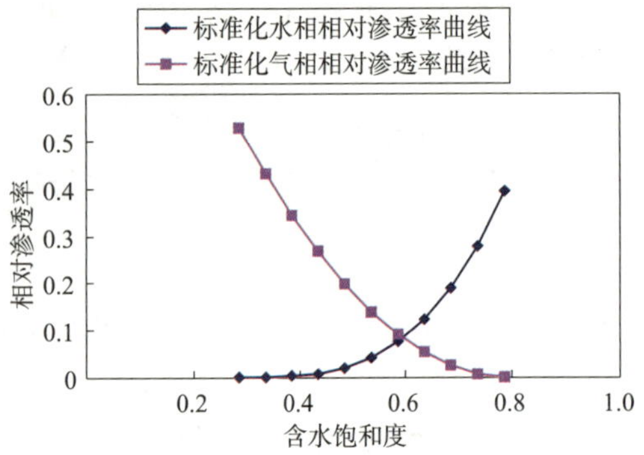

图 2-2-8　水驱气过程的标准化相对渗透率曲线

驱气最终驱替效率为 72.93%，对水驱气过程的实验数据进行归一化处理，得到气藏平均相对渗透率曲线(图 2-2-8)：残余气饱和度为 0.2150，束缚水饱和度为 0.2845，交点含水饱和度为 0.6。随着水侵量的逐渐提升，气相渗流阻力逐渐增大。一旦水相建立优势通道后，气相会由于指进、卡断等多种作用滞留孔隙中无法采出，这表明采气井见水后会导致气体产量大幅下降，因此，配置气井生产过程中的产量时，应避免严重超过边底水侵入的临界产量，防止边底水过早侵入气井近井地层引起气井产量过早下降，以维持气井的合理稳产年限。

三、油气两相流动实验

凝析油在地层中过早析出显著增加气体流动阻力：当凝析油量析出较少时，析出的凝析油以小液滴的形式堵塞地层中的细小喉道及岩石表面，由于贾敏效应的存在，气体要克服附加阻力推动液滴流动；当凝析油析出量较多后，气相被卡断变成多个离散的小气泡，类似小型的段塞流，在通过细小吼道时，需要分别克服每个气泡因贾敏效应导致的附加阻力。

(一)凝析油气渗流分析

对于近临界的凝析气藏，当压力下降至露点压力之下时，反凝析液就会出现。接近饱和度线，表面张力是很低的，油气界面张力远远小于临界界面张力(也就是说延伸系数大于0，凝析液有很高的延伸趋势)。凝析液最先出现在曲率半径大的束缚水表面或是以液滴的形式存在于地层孔隙中。

在露点压力附近时，由于岩石表面束缚水的存在，其对油滴的吸附作用远比岩石本身的吸附作用弱。如果束缚水较高时，水即充填吼道和孔隙体的“角隅”，又充填部分细小的吼道。在相变的过程中，凝析油以薄液体膜形式形成，不易在束缚水表面吸附。开井生产的情况下，凝析油液膜及液滴由于气体的携带作用，在介质中、大孔道中向井筒移动。此时凝析油临界流动饱和度很小，随着气相流速的增加，新析出的凝析油很难在岩石表面聚集。当地层流体中重物质的量分数较低时，地层压力低于露点压力时，析出的凝析油量较少，孔隙不易发生堵塞，此时，凝析油在地层中大部分都能发生流动，在气油比上表现为气油比下降趋势。此时，扩大生产压差，增大气体流速，对提高凝析油的采收率是有好处的。

随着地层压力的继续下降($P_v < P_v^c$)，表面张力 σ_{og} 将升高并超过临界表面张力 σ_c。在这个相变过程中，凝析油以小滴的形式形成，凝析过程是滴状的。在这种情况下，一部分

中小孔隙由于凝析液量的增加形成桥或段塞，随着凝析油的析出，当凝析液量达到临界流动饱和度的时候发生流动，但这种情况需要较大的生产压差才能使之发生流动，这些孔隙中的凝析油临界流动饱和度很高；对于一些较大的孔隙，凝析油以液滴和液膜的形式继续流动，这些孔隙中凝析油临界流动饱和度与刚低于露点压力时的临界流动饱和度一样，都较小。

由此可见，凝析气藏开采中地层压力低于露点压力后，凝析油就会以雾状流发生流动。地层压力降低，部分中小孔隙被液塞堵塞，该部分孔隙中凝析油临界流动饱和度较高。因此，凝析油临界流动饱和度在开采过程中不是一个定值，与流体的组成及地层的非均质性相关。

(二) 油气两相相渗实验

凝析油析出后，地层流体流动变为气驱油过程，为确定凝析油析出对地层凝析气流动的影响，研究衰竭式开发过程气相相渗变化规律及其对凝析油采收率的影响，对大涝坝凝析气藏岩样开展气驱油相渗实验。

在岩芯束缚水饱和度条件下，注氮气驱替已经饱和好凝析油的 3 块岩芯。束缚水饱和度约为 30%（PV），注入氮气黏度是 0.0178mPa · s，凝析油黏度是 2.12mPa · s。油气相渗曲线特征（图 2－2－9）表现为：残余油饱和度非常高，气驱油的效率较低，两相渗流范围很窄，同时岩芯束缚水饱和度为 30% 左右，残余油饱和度为 64% 左右，交点含油饱和度 S_{gd} 的范围是 74.68%（HPV）~89.94%（HPV），平均值是 80.95%（HPV）。

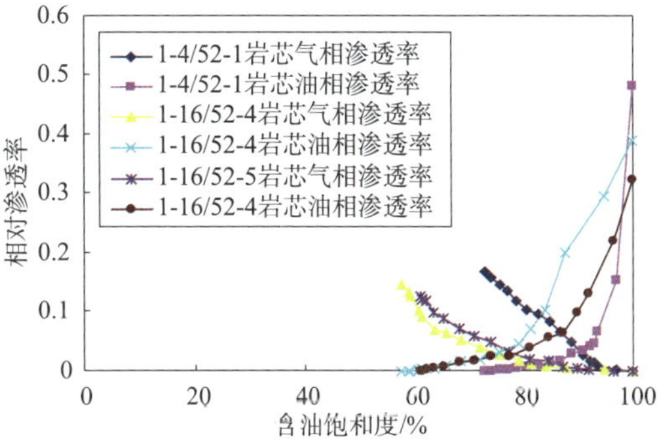

图 2－2－9 气驱油过程的油气相渗曲线

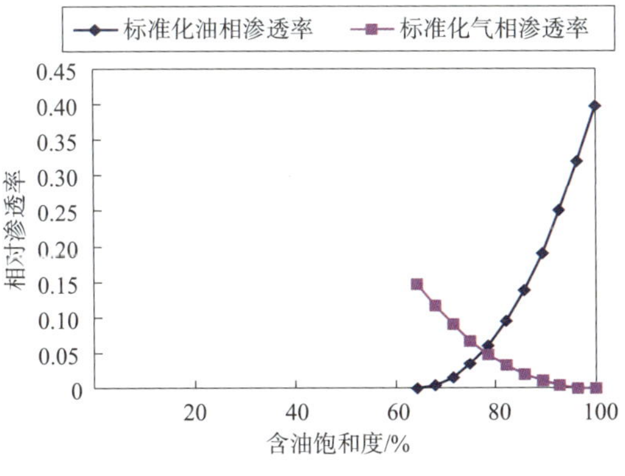

图 2－2－10 气驱油过程的标准化相对渗透率曲线

在本次实验中，最终采收率、残余油饱和度和交点含水饱和度并没有相对应的规律。出现这种现象的原因是对于渗透率高的岩芯，气体更容易沿大孔道突破；而气体突破后，残留在岩芯中的油就很难被采出。同时，过低的渗透率也会影响凝析油的采收率。对气驱油过程的实验数据进行归一化处理，可得到气藏的平均相对渗透率曲线（图 2－2－10）：残余气饱和度为 0，残余油饱和度为 64.34%（HPV），交点含水饱和度为 77.6%（HPV）。从上述气驱油过程相对渗透率曲线以及归一化处理结果可以看出，对于大涝坝储层岩芯，以烃孔隙体积(预先饱和有束缚水)为基础的气驱油过程相渗曲线显示，气驱油过程的驱替效率不高。这意味着，大涝坝凝析气藏以衰竭方式开采，地层反凝析油临界流动饱和度会大于10%(HPV)，地层中会产生较大的反凝析油滞留损失，引起凝析油最终采收率降低。

四、油气水三相流动实验

采用注气开发后，注入干气驱替地层凝析气、侵入的地层水及析出的凝析油形成三相流动。为明确注气驱替地层流体流动机理，评价注气提高气相渗透率、解除反凝析伤害及提高凝析油采收率效果，对大涝坝凝析气藏岩样分别开展注气驱替长岩芯实验及注气吞吐长岩芯实验并比较两者注气效果。

(一)注气驱替长岩芯实验

本实验通过长岩芯前后两端的两个回压阀控制流动压力，模拟了地层条件下近井带反凝析油形成的动态过程并通过反向注水模拟了储层的水锁效应，之后进行注气驱替实验。测试地层流体样为实验室复配 DL1 井凝析气样，注入外输气取自 YK1 井外输气(表 2－2－1)。

表 2－2－1　注入外输气组分分析表　　%

组分	物质的量分数	组分	物质的量分数
N_2	3.42	iC_4	0.03
CO_2	3.08	nC_4	0.004
C_1	88.24	iC_5	0.01
C_2	4.87	nC_5	0.013
C_3	0.28	C_{6+}	0.053

实验结果分析流程如下。

(1)本次实验通过先饱和水，然后气驱水，最后建立束缚水饱和度 S_{wi} 为 47.20%。

(2)动态模拟近井带反凝析油形成;

(3)物质平衡方法计算临界流动饱和度。

应用该方法对本次长岩芯吞吐实验临界流动饱和度进行了实验测试计算，以总孔隙体积为分母的凝析油临界流动饱和度 S_{oc} 为 15.55%，以总烃孔隙体积为分母的凝析油临界流动饱和度 S_{oc} 为 29.45%(表 2－2－2)。

表 2－2－2　凝析油临界流动饱和度计算结果

测试项目		注 YK1 井外输气驱
总孔隙体积/mL		65.448
束缚水饱和度/%		47.20
凝析油临界流动饱和度 S_{oc}/%	以总孔隙体积为分母	15.55
	以总烃孔隙体积为分母	29.45
总液相饱和度 S_L/%		62.75

因为一般的砂岩是亲水的，在地层中由于毛管压力的作用，束缚水将优先占据较小的孔隙空间，而且束缚水还包裹在岩石骨架的外表面，这样就会阻碍地层反凝析油填充微小孔隙，因此，凝析油会在一部分基质中流动。反凝析液就具有填充大孔隙的趋势，毛管压力对其影响就会减少，所以反凝析油在存在束缚水时比不存在束缚水时更容易流动，在束缚水饱和度高比束缚水饱和度低时更容易流动。

对于低渗储层，或孔隙度非均质较大的储层，束缚水对反凝析油的临界流动饱和度影响更大。虽然束缚水存在于小孔隙中降低了毛管压力对凝析油的影响，但是如果束缚水同样堵塞了连通孔隙的喉道，那么部分凝析油将会堵死在这样的“死孔隙”中。这样就可解释很多文献中对反凝析油临界流动饱和度从 10% 至 50% 不等，而且还有低于 10% 的现象。这主要就是束缚水饱和度大小和分布以及储层孔隙几何结构的影响。

4. 岩芯渗透率评价

实验前岩芯调和平均气测渗透率为 $16.85\times10^{-3}\mu m^2$，当饱和束缚水后，干气测试岩芯渗透率下降为 $3.131\times10^{-3}\mu m^2$，对应的相对渗透率为 0.186，当凝析油析出后，平衡气相测试岩芯渗透率进一步下降到 $0.149\times10^{-3}\mu m^2$，相对渗透率为 0.009，注外输气驱替后，岩芯中渗透率恢复至 $2.156\times10^{-3}\mu m^2$，相对渗透率为 0.128（表 2-2-3）。

表 2-2-3　实验测试中岩芯渗透率对比表

实验内容及对比参数		调和平均绝对渗透率	束缚水存在下干气	凝析油 + 束缚水存在下平衡气相	外输气驱后气相
注外输气驱	气测渗透率 $K_g/10^{-3}\mu m^2$	16.85	3.131	0.149	2.156
	气相相对渗透率 K_{rg}	1	0.186	0.009	0.128

5. 注外输气驱效果评价

当岩芯建立起凝析油饱和度后，在长岩芯入口端 40MPa 压力条件下注入外输气进行驱替。测试结果表明（图 2-2-11、图 2-2-12）：在 40MPa 条件下注入 1HPV 体积的外输气后，岩芯中析出凝析油的采收率达到 65.81%，岩芯中气相有效渗透率由 $0.149\times10^{-3}\mu m^2$ 恢复至 $2.156\times10^{-3}\mu m^2$，由此可见，在 40MPa 条件下注入 YK1 井外输气能有效起到解除反凝析堵塞、提高储层岩芯气相有效渗透率和凝析油采收率的作用。

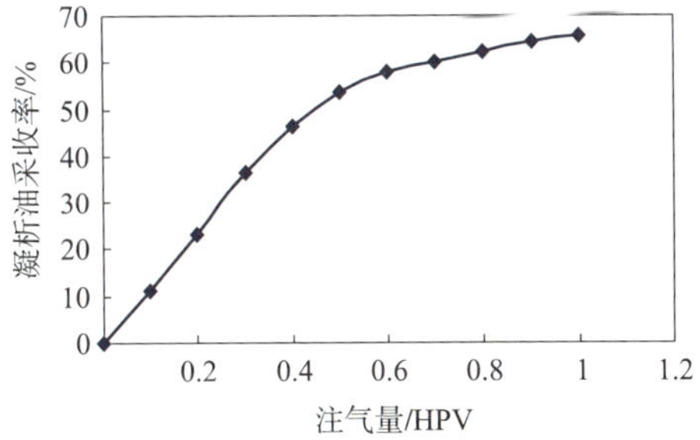

图 2-2-11　注外输气驱注气量与凝析油采收率关系

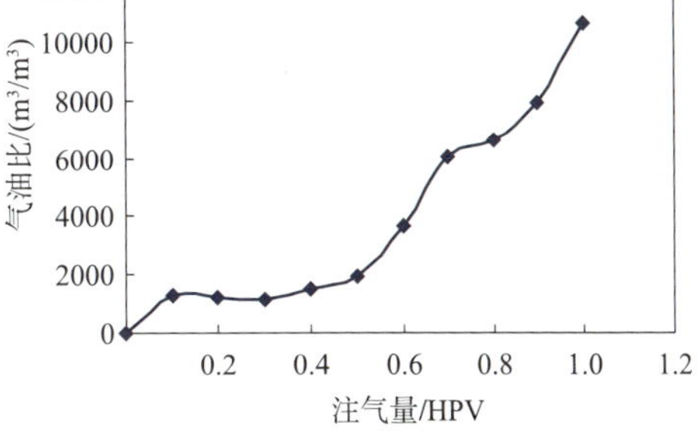

图 2-2-12　注外输气驱注气量与气油比关系

（二）注气吞吐长岩芯实验

利用驱替实验岩芯，继续开展了注外输气吞吐长岩芯实验测试。流体样品仍为DL1井凝析气样。实验结果分析流程如下。

1. 建立束缚水饱和度

2. 动态模拟近井带反凝析油形成

应用动态模拟法计算凝析油临界流动饱和度结果如表2-2-4所示。

表2-2-4　凝析油临界流动饱和度计算结果

测试项目		注外输气吞吐
总孔隙体积/mL		65.448
束缚水饱和度/%		47.03
凝析油临界流动饱和度 S_{oc}/%	以总孔隙体积为分母	14.86
	以总烃孔隙体积为分母	28.05
总液相饱和度 S_L/%		61.89

从表2-2-4可以得到以总孔隙体积为分母的凝析油临界流动饱和度为14.86%，以总烃孔隙体积为分母得到的结果为28.05%，均小于注气驱替的实验结果。这表明，采用注气吞吐方案，凝析油流动性更差，水锁现象更为严重。

3. 岩芯渗透率评价

注气吞吐实验测得的气相渗透率均小于注气驱替实验（表2-2-5），这表明对于DL1井凝析气来说，采用注气驱替方案，气体流动性更好，气驱效率更高，凝析油采收率更高。

表2-2-5　实验测试中岩芯渗透率对比表

实验内容及对比参数		调和平均绝对渗透率	束缚水存在下干气	凝析油+束缚水存在下气相	反向水锁后气相	吞吐后气相
注外输气吞吐	气测渗透率 K_g/$10^{-3}\mu m^2$	16.85	3.182	0.171	0.067	0.323
	气相相对渗透率 K_{rg}	1	0.189	0.01	0.004	0.019

4. 水锁效应评价

当岩芯内建立起反凝析饱和度后，在岩芯出口端反向注入0.2HPV地层水段塞，模拟储层岩芯近井带水锁效应，水锁建立后，进出口端气驱启动压差为1.1793MPa，岩芯中气相有效渗透率降低至$0.067\times10^{-3}\mu m^2$。

5. 注外输气吞吐效果评价

当水锁建立后，将岩芯出口端压力提高至45MPa反向注入外输气（吞），当岩芯出口和入口端压力平衡后，共注入外输气体积0.188HPV，关闭两端阀门焖井10h后由45MPa压力衰竭至15MPa（吐），最终凝析油的采收率为8.46%；储层岩芯的渗透率由水锁后的

$0.067\times10^{-3}\mu m^2$ 恢复到 $0.323\times10^{-3}\mu m^2$。这表明，注外输气吞吐有一定的解除反凝析和水锁、恢复气体渗流能力的效果，但与注气驱相比效果差，吞吐对凝析油采收率的增加也不高(图 2－2－13、图 2－2－14)。

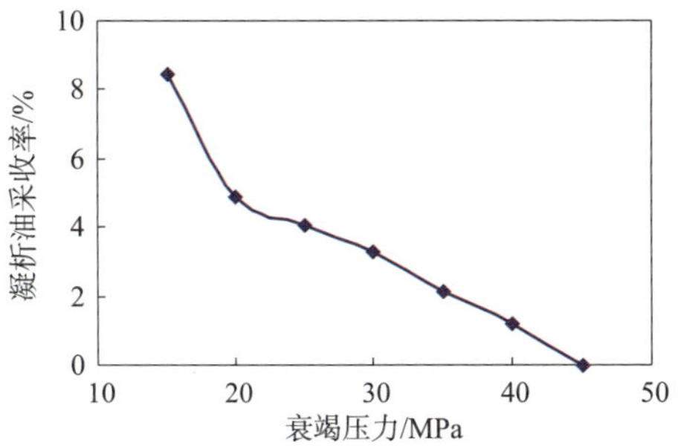

图 2－2－13　注外输气吞吐衰竭压力与凝析油采收率关系

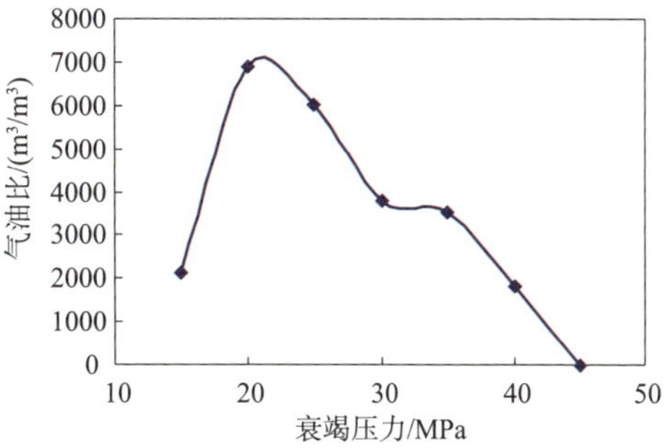

图 2－2－14　注外输气吞吐衰竭压力与气油比关系

通过大涝坝凝析气藏 DL1 井地层凝析气流体注外输气岩芯驱替和吞吐实验测试，得到如下认识。

(1)当压力衰竭到饱和压力以下，凝析油析出，储层岩芯中凝析油临界流动饱和度为 14%～16% PV(27%～29% HPV)，岩芯中气相有效渗透率由 3×10^{-3}～$4\times10^{-3}\mu m^2$ 降低至 0.14×10^{-3}～$0.17\times10^{-3}\mu m^2$，这表明反凝析会产生渗流堵塞现象。

(2)注入 1HPV 外输气驱替后，凝析油的采收率分别为 65.81%，储层岩芯渗透率分别恢复到 $2.156\times10^{-3}\mu m^2$。表明在 40MPa 条件下注入外输气能有效起到解除反凝析堵塞、提高储层岩芯气相有效渗透率和凝析油采收率的作用。

(3)建立起凝析油饱和度后，水锁效应导致岩芯进出口端启动压差为 1.17MPa，岩芯中气相有效渗透率降低至 $0.07\times10^{-3}\mu m^2$。

(4)注入外输气吞吐后，凝析油的采收率为 8.46%，储层岩芯渗透率恢复到 $0.323\times10^{-3}\mu m^2$。这表明在 45MPa 条件下注入外输气吞吐解除反凝析和水锁有一定恢复气体渗流能力的效果，但不明显，对凝析油的反蒸发不强，凝析油采收率不高。

第三节　衰竭式开发中后期水侵凝析气藏注气开发机理认识

基于实验机理和注气实践表明，凝析气藏衰竭式开发中后期转注气开发，是注入干气以分子扩散、弹性膨胀、重力超覆、段塞稀释等作用原理，实现与地层流体组分进行驱替、分异、抽提蒸发的传质与相态变化过程，并伴有前缘混相带的形成、消失、再形成、再消失的反复循环过程。实际上是注入气与地层中的凝析油、凝析气及地层水多相流相互作用和相互博弈，呈现以补充能量、抑制水侵、气驱油作用为主，反蒸发为辅的混相耦合协同驱替“借气洗油”过程。注气量小时，压力恢复慢，驱替明显；注气量增大，压力恢复快，蒸发作用增强；继续增加注气量，发生气窜后产油量大幅递减。

一、注气提高采收率机理

(一)分子扩散机理

物质分子的无规则运动，决定了当两种不同的物质接触后会发生分子扩散现象。发生分子扩散时往往是因为接触物质的浓度、温度、压力等不同。分子扩散在致密砂岩的注气开发过程中作用不容小觑。基质岩块的尺寸越小，基质渗透率越低，分子的扩散作用越凸显。

分子扩散主要表观驱动力为浓度差。当气体注入地层后，注气井近井区域气体浓度较高，地层中及采出井附近轻烃含量较少，尤其长时间采气后采出井周围压力下降过多，凝析油过早析出。注入气沿裂缝等高速渗流通道慢慢扩散引起地层中流体组成发生变化，地层内部各相流体浓度发生变化。在此过程中，轻烃分子进入地层凝析气体系中，提高体系压力及轻质组分比例；随着波及范围逐渐扩大至压力较低、已发生反凝析的区域，轻烃分子渐渐溶入凝析油中，降低凝析油黏度，使得凝析油体积膨胀、增加凝析油流动性，从而提高凝析油采出程度。

(二)注气膨胀效应

注气膨胀机理也是注气过程中提高凝析油采收率的重要原理之一。在注气过程中，驱替压力会沿气体流动方向逐渐降低。随着气体驱替压力逐渐降低，气体密度逐渐减小，气体体积随之变大，使得气体发生膨胀，从而达到驱替孔隙中凝析油的效果。除此之外，在气体流动方向上，随着环境压力逐渐下降，原本溶解在凝析油中的轻烃气体会逐渐析出，随着析出量的增大，凝析油中出现小气泡，气泡体积不断变大。在气泡体积增长的过程中，也会产生一定的气体膨胀能，进而达到驱动储层凝析油的目的。

此外，注入气与凝析油接触溶解后也能导致凝析油发生膨胀，其体积膨胀的大小取决于压力的高低、温度及溶解气量的大小。膨胀作用之所以可以降低井底凝析油对地层的伤害，有两个原因：其一，开采后留在油层中的残余油与膨胀系数成反比。即膨胀越大，油藏中废弃的凝析油量越少，凝析油占据的孔隙空间越小。其二，凝析油体积膨胀会增加储集层孔隙空间含油量，孔隙压力增高，因此，溶胀的油滴将一部分不流动的凝析油挤出孔隙空间，使油湿系统形成一种排油而不是吸油过程。凝析油释放出所占据的孔流通道，提高了凝析气的有效渗透率，降低了凝析油聚集引起的堵塞作用，对解除或降低凝析油对地层的伤害有一定的作用。

(三)重力超覆作用

重力超覆作用又称重力分异作用，是指在密度差的影响下，气藏内部流体按照密度差异自上而下重新分配，密度大的流体下沉至地层底部，密度小的流体上浮至地层顶部的过程。密度差越大，重力分异作用越明显。凝析气藏注气过程中，注入干气与地层凝析油气不相溶，存在密度差，且由于对流扩散作用缓慢，二者的组分短时间内难以一致，致使二者将发生较强的作用力，产生分异现象。正常情况下由于注入气组分较轻、密度较小，注入气会朝地层上部运移形成气顶，随注入过程气顶越来越大，会对凝析油气产生向下的驱替效果，在某种程度上可以驱替凝析油气进入地层下部的生产井，起到提高采收率的作用。

大涝坝储层厚度较大，注气过程中存在着较为明显的重力分异现象。在长期采气后，储层压力降低、凝析油析出。近井区域压力降低明显，凝析油等重质组分以连续状集中于生产井底部及地层中底部区域，轻烃组分集中在地层中顶部区域，呈现出明显的重力分异现象。大涝坝在进行井网设计时，充分利用已有井网，考虑井距不均匀、储层非均质性及各方向动用的差异性，下气层选择“高注低采”的方式，充分利用重力分异现象优选注气位置及注气速度，充分提高注入气的波及系数。

(四)注气抑制水侵机理

注入气弥补了地层由于采出气而亏空的空间，补充甚至提高了地层压力，边底水由于缺乏驱动压差而无法侵入凝析气藏，从而达到推水段塞抑制水侵的效果。见小注气井注气推水段塞示意图如图 2－3－1 所示，刚开始注气时注入气优先补充地层压力延缓水侵，当地层压力补充至一定程度后，注入气推动边水段塞移动。此外，根据注采井网设置的不同，产生的效果也不同。采用低注高采井网时，水侵井在注气井的上方，早期注入的气体可能会驱动在生产井和注气井层位之间的水，致使采气井产水量增加，但是随着注气的进行，生产井与注气井层内的水都被驱替到井底，两井之间都是气，继续注气将有较好的抑制水侵效果。但当注采井之间压差较大时，则可能因为重力超覆等原因发生气窜。当采用高注低采井网时，水侵井在注气井的下方，随着注入气量不断增多，上部注入的气体可以与下部凝析油发生蒸发混相作用，且同时抑制边水侵入，但只有达到一定注采压差才有抑制水侵的效果，否则效果较差。

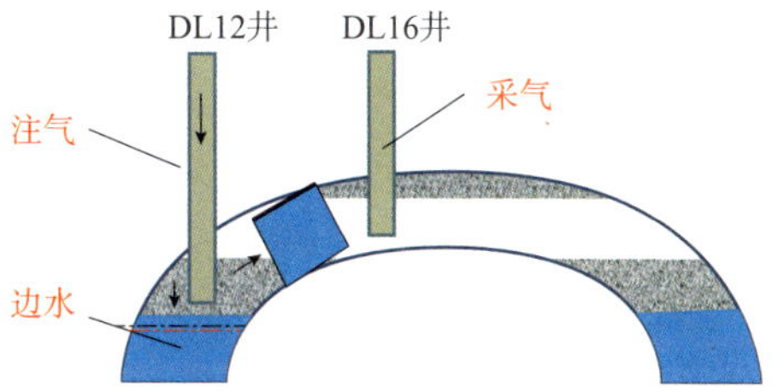

图 2－3－1　见水注气井注气推水段塞示意图

(五)注气混相驱替机理

注入气与地层原油接触混相时，油气相界面张力渐渐减小，多孔介质中的毛管压力逐渐消失，注入气与凝析油间的传质会引起系统相态特征及流体的黏度、密度、体积系数、界面张力、气液相组成都发生根本性变化，使得地层中过早析出的凝析油流动性增强，渐渐被注入气驱替采出。理论上微观驱油效率可达到 100%。但实际油藏中油水关系分布相当复杂，储层的非均质性、流度比、舌进、黏性指进等多种因素，实际采出程度会根据实际情况有所变化。

大涝坝回注的干气与地下凝析气、凝析油性质接近，在压差及重力的作用下发生对流及分异作用，一方面可将凝析气驱动到生产井，另一方面可能与凝析油形成混相或近混相驱替。但大涝坝 PVT 加压实验显示完全混相压力较高，多次接触后难以达到完全混相的效果，随即调整注气量，不以完全混相为最终目的，同时利用混相及驱替的效果尽可能提高凝析油采收率，而且注气过程中发现注气量小时，以驱替为主，少量的干气与储层流体接触不充分，储层压力略微升高，反蒸发不明显，仅起驱替湿气与凝析油作用（图 2－3－2）。

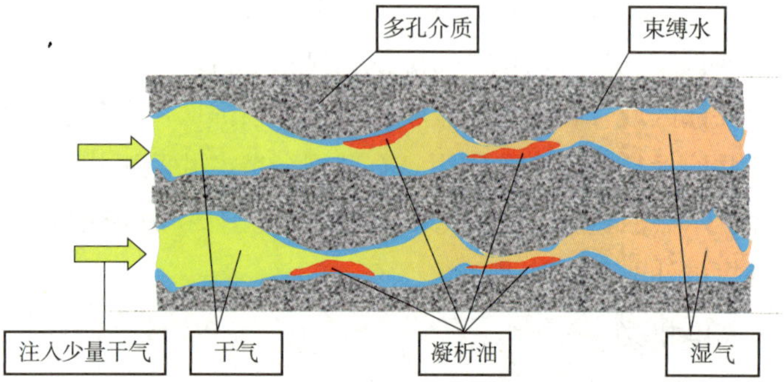

图 2－3－2　注入少量干气后凝析油分布图

（六）注气反蒸发机理

当地层压力低于最大反凝析压力后，在整个压降过程中，平衡气相的中间组分和重物质的量分数越来越低，为了达到相态平衡，气相与液相相互接触发生扩散作用，液相中的相应组分就重新分配到气相中，从而使凝析油体积减小，即出现凝析油的蒸发情形。若回注干气使得地层压力保持不变，那么注入干气会与已析出的凝析油进行组分交换，使地下凝析油反蒸发，注入干气不仅能在地下反蒸发反凝析油的中间烃类，而且也能有效蒸发 C_{20+} 以上的重烃。在注采比大于 1 的情况下，地层压力会有所升高，由于地层压力的升高，凝析气溶解油的能力随之增大，因此一部分凝析油会反蒸发进入气相，随着气体一块采出。注气量大时，以反蒸发为主，足量的干气与储层中的湿气与凝析油充分接触，储层压力升高，反蒸发效果显著，如图 2－3－3 所示。

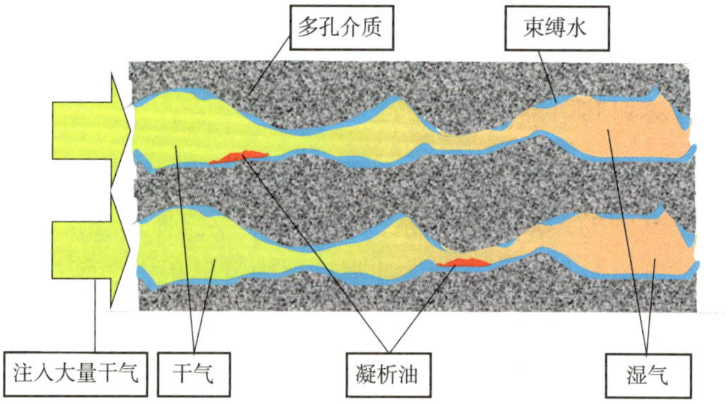

图 2－3－3　注入大量干气后凝析油分布

二、注气开发规律

(一)注气开发油－气相互作用机理

当地层压力处于露点压力之上、储层无可动水情况下，注气过程中多相介质相互作用分为四个阶段(图2－3－4)：(1)气井刚开始注入阶段，干气与地层凝析气接触，在接触面出现混相或者反蒸发的特征，此时生产井未受效。(2)压力继续传播阶段，气藏渗流可以分为干气带、混相带、压力传播带和压力不变带四段。在混相带主要是混相引起反蒸发；在压力传播带主要为地层压力升高引起反蒸发；在压力不变带，则主要是由于周围地层压力升高抑制了反凝析作用。(3)压力传播到生产井阶段，井的压力升高，开始受效，此时主要由于地层压力升高引起。(4)注入气推进到井底阶段，主要由于混相反蒸发作用引起产量变化。

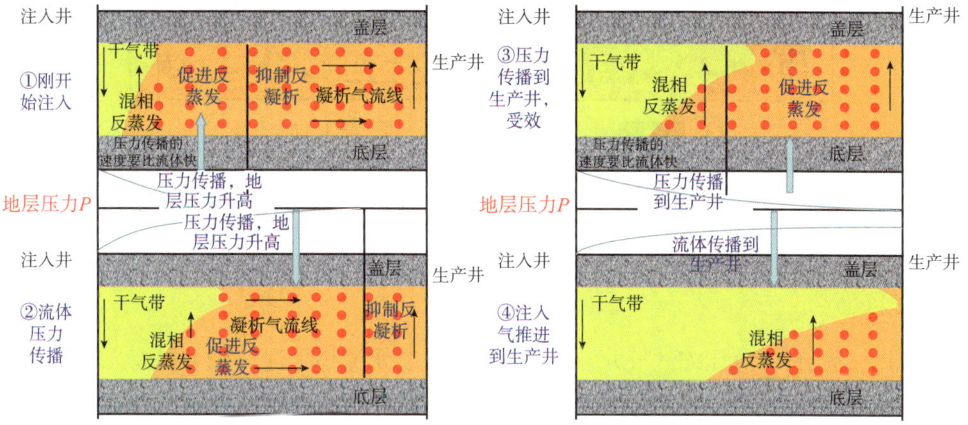

图2－3－4 储层无可动水情况的注气过程中多相介质相互作用示意图

大涝坝凝析气藏衰竭式开发至中后期转为注气开发，此时地层压力已普遍降至露点压力以下，反凝析已经发生，且水侵问题已经显现。不同于持续注气方式，大涝坝凝析气藏采用“注采调整优化技术”，针对不同阶段的需求调整和优化注气方式。但无论是错峰强注、周期强注以及后续的储气库阶段，都存在相似的单个注采周期。在不同阶段的单个周期内，注气机理及地层流体变化规律都是相似的。单个周期内先后经历注气及采气两个阶段。注气阶段，注入气与地层中的凝析油、凝析气及地层水多相流相互作用和相互博弈，呈现以补充能量、抑制水侵、气驱油作用为主，反蒸发为辅的混相耦合协同驱替“借气洗油”过程；采气阶段过程则相反，没有了注入气的压力补充及驱替等作用，采气井近井区域压力下降、轻组分采出增多、反凝析现象继续发生，直至下个周期的注气阶段才会有所改善。地层中注气前缘各个周期内的循环往复变化才是大涝坝衰竭开发中后期注气过程中最典型的特征。随着注采的周期变化，反蒸发、反凝析交替进行，同时伴有前缘混相带的形成、消失、再形成、再消失的反复循环过程。

(二)单周期初始阶段

单周期初始阶段，临井间油气分布如图2－3－5所示。由于上一阶段的衰竭开采，长期没有能量补充，采气井近井区域压力下降较大，远远低于露点压力，反凝析较严重，凝析油过早析出，地层由浅至深形成重力分异现象；近井区域地层压力亏空较大，边底水在压差的驱动下浸入采气井，严重影响气井产能。该阶段应该充分利用重力分异现象优选注气位置，基于注气抑制水侵机理延缓生产井水侵程度，并结合注气反蒸发、注气混相驱替的原理反蒸发、驱替地层中的凝析油。

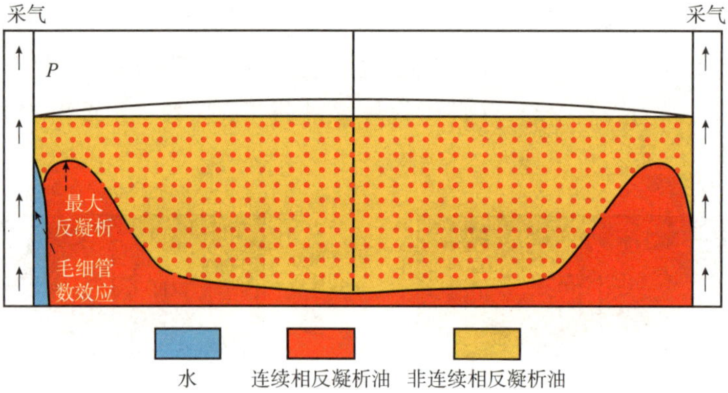

图2－3－5　单周期初始阶段凝析油气－边底水分布示意图

(三)单周期注气阶段

1. 开始注气

开始注气后，注入气压缩注气井井筒内的油、气、水流体，注气压力提高，油、气、水流体向地层方向流动，此时注气驱替作用为主导。压力爬升到一定程度，井筒内的流体全部进入地层后，天然气在最薄弱的顶部突破反凝析油锁和井筒水脊，从而进入地层(图2－3－6)。

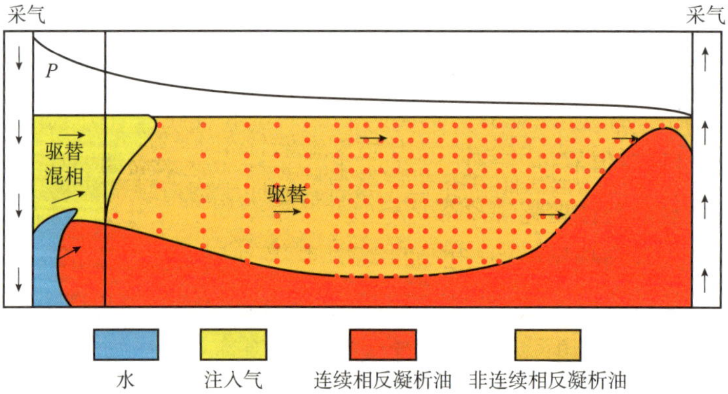

图2－3－6　注气初期注入气－凝析油气－边底水相互作用示意图

随着注气量增加，天然气在地层内开始扩散，同时反凝析油脊和水脊在流体密度差作用下下沉，受效井受到注气压力波及，压力上升。继续注气，注入气推动注气井附近的油脊和水脊流动；注入气推动天然气中的非连续相反凝析油流动；受效井附近的连续相反凝析油脊在压差增大、剥蚀效应(毛细管束效应)更强的情况下向井筒流动，即气驱油作用开始，以驱替重质组分为主，压力向更远处扩散；同时在注气井近井区域出现混相作用。该阶段以注气混相驱替作用为主，驱替过程中还伴随着分子扩散及注气膨胀效应，将孔隙中的凝析油剥离出来，随着整体驱替方向流向生产井附近。

2. 注气量进一步增加

注气中期随着注气量进一步增加，此时地层中呈现为驱替和混相同时作用：注气井附近的油脊、水脊逐渐消失；注入气推动注采井间的天然气和非连续相反凝析油流向受效井，压力向远处扩散，同时抑制水侵效果显著；受效井附近的连续相反凝析油在连续大压差作用下到采气井井筒。注入气推动注采井间的非连续相、反蒸发凝析油到受效井，注气井近井区域反凝析油堆积基本消失，注入气从受效井产出，将地层水推至远处(图2－3－7)。该阶段随着注入气量的逐渐增多，注气混相驱替作用效果更加明显，伴随有注气抑制水侵作用，注入气将生产井周围的水逐渐推向远井区域。

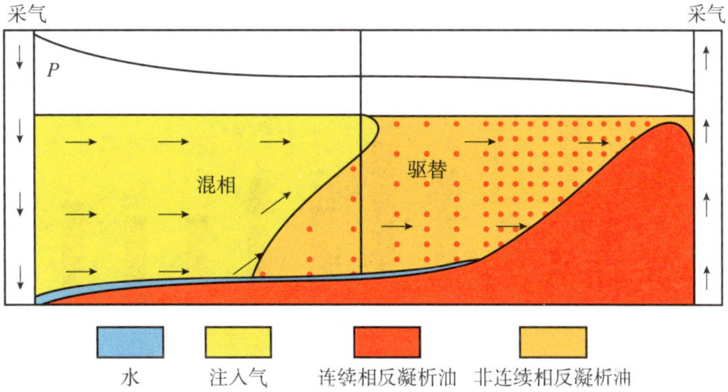

图2－3－7　注气中期注入气－凝析油气－边底水相互作用示意图

3. 注气后期

注气后期，注气量增加到一定程度，发生混相、反蒸发、分带顺层流动和气窜等作用。注气井近井区域内，注入干气在注采压差的作用下以水平运移为主，注采压差压力梯度与密度差压力梯度相当。注气井远井区在密度差的作用下呈现重力超覆特征，注入气体在密度差作用下向上运移，形成明显气－气界面，趋向于构造顶部运移大孔喉、易流动的非连续的反凝析油驱替产出，逐渐消失；小孔喉、不易流动的反凝析油反蒸发产出。受效井近井区域自上而下形成了注气驱替前缘、驱替混相区及反凝析区，如果持续注气则注入气会突破前缘，发生气窜(图2－3－8)。该阶段在多次注气及驱替下，混相驱替效果达到单周期内最佳，注气井周围反凝析区基本消失，地层中大部分的连续、非连续相凝析油驱替至生产井周围，此时由注气转为采气可达到单个注采周期内凝析油采收率的最好效果。

(四)单周期采气阶段

由注气转为采气，地层能量补充停止，受效井近井区域采气量不断增加、压力下降，反凝析现象发生，反凝析区渐渐扩大；驱替前缘逐渐后退，驱替混相区逐渐消失，直至下个注气阶段开始才会有所好转(图 2-3-9、图 2-3-10)。

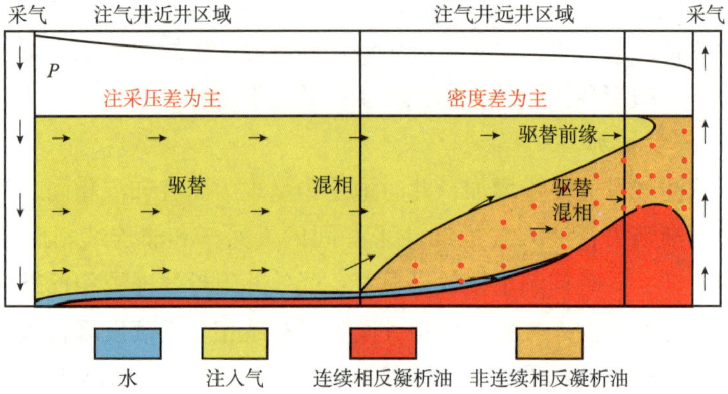

图 2-3-8　注气后期注入气-凝析油气-边底水相互作用示意图

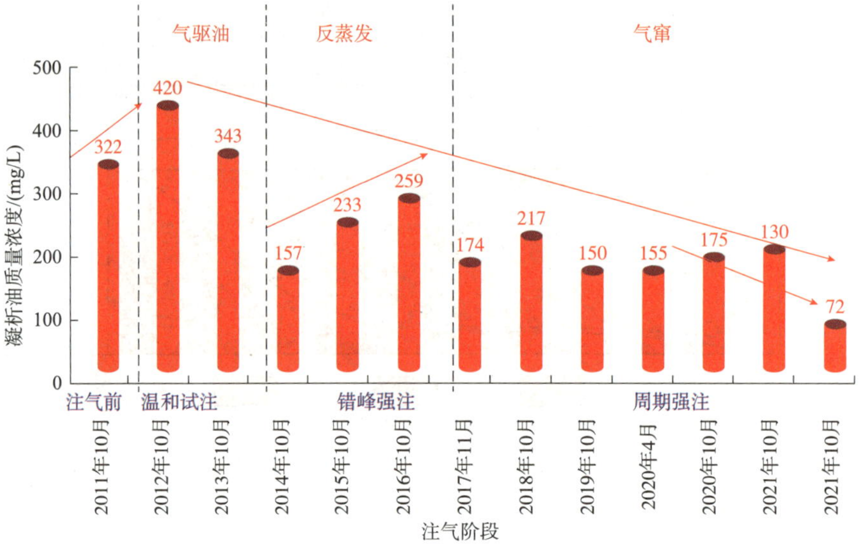

图 2-3-9　DL4 井凝析油质量浓度变化曲线

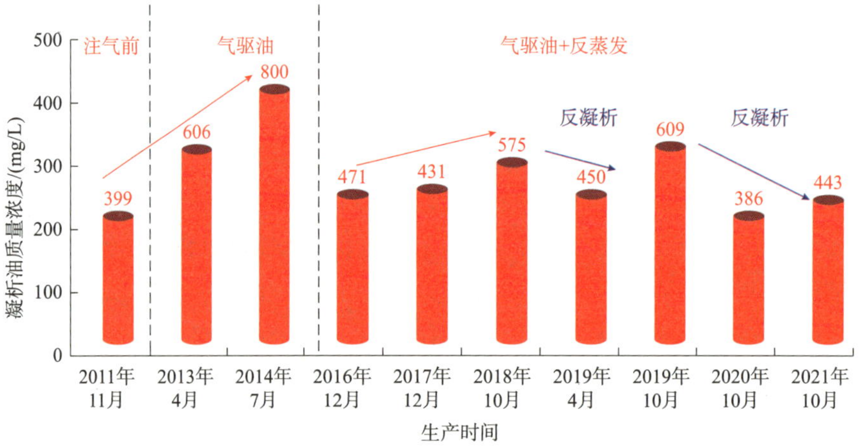

图 2-3-10　DL2 井凝析油质量浓度变化曲线

三、注气实践认识

（一）衰竭开发中后期注气仍可提高采收率

虽然大涝坝注气滞后计划两年，错过了最佳注气时机，但实验和数模结果皆对注气开发方式的可行性提供了有效的支撑。实验结果显示向PVT筒中注入干气后反凝析液量逐渐减少（图2-3-11），凝析油中的中间组分、C_{20+}重组分均能被蒸发（图2-3-12、图2-3-13）；数值模拟结果同样显示向井流物注入外输干起后露点压力略有降低、反凝析液量明显降低，随着注气量的加大和压力的升高，反蒸发及抽提作用增强，凝析油流动性能改善，露点压力和反凝析液量逐渐降低，早注多注能更好提高采收率。

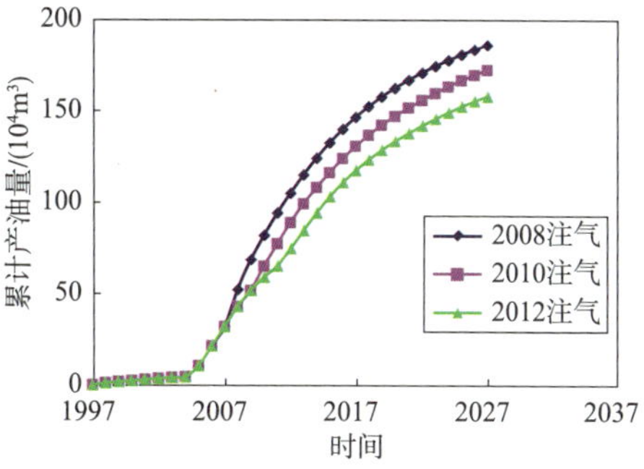

图2-3-11　不同注气时间条件下累计产油量对比曲线

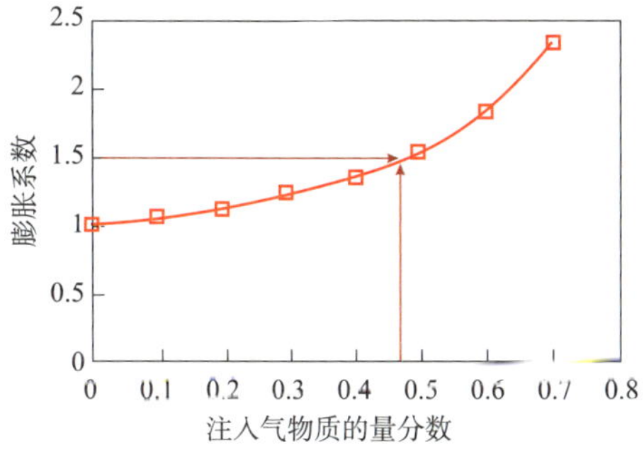

图2-3-12　注入气物质的量分数与膨胀系数的关系

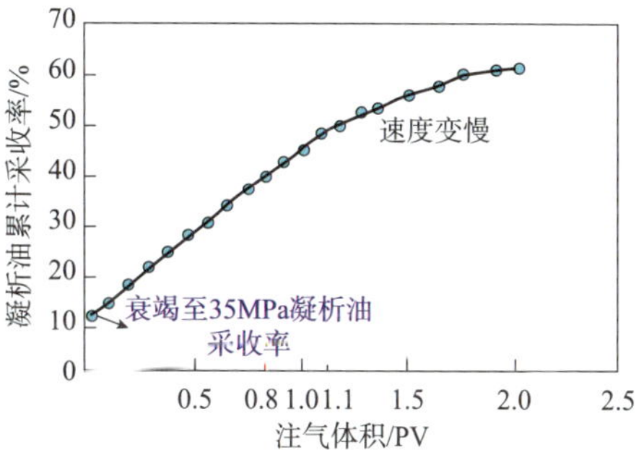

图2-3-13　注入体积与凝析油采收率关系

以PLK2井为例，注气方案实施之前，由于缺乏注气实践经验，在注气开发初期进行了一年的温和试注，与衰竭式开发相比，2013年12月温和试注实施后包络线向右偏移，凝析油质量浓度也由233g/m^3增加到了436g/m^3（图2-3-14）。说明在实施温和注气后，反蒸发现象尚未发生，此阶段主要的增产机理为通过注入气对地层中的凝析油进行驱替，达到气驱增油的效果。在这一阶段由于注气强度较低，因此地层压力上升较慢，相图的变化幅度较小，凝析油质量浓度增加幅度也较低。

基于温和试注阶段取得的认识，为了提升注气开发的效果，进一步提出了错峰强注方案，与温和注气阶段相比，错峰强注阶段实施前期（2014年7月）包络线与临界点向右偏移幅度更大，凝析油质量浓度也有大幅度的提高（图2-3-14），表明在错峰强注阶段前期，增产机理与温和试注阶段相似，由于注气强度的增加导致气驱增油的效果更加显著；而到了错峰强注的中后期（2015年3月），包络线与临界点都向左偏移，凝析油质量浓度出现了大幅度的下降，说明此阶段的增产机理不再以气驱增油为主，而是反蒸发作用占据了主导，地层中部分凝析油变为了气相。

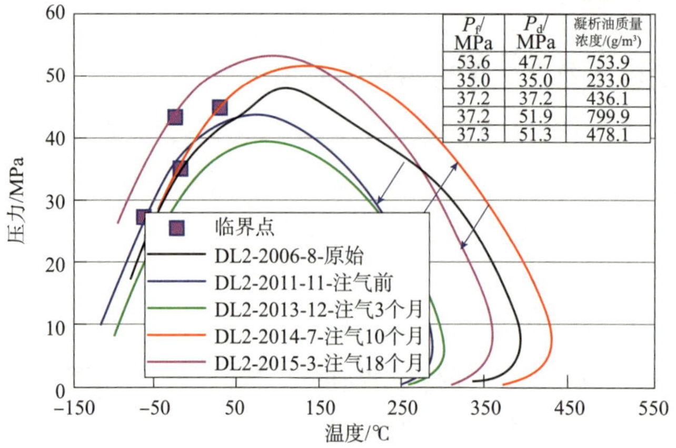

图 2－3－14 DL2 井注气前后相态变化图

在关井强注实施较好的 2016 年，由于注气强度的进一步提高，相比错峰强注阶段包络线与临界点向左偏移幅度更大，且反凝析液量也进一步降低，说明在此阶段反蒸发效应更加显著，大量地层凝析油变为了气相(图 2－3－15)；而在 2017 年进行的产能释放引起了地层流体的相态变化，在此阶段由于净注气量的大幅减少，导致反蒸发效应减弱，引起包络线与临界点的又一次向右偏移，反凝析液量也进一步增加，说明周期强注阶段反蒸发效应相比错峰强注阶段更明显，同时也受到注气量的影响，注气量越多则反蒸发效应越明显。

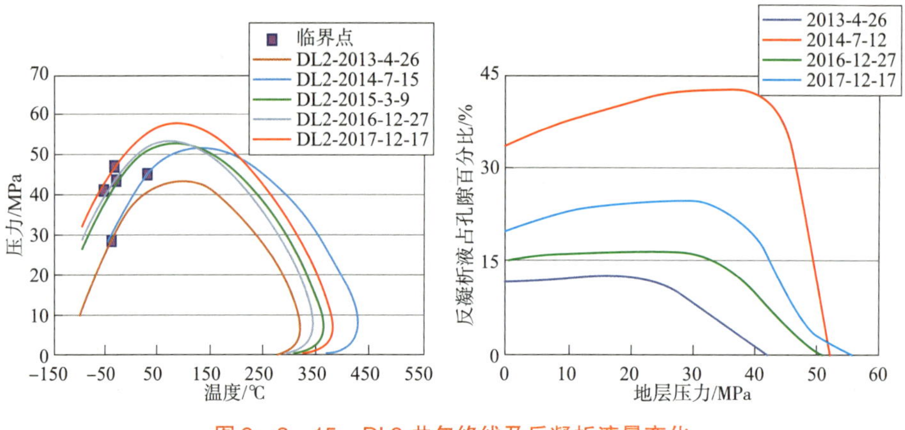

图 2－3－15 DL2 井包络线及反凝析液量变化

(二)大涝坝持续注气混相压力较高，合理确定恢复压力目标

结合本章的相态实验与数值模拟结果分析，大涝坝凝析气藏衰竭开发中后期，持续注气开发时混相压力相对较高，注入气与地层油不能完全混相(图 2－3－16)。注气量小时，压力恢复慢，驱替明显；注气量增大，压力恢复快，蒸发作用增强；继续增加注气量，发生气窜后产油量大幅递减(图 2－3－17、图 2－3－18)。对此，大涝坝前期以“确定恢复压力、防止气窜兼顾混相”为注气目标。

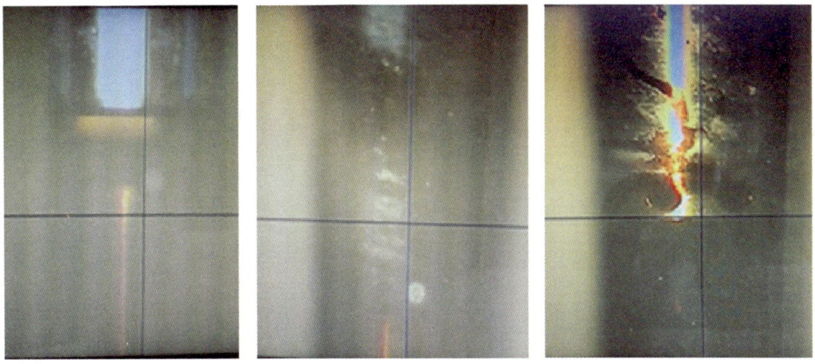

地层压力下　　充分搅拌　　80MPa仍未溶解

图 2-3-16　大涝坝 PVT 加压实验混相现象

大涝坝 PVT 加压实验显示：43MPa 下气、液两相不能混相，组成轨迹显示注入气被加富，反凝析油被重质化。第一节多级接触最小混相压力拟三元相图显示在 46.1MPa 下气、液两相通过多次接触溶解 - 抽提可达到混相状态。因此，在兼顾混相效果及防止气窜的条件下，确定大涝坝合理恢复压力目标为 43～45MPa。

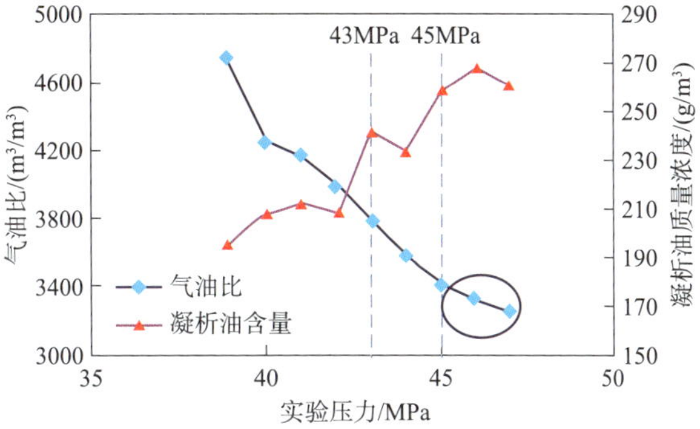

图 2-3-17　大涝坝 PVT 加压实验

注气初期的注入气优先补地层亏空，之后压缩并推动水段塞直至遇到边水后，压力平衡开始向气藏内部扩散驱油，邻井出现响应受效。注气恢复地层压力后，抑制水侵和驱油效果好(图 2-3-18、图 2-3-19)。

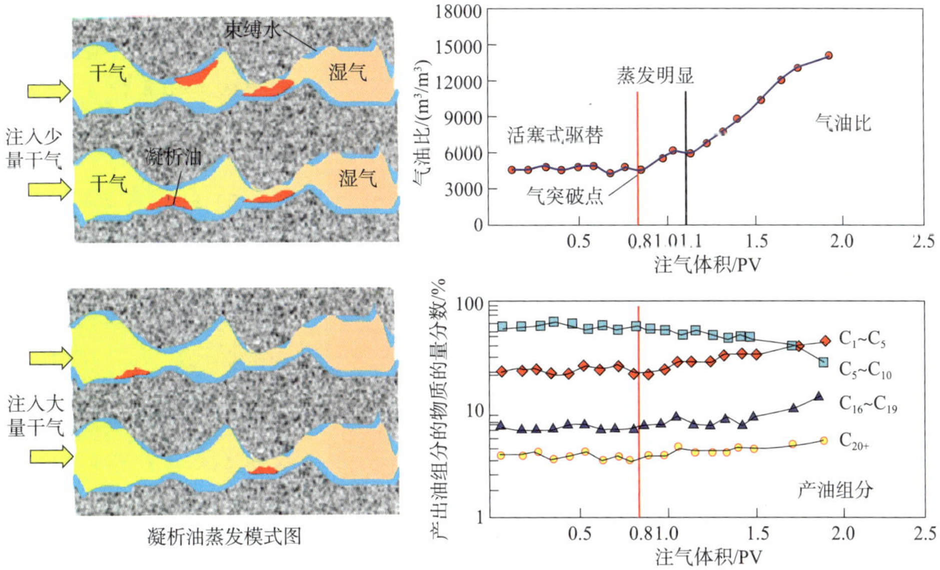

图 2-3-18　不同注气体积下产出油组分的物质的量分数及气油比变化图

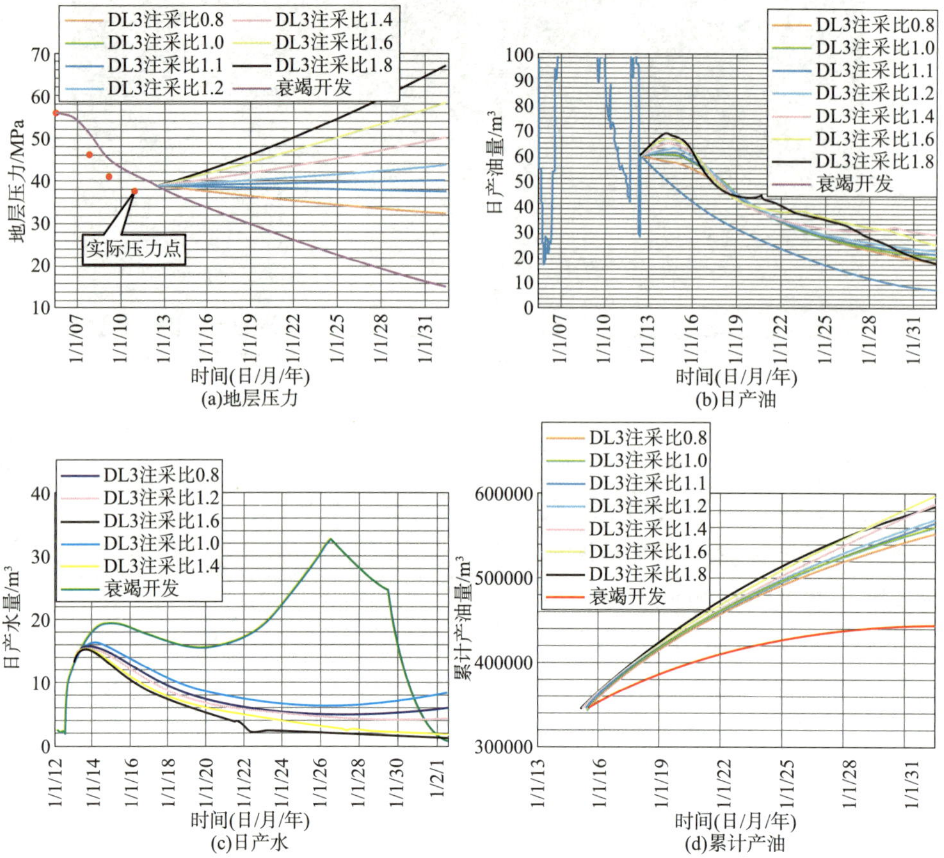

图2-3-19　不同注采比条件下的压力、产量变化图

(三)"早注多注"防止生产井水淹、延缓水侵

多轮次气水互驱相渗实验结果表明，注气驱替效率仅为53%。在经过多轮次气水互驱后，由于应力敏感和水敏增强，残余水饱和度增加，驱水难度增大，再次驱替压力升高(图2-3-20)。因此，早注多注恢复气藏内部压力，以平衡或高于边水压力，防止进一步的生产井水淹和延缓水侵是注气的首要任务。

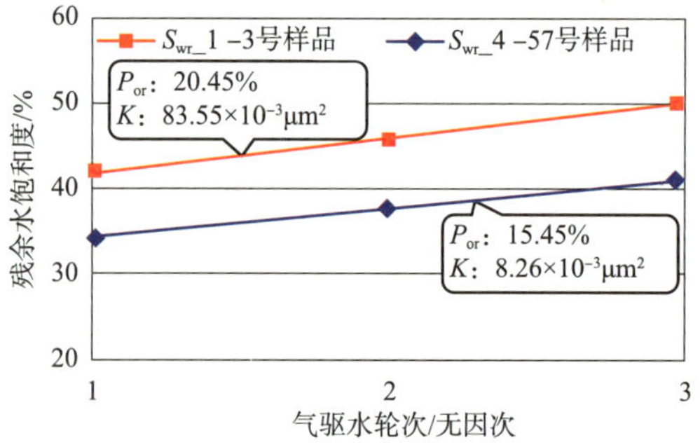

图2-3-20　残余水饱和度随气驱水轮次变化规律

注气前构造西部及北部发生明显的边水侵入，DL9、DL8、DL11X及S45井均已见水

(图 2 - 3 - 21)。而注气之后，见水井附近含水饱和度有所下降，水线前缘突进情况改善，水体均匀抬升(图 2 - 3 - 22)。这证明了注气开发能达到减缓水驱前缘突进、抑制边水侵入开采井的作用。

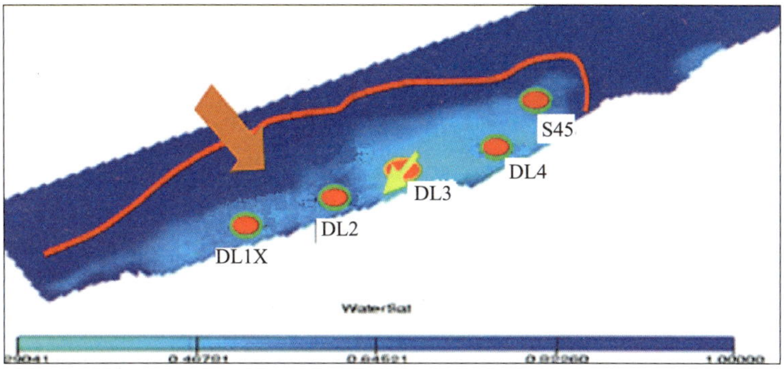

图 2 - 3 - 21　注气前含水饱和度分布

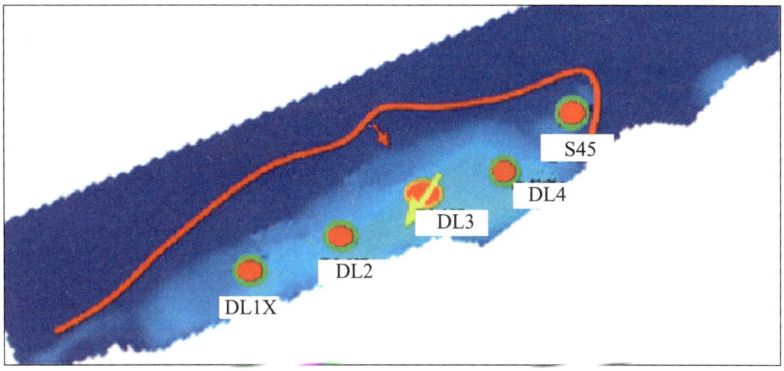

图 2 - 3 - 22　注气后含水饱和度分布

第三章
注气开发方案设计优化调整

一个好的方案是实现目标的核心关键。大涝坝凝析气藏因前期衰竭式开发阶段受到反凝析和水侵的双重影响，其循环注气区别于开发早期循环注气模式，需要基于系统的井网、井型、井距和采气工艺集输系统等相关条件进行方案设计，设计过程中面临一系列的问题和挑战。2013 年实施注气以来，伴随着对注气效果的认识不断深化，方案设计也不断地进行修改完善，历经四次变化，最终从单纯的循环注采模式发展到现如今“注采储协同”一体的提高采收率方案。

第一节　循环注气方案设计

一、凝析气藏注气开发条件分析研究

(一) 循环注气条件分析

1. 注气地质条件

适用循环注气开发的气藏一般埋深大于 2000m，地层温度大于 90℃；构造简单，地层倾角越大越好；储层物性较好，气层单一，连通性好，非均质性不强，储层厚度不宜过大，一般小于 30m。

2. 凝析油质量浓度

对于不同凝析油质量浓度的气藏，所适用的开发方式也会有所区别。

(1) 微含凝析油气藏(凝析油质量浓度 $<50g/m^3$)、低含凝析油气藏(凝析油质量浓度 $50 \sim 200g/m^3$)，一般采用衰竭式开采。地质构造平缓、断层和断距较小、地层埋深 $<3000m$、储层非均质性较弱可以考虑循环注气。

(2) 中含凝析油气藏(凝析油质量浓度 $200 \sim 400g/m^3$)，储量丰度为中丰度，凝析气储量大于 $40 \times 10^8 m^3$，需要进行模拟论证和经济效益评价，地层埋深 $<3000m$，可以考虑循环注气。

(3) 高含凝析油气藏(凝析油质量浓度 $>400g/m^3$)，储量丰度为中丰度，凝析气储量大于 $10 \times 10^8 m^3$，循环注气具有技术和经济可行性，建议采用完全保压或部分保压开采。

3. 气源条件

循环注气所使用的气源一般来自气藏采出气、气藏周边集输管网气、N_2、CO_2 等气体。气藏气源满足循环注气方案的注气量要求，循环注气开发才具有技术方面以及经济方面的可行性。

(二)大涝坝注气开发条件分析

(1)地质特征满足注气开发的条件。大涝坝凝析气藏为简单的背斜构造，储层连续展布，分上下两套气层，连通性好、物性好、层内非均质性弱，平均孔隙度 16.1%，平均渗透率 $73.6\times10^{-3}\mu m^2$。

(2)凝析油质量浓度高、地露压差小、反凝析油饱和度高。大涝坝凝析气藏苏维依组原始地层压力为上气层 55.55MPa，下气层 56.17MPa，上、下气层露点压力分别为 46.1MPa 和 49.9MPa，凝析油质量浓度分别为 $406g/m^3$ 和 $574g/m^3$，属高凝析油质量浓度。巴什基奇克组气藏也为特高凝析油质量浓度凝析气藏，原始地层压力为 55.41MPa，露点压力为 47.2MPa，地露压差为 8.21MPa，凝析油质量浓度为 $712g/cm^3$。

(3)目前采出程度低，注气开发提高采收率潜力大。截至 2013 年 4 月，阶段油气采出程度较低，油采收率仅为 26.6%，气采收率仅为 34.37%。通过数值模拟手段进行生产动态的预测，明确衰竭式开发凝析油最终采收率只能达到 27.29%，而循环注气开发凝析油的最终采收率可达到 59.84%，提高 32.55%，开发潜力较大。

(4)气源条件充足，管网系统发达。紧邻中国石油牙哈气田、中国石化雅克拉气田，同时还有塔河、顺北气藏，邻系均能供给大涝坝，能够满足循环注气开发的需要。

(5)循环注气开发有成功案例。牙哈凝析气藏自 2000 年底采用循环注气，2004 年下半年采用间歇注气地层压力仍保持在 50MPa 附近，凝析油采收率提高了 15.32%；柯克亚凝析气藏循环注气开发实施的 5 年时间里，试验区的凝析油采出程度达 39.2%，相比衰竭式开发采收率提高 18.2%，气井利用率也有所提高，有效缓解了油气需求不平衡的矛盾，产量、气油比、凝析油采出程度等实际运行指标均好于原方案。

二、循环注气可行性评价指标

(一)注气适宜度分析

凝析气藏的开发方式与纯气藏有很大的区别，凝析气藏的开发除了采出天然气外，其主要目的是尽量多地采出凝析油，防止由于地层压力下降引起凝析油损失。多年来的开发实践证明，在确定凝析气藏的开发方法时，要综合考虑凝析气藏的地质条件、气藏类型、凝析油质量浓度和经济指标。

注气开发的适应性与地层油特性(凝析油质量浓度、密度、黏度)、油藏特性(储层温度、地露压差、油藏厚度、油藏深度、油藏倾角)、岩石特性(润湿性、非均质性、孔隙度、渗透率)密切相关，凝析油质量浓度、地露压力差、储量决定了注气开发的潜力，地层油密度、黏度、储层温度、深度或压力、储层岩石润湿性、孔隙度、渗透率决定了注入气与地层原油混相的条件，储层的非均质性则决定注气开发出现气窜的风险性。这些影响因素相互依赖又相互矛盾，给注气驱开发凝析气藏的评价和决策带来很大困难。

通过模糊综合评判方法可以权衡多个评价指标对凝析气藏注气开发潜力的影响，判断出凝析气藏注气开发适宜度，大涝坝凝析气藏回注天然气开发适宜度的综合评价结果如表 3－1－1 所示。苏维依组上气层注气开发适宜度为好－较好；苏维依组下气层注气开发适宜度为较好－适中；巴什基奇克组气层注气开发适宜度为好－较好。

表 3－1－1　大涝坝凝析气藏注气开发适宜度综合评价结果(按适宜度大小排序)

气藏名称及层位	适宜度值					
	好	较好	中等	较差	差	隶属范围
苏维依组上气层	0.247	0.349	0.234	0.146	0.025	好－较好
苏维依组下气层	0.159	0.230	0.311	0.174	0.126	较好－适中
巴什基奇克组气层	0.318	0.222	0.195	0.122	0.144	好－较好

注气开发评价指标依据凝析气藏开发方式选择评价标准打分，其中一类指标得标准分的100%，二类指标得标准分的 80%，三类指标得标准分的 70%，四类指标得标准分的 50%。

表 3－1－2　注气开发评价指标

序号	注气开发评价指标		类别				标准分	实际值	得分
			一类	二类	三类	四类			
1	气藏地质(20%)	埋深/m	≥5000	≥4000～5000	≥2000～4000	<2000	10	4870	8
2		储层厚度/m	≥15	≥10～15	≥5～10	<5	10	30.59	10
3		孔隙度/%	≥15	≥10～15	≥5～10	<5	20	15.23	20
4		渗透率/$10^{-3}\mu m^2$	≥50	≥30～50	≥10～30	<10	20	64.3	20
5		孔喉半径/μm	≥2	≥1.5～2	≥1.0～1.5	<1.5	25	2	25
6		纵向非均质性－突进系数	≥8	≥5～8	≥2～5	<2	15	4.94	15
小计			—				100	—	98
1	高压物性(30%)	凝析油质量浓度/(g/m^3)	≤250	250～≤400	400～≤500	>500	15	406	10.5
2		原始气油比/(m^3/m^3)	≥3000	≥2000～3000	≥1500～2000	<1500	10	2216	8
3		最大反凝析液量/%	≤10	10～≤15	15～≤20	>20	15	7.08	15
4		最大反凝析压力/MPa	≤17	17～≤25	25～≤30	>30	10	22	8
5		废弃压力/MPa	≤18	18～≤22	22～≤25	>25	10	17.9	10
6		甲烷/%	≥85	≥82～85	≥80～82	<80	10	81.54	7
7		C_{3+}/%	≤8	8～≤10	10～≤12	>12	10	4.34	10
8		凝析油密度/(g/cm^3)	≤0.75	0.75～≤0.78	0.78～≤0.8	>0.8	10	0.7734	7
9		凝析油含蜡量/%	≤3	3～≤5	5～≤8	>8	10	13.957	5
小计			—				100	—	80.5

续表

序号	注气开发评价指标			类别				标准分	实际值	得分
				一类	二类	三类	四类			
1	储量规模（20%）	天然气储量/(10^8m^3)		≤150	150~≤250	250~≤300	>300	15	48.2	15
2		凝析油储量/(10^4t)		≤50	50~≤150	150~≤250	>250	15	444.2	7.5
3		储量丰度/($10^8m^3/km^2$)		≥10	≥5~10	≥3~5	<3	20	3.01	14
4		天然气采收率/%		≥50	≥40~50	≥30~40	<30	25	58.51	25
5		凝析油采收率/%		≥40	≥30~40	≥20~30	<20	25	32.68	25
小计				—				100	—	86.5
1	水体特性（20%）	水体规模(倍)		≥20	≥15~20	≥10~15	<10	30	20	30
2		水体类型		开放水体	1-2边断层	3边断层	底水	20	边水	16
3		突破压差/MPa		≥3	≥1.5~3	≥0.5~1.5	<0.5	25	3.2	25
4		水侵速度/($10^4m^3/a$)		≤8	8~≤15	15~≤20	>20	25	23.46	12.5
小计				—				100	—	83.5
1	开发政策（10%）	采速	高孔高渗	≤3	3~≤4	4~≤5	>5	30	3.48	24
			中孔中渗	≤2	2~≤3	3~≤4	>4		—	—
			低孔低渗	≤1.5	1.5~≤2	2~≤2.5	>2.5		—	—
			特低孔低渗	≤1.0	1.0~≤1.5	1.5~≤2.0	>2.0		—	—
2		井型		水平	直+水平	直	—	20	直+水平	16
3		分合采		单采	笼统采	合采	—	20	单采	20
4		平均井距/m		≤500	500~≤1000	1000~≤1500	>1500	30	1021.92	21
小计				—				100	—	81
综合得分				—				87.6		

综合评价，大涝坝凝析气藏地质因素98分，高压物性因素80.5分，储量规模因素86.5分，水体特性因素83.5分，开发政策因素81分。根据各因素的权重，最终计算大涝坝凝析气田为87.6分，适合使用注气开发方式。

（二）技术经济指标

循环注气设计注采井网为DL9、DL10X、DL12井作为注入井，DL1X、DL2、DL3、DL4、DL6、DL11、S45井作为生产井，采取合注分采的方式，日注气量$40\times10^4m^3$，日产气量$28\times10^4m^3$，压力恢复至45MPa后转注采皆为$36\times10^4m^3$生产，循环注气20年后转衰竭开采。循环注气开发较衰竭式开发凝析油采出程度提高25.23%，凝析油采出程度得到有效提高。

根据大涝坝气田地面现状，新建设1座注气站，注气压缩机选择排量$20\times10^4m^3/d$，出口压力52.0MPa，燃气驱动往复压缩机组2台，不备用。

对于经济指标可行性的研究，根据气藏现有状况，设计了多条运行方案，经过财务评价、不确定性分析以及方案实施风险分析优选出了总投资为16594.53万元的方案具有最佳可行性与经济效益。税前财务内部收益率为18.87%，税前财务净现值为4443.64万元，均超过行业标准。

三、注气方案设计

（一）注采井网的设计

大涝坝苏维依组上下气层之间存在隔层厚度6～10m，且分布连续。从压力系统看，苏维依组上下气层之间具有明显的独立性，储量规模和开发采出程度也存在差距。因此，考虑采取分层系注采，并分层设计注采井网。

注采井网设计需要充分考虑井型井距、构造部位、物性条件、注采对应关系、储层非均质性和各区域动用程度的差异性等特定条件。从而形成具有合理注采井距的高注低采、边注高采的井网设计，既满足注气提高采收率的需要，又能抑制水侵、防止气窜现象的发生。

1. 苏维依组上气层井网设计

苏维依组上气层在井网设计时，主要考虑边部局部水侵严重，综合考虑水侵治理策略，最终论证了低部高采，边注中采的注采井网，以期达到抑制边水推进的目的。

合理的注气井选择有利于提高气藏注气开发的总体效果。注气井一般根据注气井网的设计，选择井况好、储层物性以及与邻井连通性好的，有利于提高注气效率。根据注气井的最佳选取原则，选取边部DL12、DL9井作为注气井。

气藏规模小、生产井数少，从经济效益上不适合再钻井，因此采用不规则三角形注采井网。根据苏维依组气藏循环注气开采经济极限井距602～1071m，结合实际井网情况，基于已有5口生产井，考虑“二注三采”的注采井网方案：DL9、DL12井注气；DL6、DL11、S45井采气(图3－1－1)。

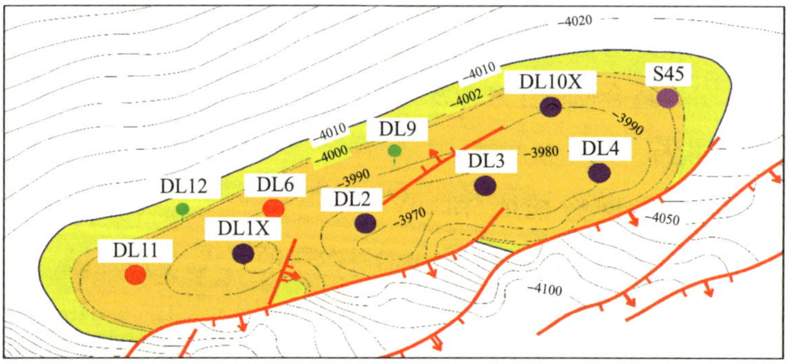

图3－1－1 大涝坝凝析气藏苏维依组上气层注采井网

2. 苏维依组下气层井网设计

苏维依组下气层的井网设计则是考虑到注气抑制水侵以及注气控窜，扩大注入气波及范围，增强注气开发效果，最终论证选择了“高注低采”的注采井网形式，达到控水增产的效果。

苏维依组下气层注气作用以反蒸发提高凝析油采收率为主，因此采用高注低采井网模式，主要是高部位注气，中低部位采气的布井方式，防止重力超覆效应，扩大注气受效范围。根据注入井最佳选取原则，选取高部位 DL3 井作为注气井。

同样由于规模小、井数少，在完全利用现有老井的原则下，采用不规则注采井网，根据苏维依组气藏循环注气开采经济极限井距 602～1071m，结合目前实际井网，基于已有生产井，考虑"一注五采"的注采井网方案：DL3 井注气；DL1X、DL2、DL4、DL10X、S45 井采气(图 3－1－2)。

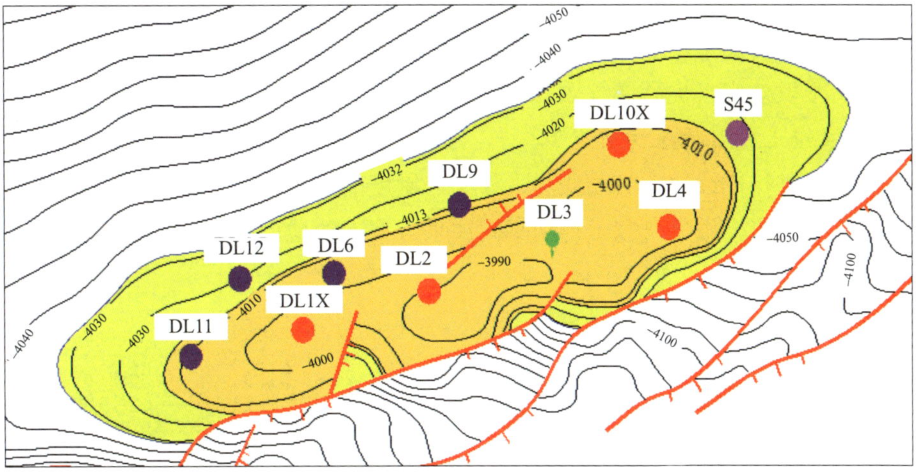

图 3－1－2　大涝坝凝析气藏苏维依组下气层注采井网

(二)注采方式设计

注气开发机理是用注入气弥补因采气造成的地下亏空体积，保持地层压力，或恢复地层压力，使烃类几乎保持单相气态，使采气井稳定生产，并利用注入气抽提高含凝析油，使凝析气得以采出。根据调研国内外目前主要注气方式并结合目前大涝坝实际开发形势，提出了 4 种注采方式(图 3－1－3)，并模拟优选适合大涝坝气田注气方式为连续注入。

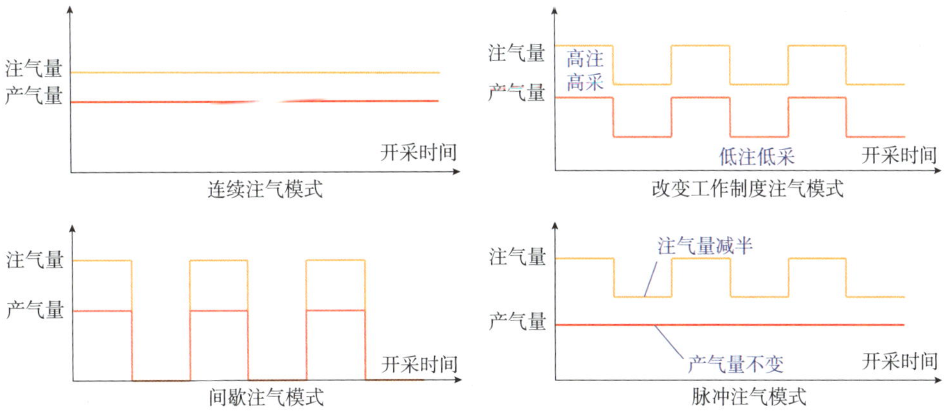

图 3－1－3　四种不同的注采方式模式

(1)连续注气，选择适当的注采比，注气井不间断连续循环注气。

(2)改变工作制度注气，注采比不变，每隔一段时间变换一次生产井工作制度及注气井的注气量。使用此注采方式，能够使注气井和采气井间产生压力波动，进而形成波动的凝析区，增加油气接触，增强反蒸发，提高注气效果。实现高注入高采出，低注入低采出。

(3)间歇注气，注采比不变，每隔一段时间关闭注气井和采气井，使井间产生压力波动，提高注气效果原理与脉冲注入相似。

(4)脉冲注气，生产井的工作制度不变，每隔一段时间变换一次注气井的注气量。此注采方式可使注气井和生产井间产生压力波动，这样会进而形成波动的凝析区，增加油气接触，增强反蒸发效应，提高注气效果。

1. *苏维依组上气层注采方式优选*

针对上气层进行连续注入与改变注采井工作制度的对比，设计了不同注采比下的注采方案，并进行了数值模拟的研究，得到不同注采方案下的地层压力(图3－1－4)、产水产油量的变化情况(图3－1－5～图3－1－7)。

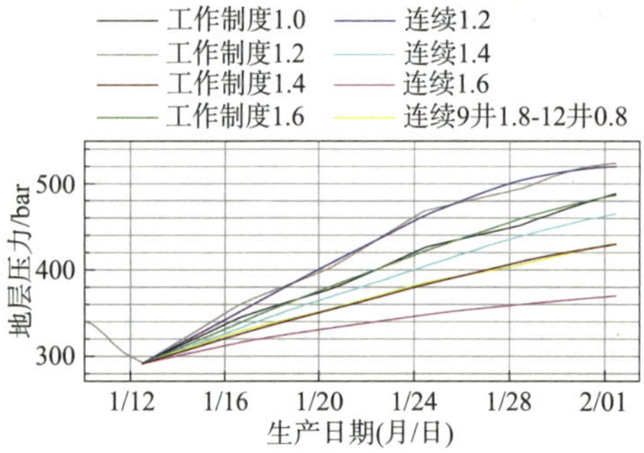

图3－1－4　气藏地层压力

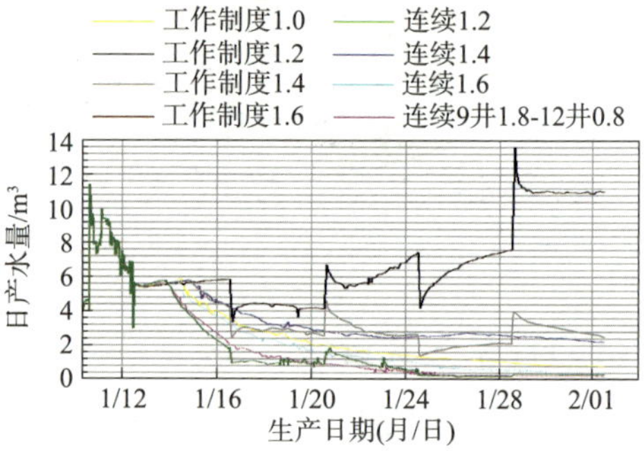

图3－1－5　气藏日产水

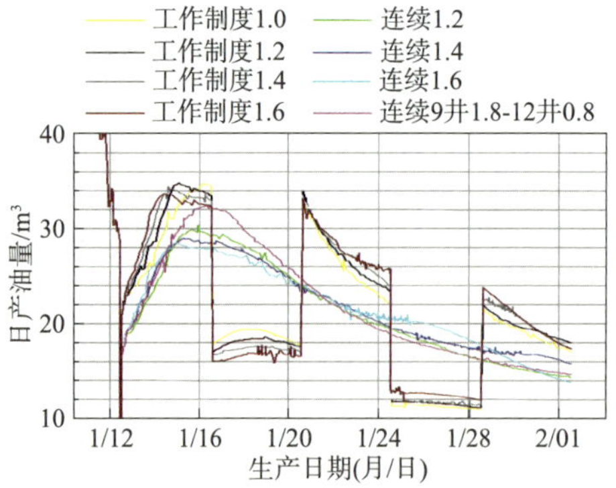

图3－1－6　气藏日产油

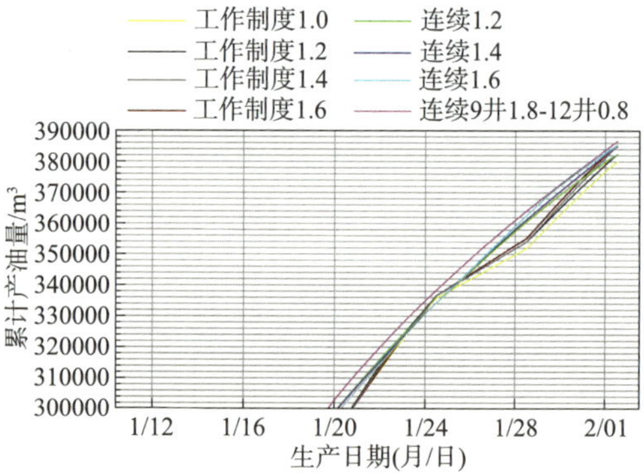

图3－1－7　气藏累计产油

数值模拟结果表明：改变注采工作制度，产油量随着注采比增大而增加，但增加幅度将减小；而连续注入的产油量增加较明显。综合分析产油与产水量，连续注入方式，开发效果更好。

针对间歇开井与脉冲注入的对比研究也采取了相似的思路，得到不同注采方案下的地层压力(图 3 -1 -8)、产水产油量的变化情况(图 3 -1 -9 ~ 图 3 -1 -11)。

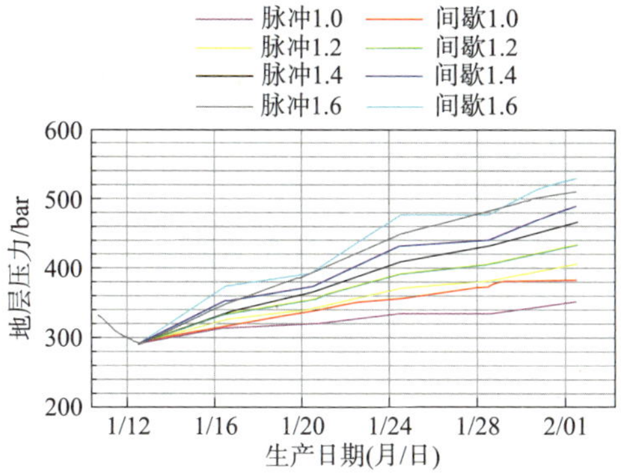

图 3 -1 -8 气藏地层压力

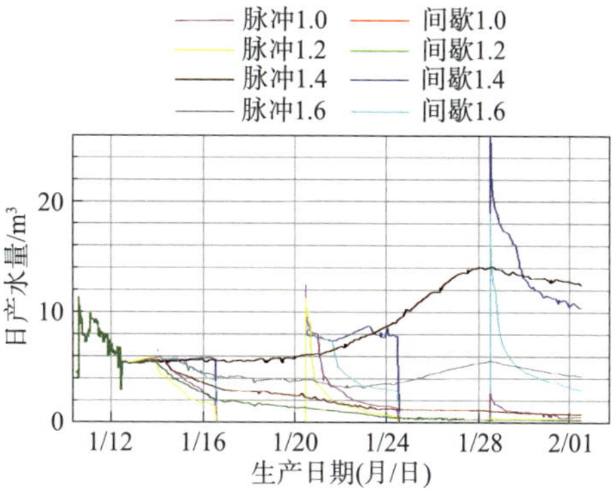

图 3 -1 -9 气藏日产水

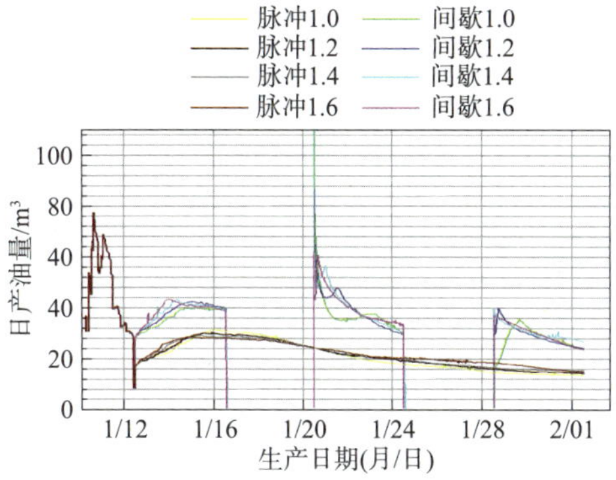

图 3 -1 -10 气藏日产油

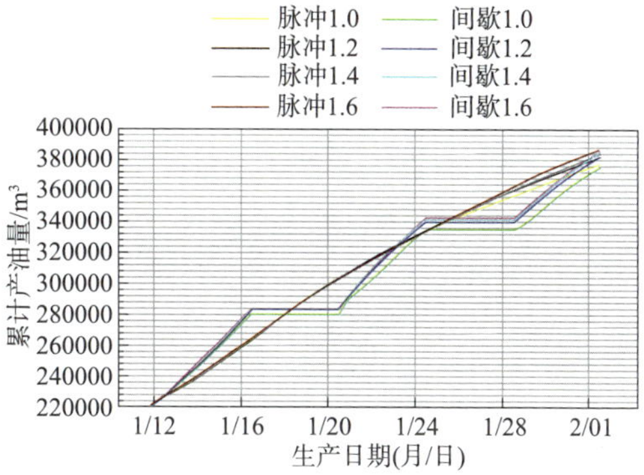

图 3 -1 -11 气藏累计产油

间歇注入与脉冲注入对比上气层整体开发效果表明，间歇开井注气，累计产油量随着注采比增大而增加，但增加幅度较小，脉冲注入的产油量增加较明显。综合分析产油与产水量，脉冲注入开发效果更好。

最终针对连续注入与脉冲注入进行优选研究，通过数值模拟得到不同方案的地层压力(图 3 -1 -12)、产水产油量的变化情况(图 3 -1 -13 ~ 图 3 -1 -15)。

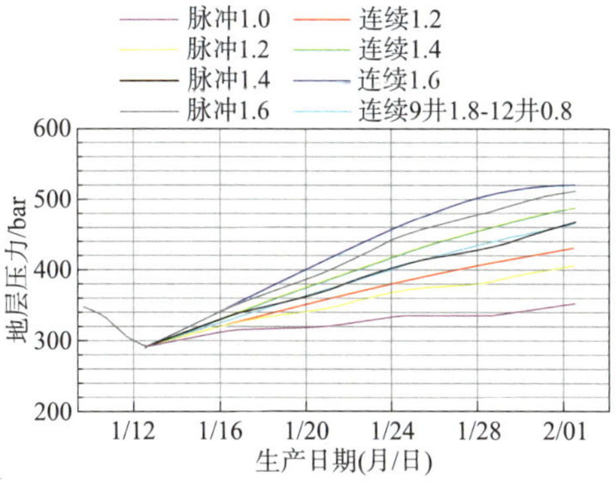

图 3 -1 -12 气藏地层压力

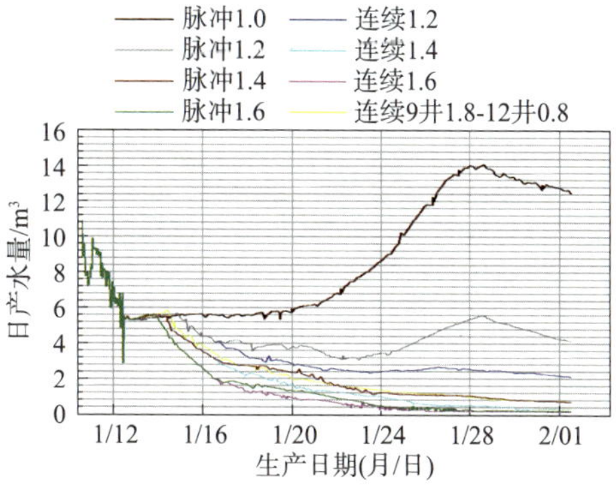

图 3 -1 -13 气藏日产水

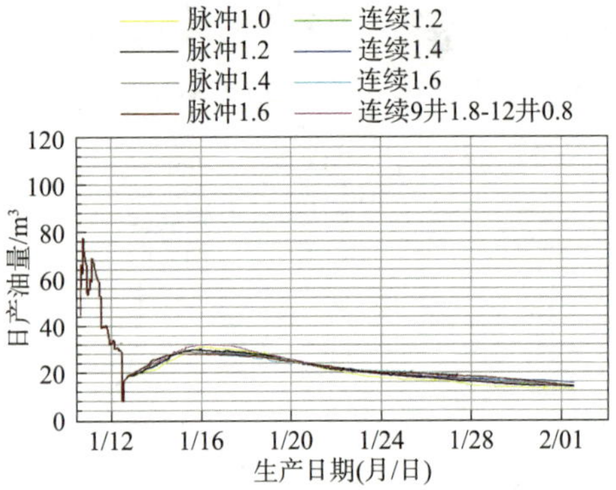

图 3-1-14　气藏日产油

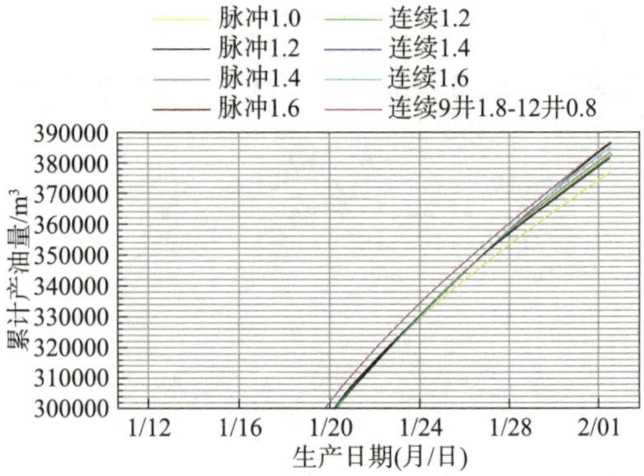

图 3-1-15　气藏累计产油

基于模拟结果综合分析产油与产水量，明确对于苏维依组上气层，连续注入方式的开发效果更好。

2. 苏维依组下气层注采方式优选

下气层注采方式的优选研究与上气层相似，首先针对不同注采比下的连续注入与改变注采井工作制度进行对比研究，通过模拟研究得到不同方案下的地层压力，产水产油情况（图 3-1-16、图 3-1-17）。

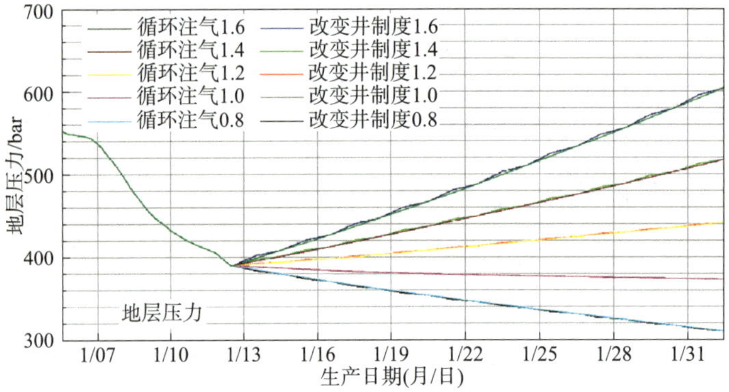

图 3-1-16　地层压力对比

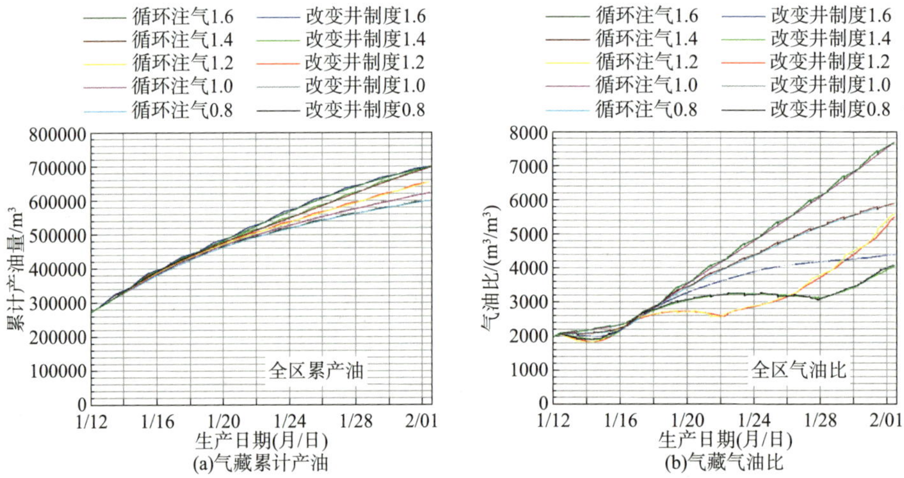

图 3-1-17　产油、产水、气油比、累计产油对比

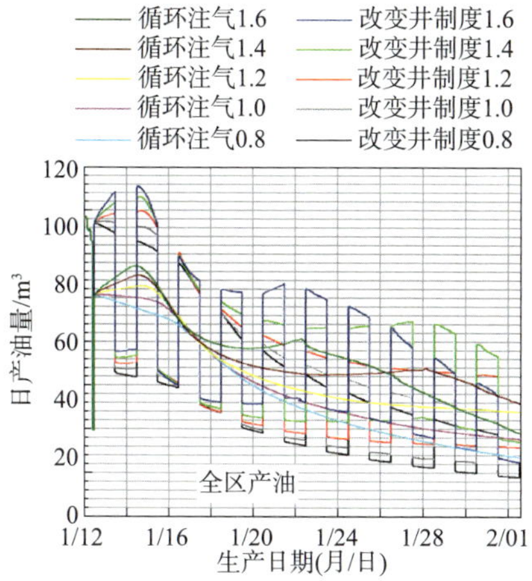

(c)气藏日产油

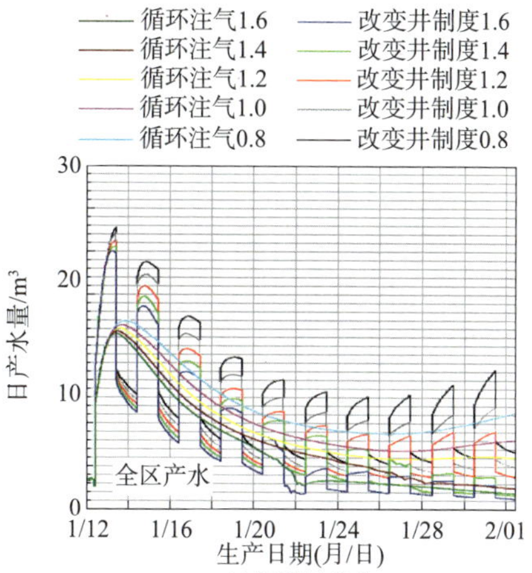

(d)气藏日产水

图 3－1－17　产油、产水、气油比、累计产油对比(续)

模拟结果表明：连续注入抑水能力较好，改变注采工作制度的注采方式下，有较明显的混相发生，阶段出现凝析油产量上升现象，但在大工作制度时气窜更快，且工作制度变化，激动地层，容易造成水侵加剧。综合分析产油与产水，连续注入方式，开发效果好。

结合前面的数值模拟所得出的结论，针对连续注入与间歇注入同样设计了不同注采比的方案，模拟得到全区地层压力、产水产油量的情况(图 3－1－18～图 3－1－21)。

连续注入下抑水能力较好，间歇注入的注采方式下，有较明显的混相发生，凝析油初期较高，但水侵和气窜等影响，产能快速下降。综合分析产油与产水量，连续注入方式，开发效果好。

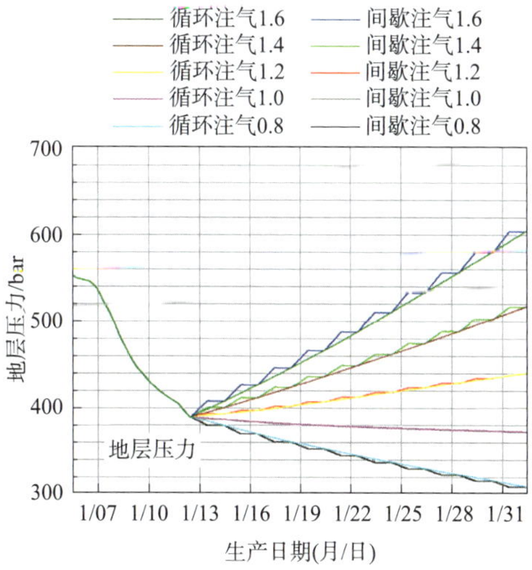

图 3－1－18　气藏地层压力

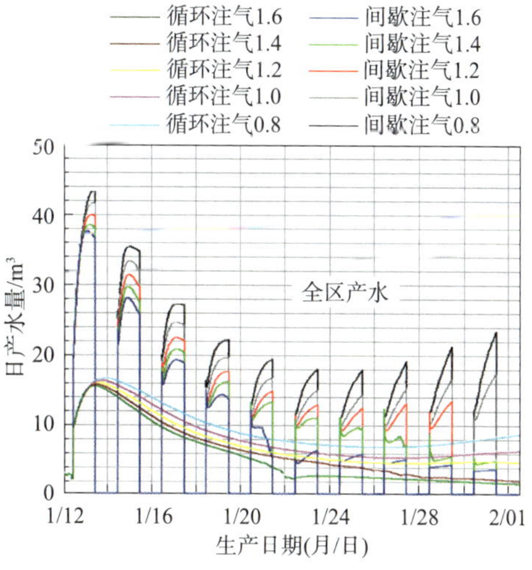

图 3－1－19　气藏日产水

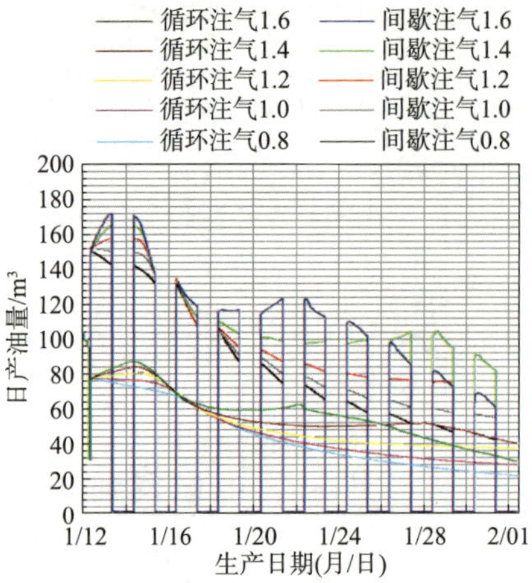

图 3-1-20　气藏日产油

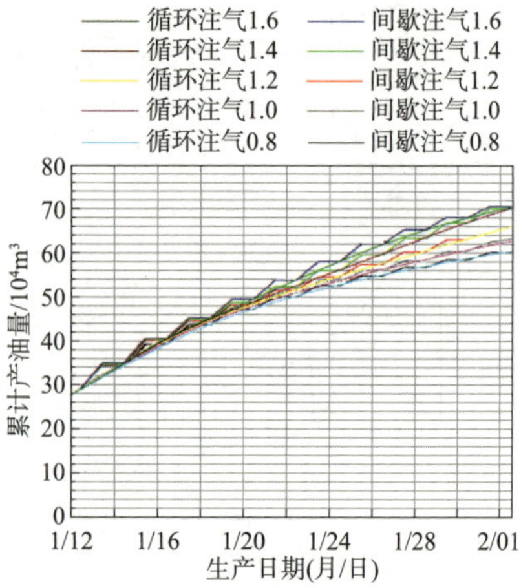

图 3-1-21　气藏累计产油

最终将连续注入与脉冲注入进行对比，模拟两种注采方式的地层压力、产水及产油变化情况(图 3-1-22 ~ 图 3-1-25)。

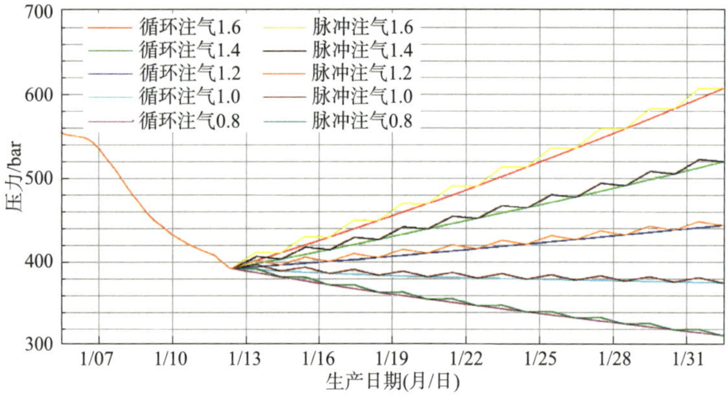

图 3-1-22　不同方案地层压力对比

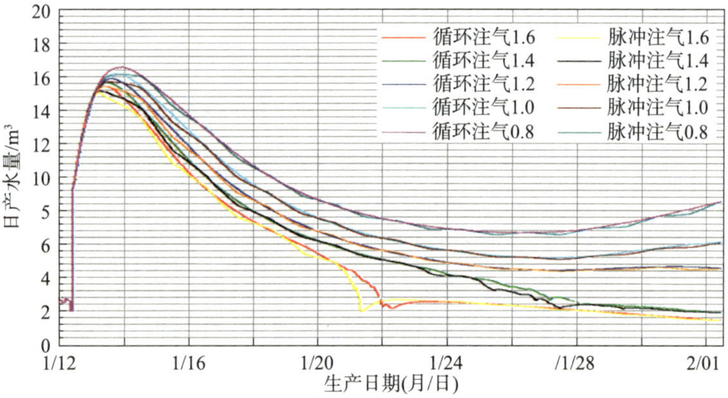

图 3-1-23　不同方案全区产水变化

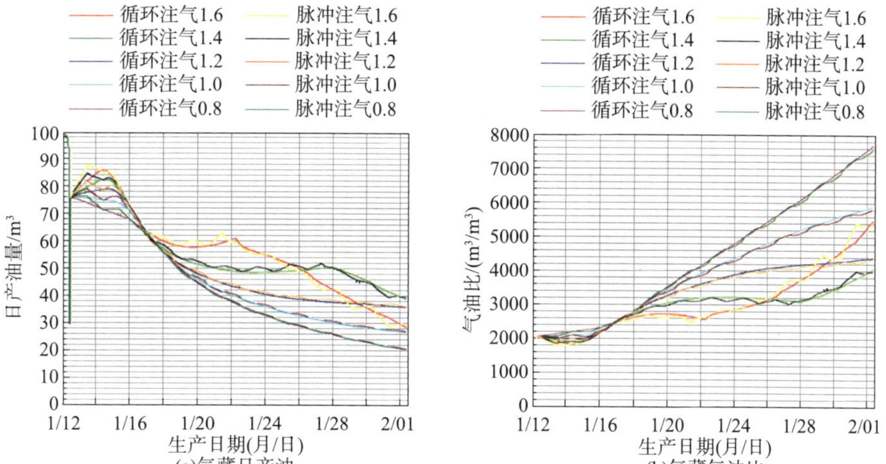

(a)气藏日产油　　(b)气藏气油比

图 3－1－24　不同方案全区产油量、气油比变化

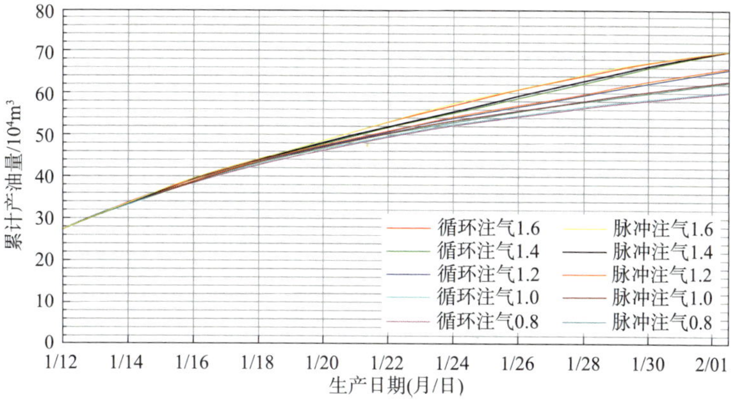

图 3－1－25　不同方案气藏累计产油量变化

在一定注采比范围内，连续注入与脉冲注入，注采比越高累计产油量越高；相同注气量的情况下，脉冲注入和连续注入累计产油量差别不大；并且全区气油比在相同的注采比下相差也不大。

根据连续注入、间歇注入、改变工作制度、脉冲注入四种注采方式模拟对比可以看出，间歇注入、改变工作制度的注采方式有利于混相，阶段出现凝析油采出量增加现象，但由于大涝坝凝析气藏注气效果受水侵和气窜影响较大，连续注入抑水能力更好，累计增油效果好。综合分析四种注采方式中，连续注入方式开发效果最好。

（三）注气参数设计

为了研究注采参数对注气效率、受效状况、作用机理的影响，通过数值模拟技术，开展了注采比、注采强度、注采速度、注采方案等关键参数的模拟研究，揭示了在不同注采参数下的作用机理，为方案整体设计提供了依据。

1. 注采比设计选择

不同的注采比会有不同的开发效果，较高的注采比能迅速提高气藏地层压力，通过压力转变减缓反凝析趋势，并利用注入气的降黏作用、混相机理，改善反凝析污染状况。但是注采比过大会造成注入干气沿高渗条带气窜，影响增油效果，因此有必要优化上下气层注采比参数。

1）苏维依组上气层

具体参数如表3－1－3、表3－1－4所示。

表3－1－3　DL9井单注参数设计

生产井总产气量	57000				
注气倍数	0.8	1	1.2	1.4	1.6
DL9井注气量	45600	57000	68400	79800	91200

表3－1－4　DL12井单注参数设计

生产井总产气量	57000				
注气倍数	0.8	1	1.2	1.4	1.6
DL12注气量	45600	57000	68400	79800	91200

从提高产油能力来看，离注气井远的井注采比越大，增油效果越好，离注气井近的井受气窜影响，注采比越大增油效果变差（图3－1－26）。S45、DL11井：离注气井DL9井

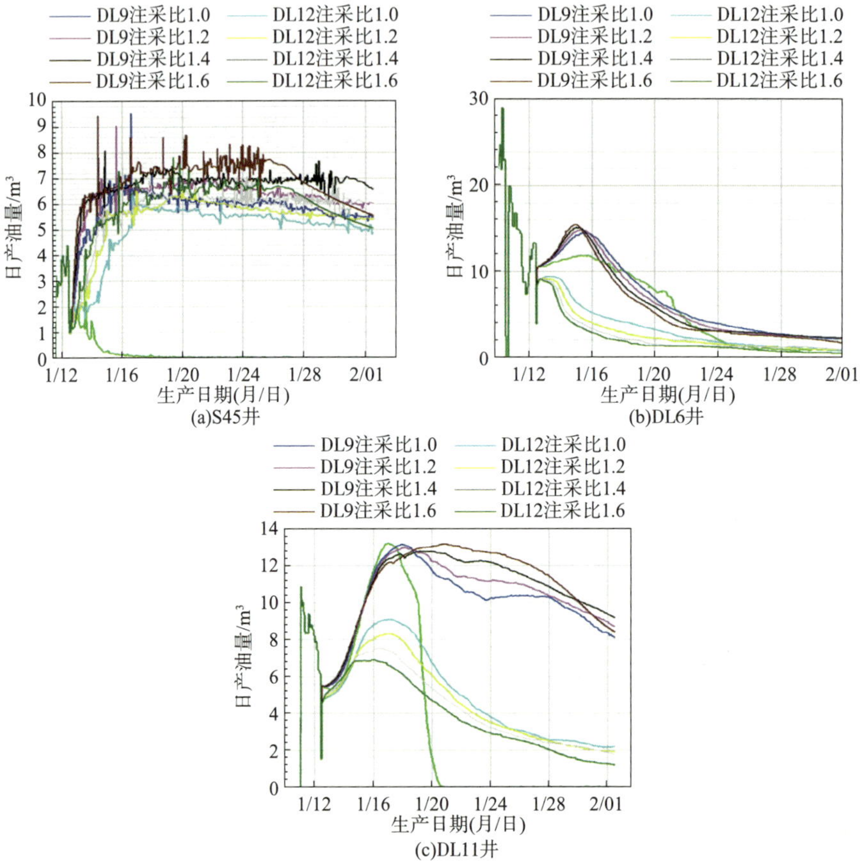

图3－1－26　上气层不同注采比产油量

远，单井注入条件下，注气开发效果好，且注采比越大越好；DL6 井：离注气井 DL9 井近，大注采比情况下，前期驱油增产效果好，气窜后效果变差，基于大涝坝合理的采气能力条件下，结合数值模拟手段进行研究，最终确定注采比设计为 1.2～1.4。

2）苏维依组下气层

具体参数如表 3－1－5 所示。

表 3－1－5　DL3 井单注参数设计

生产井总产气量	130000					
注气倍数	0.8	1	1.2	1.4	1.6	1.8
DL3 注气量	104000	130000	156000	182000	208000	234000

通过全区压力（图 3－1－27）和全区产油可以（图 3－1－28）看出：衰竭开发压力下降明显；注气保压压力回升显著；注采比越大，压力回升越明显，抑制水侵的效果越显著；注采比 0.8 时，后期保压效果不明显。

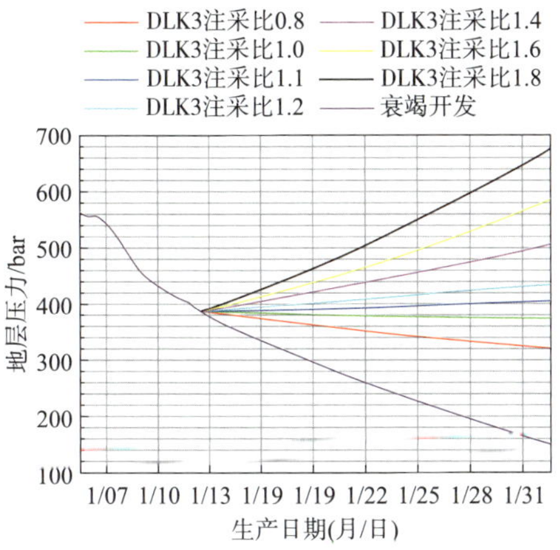

图 3－1－27　下气层地层压力对比

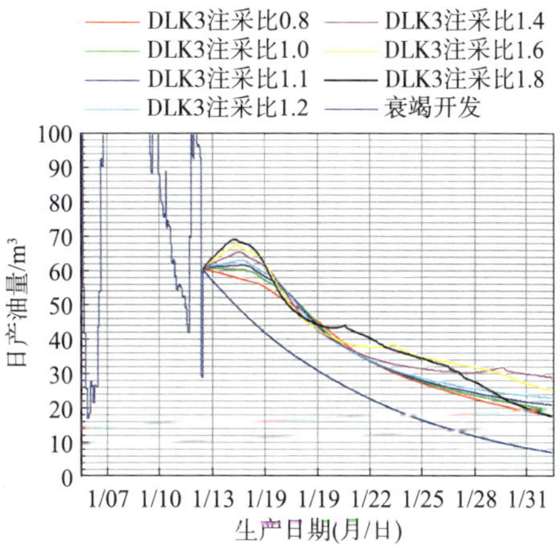

图 3－1－28　下气层日产油量对比

对于下气层，注采比越大，地层保压能力越强，抑水能力越好，注采比大于 1.6 后累计增油增加效果不明显。从产油角度分析，注采比介于 1.4～1.6 之间，产油量最高。因此得出以下结论。

①上气层注采比介于 1.2～1.4 之间，注气效果最好；②下气层注采比介于 1.4～1.6 之间，注气效果最好；③上气层 DL6 井、下气层 DL2、DL4、DL10X 井，大注采比容易发生气窜，注采比越大增油效果越差。

2. 注采强度设计选择

苏维依组上气层在注采比为 1.4 的情况下，设置注采强度分别为 60%、80%、100%、120%、140% 共 5 种方案，针对采气井也进行产量的合理配置（表 3－1－6）。

表 3－1－6　上气层注采强度优化方案

注采强度/%	注气井	注采比	注气量/(m³/d)	累计产气量/(m³/d)	生产井	产气量/(m³/d)
60	DL9	1.4	47800	34200	DL6	18000
					DL11	12000
					S45	4200
80	DL9	1.4	63840	45600	DL6	24000
					DL11	16000
					S45	5600
100	DL9	1.4	79800	57000	DL6	30000
					DL11	20000
					S45	7000
120	DL9	1.4	95760	68400	DL6	36000
					DL11	24000
					S45	8400
140	DL9	1.4	111720	79800	DL6	42000
					DL11	28000
					S45	9800

模拟结果(图 3－1－29、图 3－1－30)表明：①气藏累计产水量随着注采强度的增加而降低。注采强度越大，气藏能量补充越快，边底水越难侵入储集层，随着注采强度的持续增大，累计产水量降低幅度减小；②气藏累计产油量随着注采强度的增大而增加。当注采强度大于 120% 时，累计产油量增加幅度降低；这是由于注采强度为 120% 时，注采强度大容易发生气窜；③连续注气开发，注采强度优选为 120%。

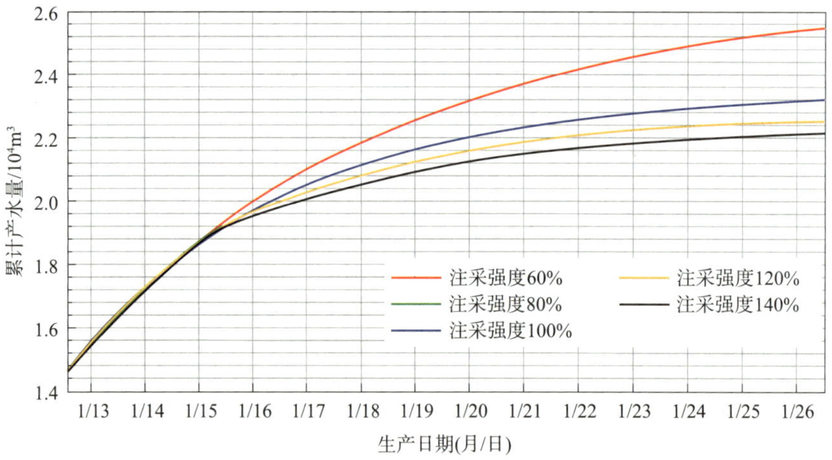

图 3－1－29　累计产水对比

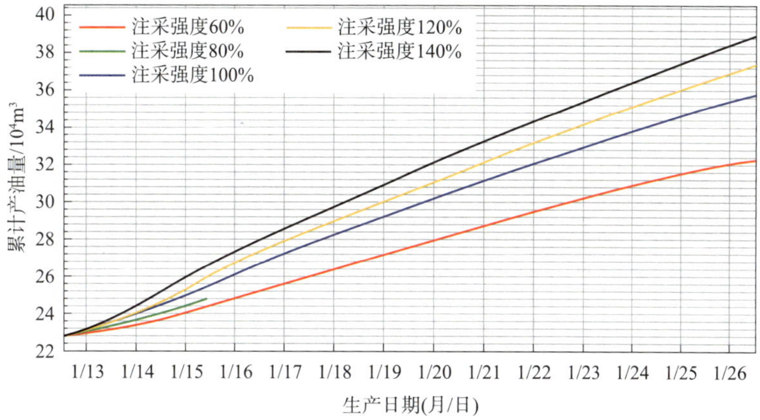

图 3－1－30　累计产油对比

苏维依组下气层同上气层方案设计思路一致，以 DL3 井连续注入为前提，分别设计了 5 种不同注采强度的注采方案(表 3－1－7)。

模拟结果显示，注采强度越大，保压效果越显著；注采强度越小，抑制产水效果越显著；主要由于远离注气井 DL3 井的 S45、DL1X 井注气受效较慢，产出量较大时，地层亏空较大，抑制边水入侵的效果较差；下气层"一注五采"井网，注采强度大，容易造成近距离井 DL2、DL10X、DL4 过早气窜，远距离井 DL1X、S45 井抑制水侵效果差，建议使用小注采强度，避免高注高采。

表 3－1－7　下气层注采强度优化方案

注采强度/%	注气井	注采比	注气量/(m^3/d)	累计产气量/(m^3/d)	生产井	产气量/(m^3/d)
60	DL3	1.4	109200	78000	DL2	24000
					DL4	24000
					DL10X	18000
					DL1X	9000
					S45	3000
80	DL3	1.4	145600	104000	DL2	32000
					DL4	32000
					DL10X	24000
					DL1X	12000
					S45	4000
100	DL3	1.4	182000	130000	DL2	40000
					DL4	40000
					DL10X	30000
					DL1X	15000
					S45	5000

续表

注采强度/%	注气井	注采比	注气量/(m^3/d)	累计产气量/(m^3/d)	生产井	产气量/(m^3/d)
120	DL3	1.4	218400	156000	DL2	48000
					DL4	48000
					DL10X	36000
					DL1X	18000
					S45	6000
140	DL3	1.4	254800	182000	DL2	56000
					DL4	56000
					DL10X	42000
					DL1X	21000
					S45	7000

在注气强度选择方面，上、下气层注采强度优选 120%，注采强度大，容易造成近距离井过早气窜，远距离井抑制水侵效果差。

3. 注采速度设计

根据不考虑地层压力保持情况和压缩机的限制，设计三个对比方案，分别对比不同注采速度对开发效果的影响。

三个方案的日产气量分别为 $28.12\times10^4m^3$、$56.24\times10^4m^3$、$84.36\times10^4m^3$，日注气量分别为 $28.50\times10^4m^3$、$57.00\times10^4m^3$、$85.50\times10^4m^3$。循环注气预测时间为 20 年，对比计算汇总主要结果如表 3-1-8、图 3-1-31、图 3-1-32 所示。

表 3-1-8 不同注采速度对比方案预测结果表

方案编号	日产气量/10^4m^3	日注气量/10^4m^3	累计产气量/10^8m^3	累计产油量/10^4m^3	累计注气量/10^8m^3	油采出程度/%
1 倍	28.12	28.50	27.35	179.81	20.77	42.61
2 倍	56.24	57.00	47.89	252.72	41.64	59.89
3 倍	84.36	85.50	68.43	295.88	62.46	70.12

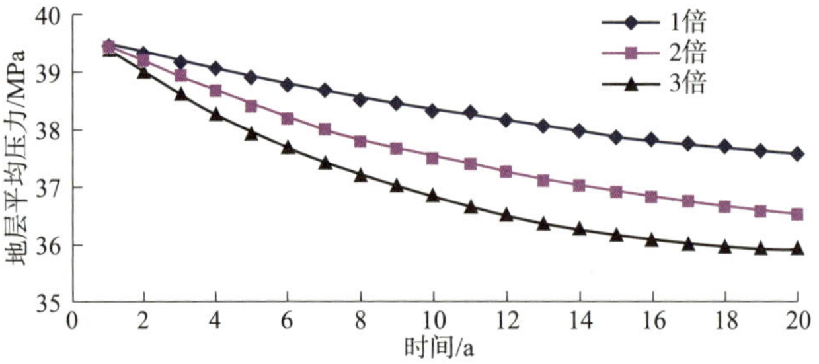

图 3-1-31 不同注采速度方案地层压力对比曲线

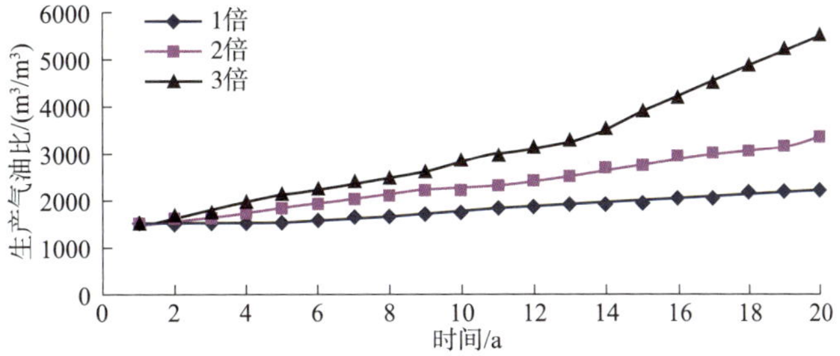

图 3-1-32　不同注采速度方案生产气油比对比曲线

循环注气过程中，一方面注采速度越大，凝析油产量越高，凝析油质量浓度下降越快，地层压力下降也越快；另一方面，在高速注采的情况下，随着注入时间的增加，注入气逐渐扩散到生产井附近。在二者的共同作用下，注采速度越高，生产气油比上升的幅度也越快。预测期末，1 倍方案的气油比仅为 $2202m^3/m^3$，而 3 倍方案的气油比上升到 $5516m^3/m^3$。

通过对比计算可以看出，随着注采速度的提高，在预测期末累计产油量、凝析油采出程度显著提高。因此，在条件允许的情况下，可以适当提高注采速度，加速大涝坝凝析气田的开发，提高凝析油采收率。

4. 注采方案设计

通过对单井注入能力、注采比等参数的论证，2011 年 4 月确定大涝坝注气方案设计如下：三口注气井日注气量 $26.5\times10^4m^3$，7 口采气井日采气量 $23\times10^4m^3$。注采详细参数如表 3-1-9。循环注气 20 年后转衰竭生产，预测凝析油采收率 59.84%，较衰竭式开发提高 32.55%。

表 3-1-9　大涝坝凝析气藏注采参数表

方案	层位	注气井	采气井	日注气量/10^4m^3	日采气量/10^4m^3	注采比	采收率%		备注
							凝析油	天然气	
方案设计 2011.4	E_3s 上	DL9、DL12	DL6、DL11、S45	10	8	1.25	59.84	63.39	循环注气 20 年后转衰竭开采
	E_3s 下	DL3	DL1X、DL2、DL4、DL10X、S45	16.5	15	1.1			
注气实施方案 2013.8	E_3s 上	DL9、DL12	DL6、DL11、S45	5.9	5.9	1.0	40.02	66.06	DL6 井有气窜迹象，按注采比设计注气量
	E_3s 下	DL3	DL1X、DL2、DL4、DL10X、S45	9.1	10	0.9			

2013 年 4 月开始试注，试注过程中 DL6 井有气窜迹象，因此 2013 年 8 月对注气方案进行调整，上气层注采比 1.0，下气层注采比 0.9，注气量按注采比进行设计，确定试注

方案。循环注气 10 年后转衰竭生产，预测凝析油采收率 40.02%，较衰竭式开发提高 3.64%。

(四)注入气体要求

注入气体的来源主要是大涝坝气田生产的天然气和雅克拉气田的天然气。根据气藏分析结果，确定单井注气量大致为 $10\times10^4\sim20\times10^4m^3/d$，合计日注气量需要 $26.5\times10^4m^3$。大涝坝日采气量为 $23\times10^4m^3$，扣除自用气外，处理后日采气量按照 $20\times10^4m^3$ 进行考虑，需要每天从雅克拉至库车天然气管网调气 $6.5\times10^4m^3$。

(1)注气压缩机组入口应设过滤分离器。50μm 以上直径液滴的有效脱除率不小于 50%，1000μm 以上直径杂质颗粒的去除率不小于 99%。

(2)注气压缩机组入口天然气温度不能超过 45℃。

(3)注气压缩机组一级进口气液过滤分离器前应设置管线临时过滤器。

西北油田分公司生产气量能满足注气量要求，通过外输气体组分分析，需要考虑防 CO_2 腐蚀。

(五)注气开发注意事项

(1)循环注入气主要是为了实现增压驱替、增压抑制水侵与增压抑制反凝析等效果，注入气体之后反蒸发及其混相作用不会在生产井上反映出来，但此阶段气油比会大幅增加，对于理想凝析气藏，在此阶段进行有控制的生产能够有效提高采收率，如果有复杂的气水分布及储层非均质性则要具体分析。

(2)实施循环注气开发后，地面注入气体与地下凝析气发生混合，两种气体间存在复杂的质量交换，储层流体反凝析和反蒸发作用使得混合后的气体体系相态特征变得更复杂。

(3)在循环注气过程中，应考虑储层非均质对循环注气造成的多方面影响，储层的非均质性对预测和预防气窜至关重要。

(4)凝析气藏的循环注气开发过程中，动态监测十分重要。通过大量的动态监测资料，研究开采状况，从而进行调整，以期取得好的开发效果。

第二节　方案实施与优化调整

相较于衰竭开发，前期温和试注较为有效地缓解了压力下降过快等问题，但水侵、反凝析严重等现象依旧存在。因此，基于目前问题及结合实际试注效果分析，开展了方案优化设计研究，针对注采气量进行相应调整，以实现充分井间油气充分混相、增强反蒸发效应，并通过强注“复压”抑制边水推进。在后续的开采中，为防止连续强注出现气窜和保障注入气充分混相，以错峰强注为基础，引入了“储气调峰”理念，实行了周期强注的“稳压”开采方案(图 3-2-1)，以便将近井带凝析油推向地层更远处的“干燥”近井带，提高凝析油采收效率。

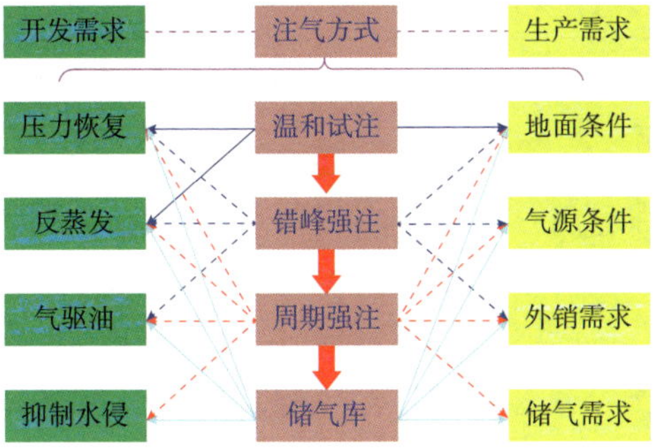

图 3-2-1　注气目标路径图

一、温和试注阶段

(一)温和试注概况

由于大涝坝凝析气藏初期采用衰竭式开发，气藏高含凝析油的特征，开采即发生反凝析，地层压力下降快(4.6MPa/a)，能量保持程度低(67%)，注气前气藏压力接近最大反凝析压力(图 3-2-2)；边水水侵严重，采出程度低(油 26%、气 33%)，气藏边部水侵趋于严重，原设计的注气井 DL12 井水淹停喷，注气井 DL9 井见地层水产能下降较快，边部井水淹，而高部位井也面临着见水危险。从气藏边部侵入的地层水，在一定程度上形成"水封气"现象，造成局部储层渗透能力下降，增加了注气井的注入压力，造成吸气能力变差或注不进去；同时注气后可能造成侵入的边水推进至远处储层，造成储层伤害，使采气井产能降低。

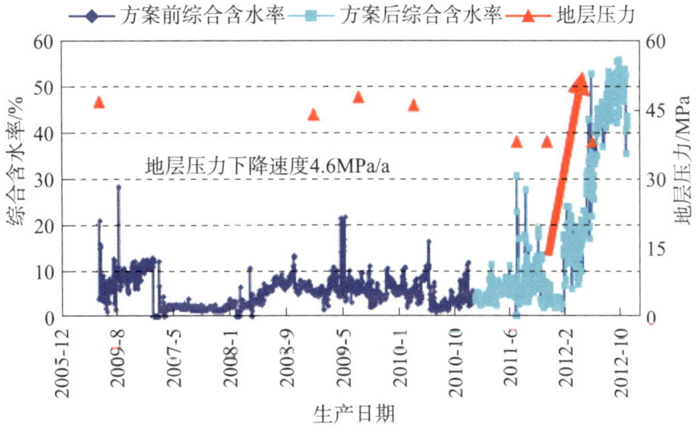

图 3-2-2　地层含水率、地层压力与地层压力下降速度的关系

大涝坝凝析气藏由于大部分注采井距在 1000m 以下，同时储层非均质性较强，早期注采井网的不完善和注采强度不合理造成注入气早期气窜，影响注入气的驱替以及蒸发凝析油的作用，从而降低注气采收率。

温和试注阶段原定于 2011 年实施注气计划，但由于缺乏实践经验，注气滞后两年，于 2013 年才正式开始实际注气，此时开发效果发生了较大变化，但仍按原设计注采比 1.0 连续注气"保压"开发。虽然错过最佳注气时机，但注气效果良好。在注气后地层压力稳中有升，水侵速度明显放缓，且气驱增油效果显著，表明注气开发效果好于衰竭开发。注气后各采气井压力均呈逐渐上升的趋势，未发现明显气窜现象(表 3-2-1、图 3-2-3、图 3-2-4)。

表 3-2-1　大涝坝凝析气田方案设计与目前开发状况对比

日期	总井数	开井数	日产油量/t	日产气量/10^4m^3	综合含水率/%	气油比/(m^3/t)	采出程度/%		地层压力/MPa	凝析油含量/(g/m^3)	综合分析
							油	气			
方案设计	10	10	157.8	30.19	8.99	1914	17.12	21.7	41	486	中期注气
目前	7	4	56.1	10.88	30.42	1941	20.2	27.41	38	420	晚期注气
差值	-3	-6	-101.7	-19.31	21.43	27	3.08	5.71	-3	-66	

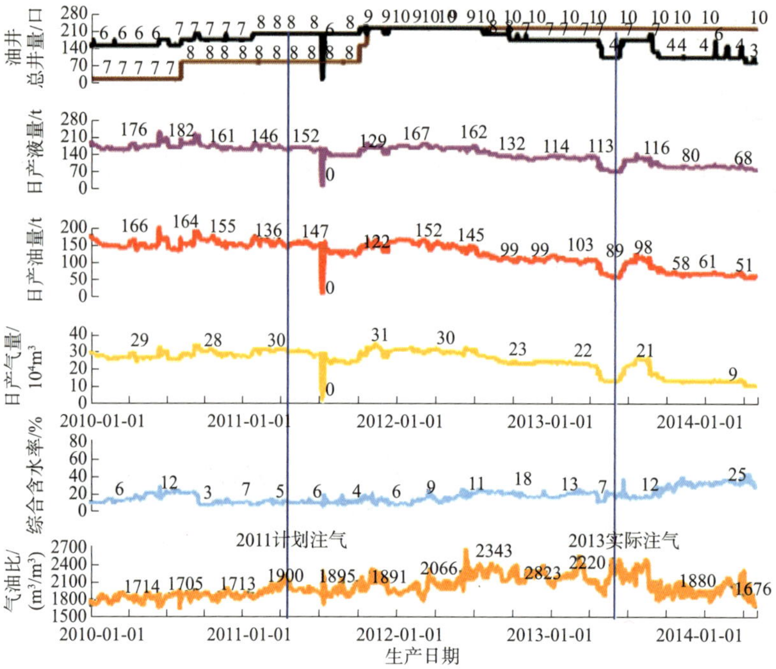

图 3-2-3　大涝坝凝析气藏日度生产曲线

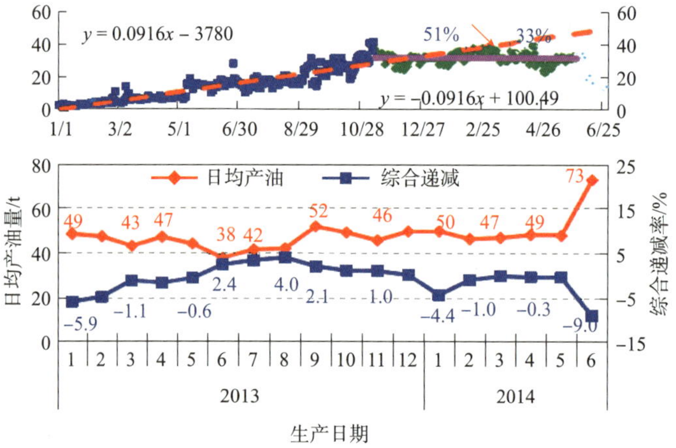

图 3-2-4　大涝坝凝析气藏油产量变化模拟结果

(二)注气受效分析

在温和试注阶段，由于初期注气量大($20\times10^4m^3/d$)，苏维依组上下气层(图3-2-5、图3-2-6)注采比远大于方案设计，日产油量、日产气量、气油比均呈小幅上升趋势，后期产量下降、气油比变化平稳，主要是DL6井预防气窜调整工作制度，以及注气量调小所致，截至2014年2月，累计注采比2.79，压力恢复1.37MPa。下气层由于注气时间较晚，注采比小，累计注气量小，无法有效延缓边水舌进速度，导致DL1X、DL10X、DL2井先后见水，下气层整体含水率呈上升趋势，油气产量基本保持稳定，截至2014年2月，累计注采比0.42，压力下降0.76MPa。

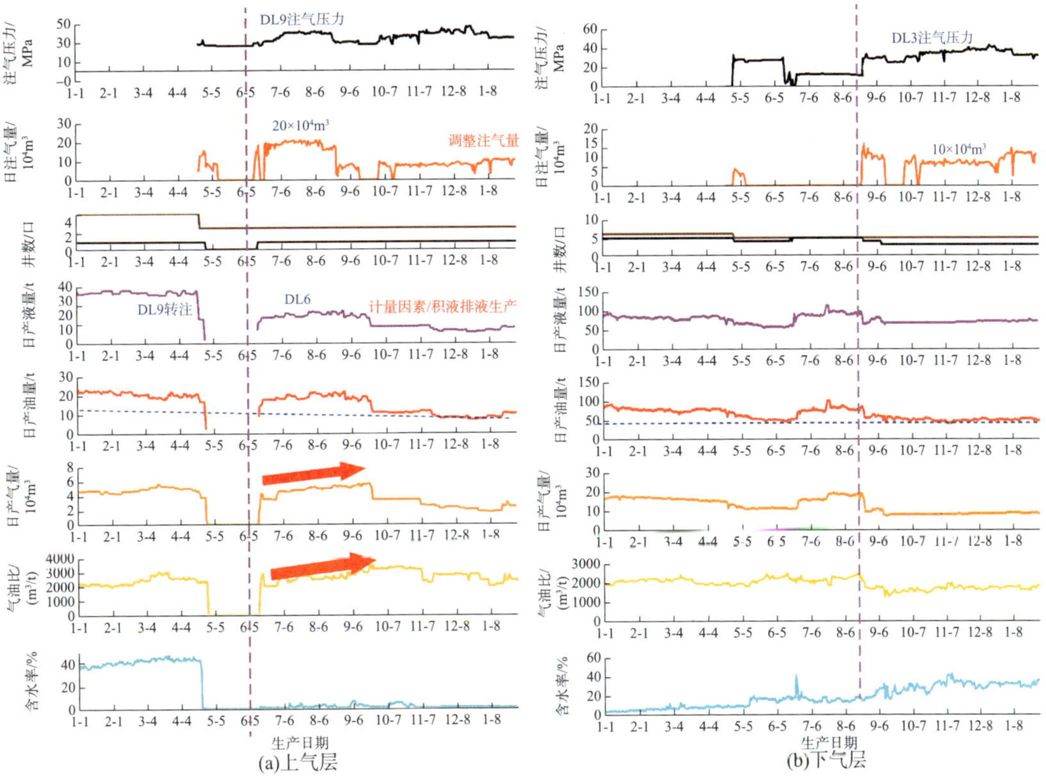

(a)上气层 (b)下气层

图3-2-5 上、下气层日度注采曲线

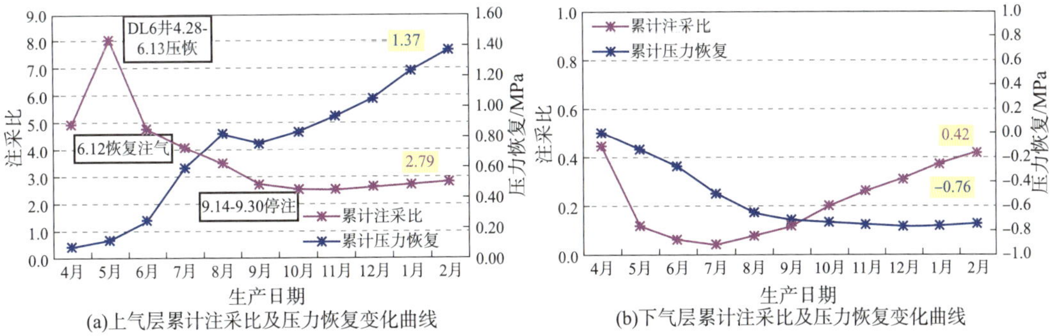

(a)上气层累计注采比及压力恢复变化曲线 (b)下气层累计注采比及压力恢复变化曲线

图3-2-6 上、下气层累计注采比及地层压力变化曲线

上气层采用大注采比经过半年注气，未发现明显气窜，注气情况较好；然而，上气层仅有1口井(DL6井)生产，造成注采比远高于方案设计，注气后快速出现压力响应，虽示踪剂有一定响应，但是流体化验结果表明注气受效不明显；上气层2口井注气，1口井生产，造成受效方向单一、波及效率低，不利于注气提高采收率。

下气层仅DL3井注气，采气井有DL1X、DL2、DL4、DL10X、S45井共5口。其中DL10X、S45井前期已停喷，DL1X、DL2、DL4井正常生产。综合各单井注气响应情况，从平面上来看，除较远的DL1X井外其余各井均有压力响应。在进行循环注气过后DL4井压力、日产液量、日产气量均出现了上升趋势。根据前期数值模拟结果，DL4井注气响应时间在DL10X、DL2井之后。但目前DL10X井水淹停喷、DL2井见地层水，气体连续流动通道遭受破坏，响应时间延后，导致DL4井首先出现受效响应。据此判断，目前注入气优势通道在DL4井方向。同时，由于目前DL10X井停喷关井，DL2井开井生产，造成DL3井向DL2井方向压力差值大于DL10X井方向的，DL2井方向成为仅次于DL4井方向的注入气优势方向。DL10X井由于水淹停喷，近井地带存在地层水侵入带，在与边水水体进行平衡后，依靠气体弹性力，逐渐将地层水压出井筒，但水淹后地层水影响储层中气相渗透率，延缓了DL10X井的受效时间。

(三)温和试注阶段存在的问题

温和试注阶段相较于衰竭式开采，严峻的局面得到了有效缓解，开采效果有一定的提升，但仍存在着一些问题。

1. 压力恢复效果不理想

截至2013年11月试注结束，上气层日均注气量$7.61\times10^4m^3$，累计注气量$2028\times10^4m^3$，阶段累计采气量$723\times10^4m^3$，因上气层采用大注采比注气，平均地层压力上升0.92MPa。下气层日均注气量$7.99\times10^4m^3$，累计注气量$735\times10^4m^3$，累计采气量$845\times10^4m^3$，采出量多于注入量，仍处于压力下降阶段，注气前下降速度0.3MPa/月，注气后0.22MPa/月，下降速度有所减缓。注气量条件下，上气层压力恢复缓慢，下气层压力呈下降趋势，预测采收率低，注气效果不理想。

2. 边水推进势头仍在持续

上气层由于DL12、DL9井两口井同时注气，注采比3.0，根据采气井DL6井的生产情况看，水侵效果有一定延缓。而下气层2013年采气井DL1X、DL10X、DL2井先后见水，DL4井有见水迹象，主要由于注气强度小，注采比0.5~0.9，不足以弥补亏空恢复地层压力，只能延缓边水舌进，如不提高注采比恢复下气层能量，抑制边水舌进，下气层有全面见水或水淹风险。

此外，数值模拟预测结果显示：按照上气层$6\times10^4m^3$、下气层$8\times10^4m^3$的注气规模，上气层由于边部注气，边水已侵入注气井井底附近，注气波及范围有限，基本呈单方向受效特征，不能有效抑制边水推进；下气层高部位注气，注气波及效率高，但注采比小、注气强度低，抑制边水水侵效果不理想(图3-2-7、图3-2-8)。

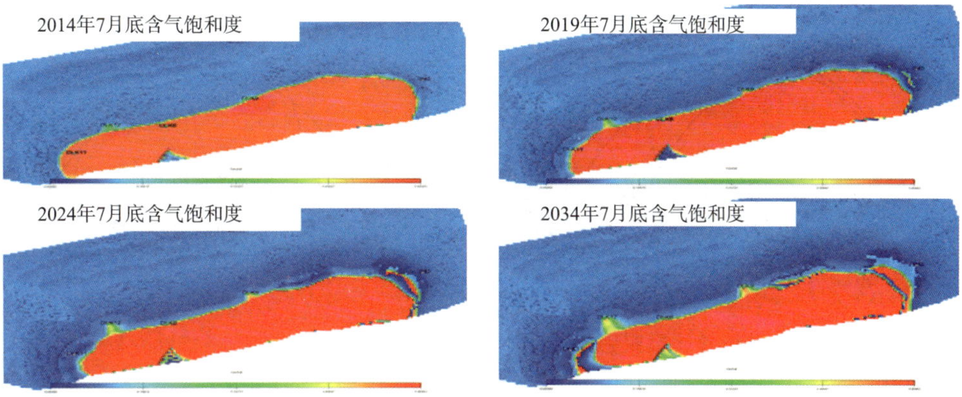

图 3－2－7　上气层注气开发中含气饱和度变化图

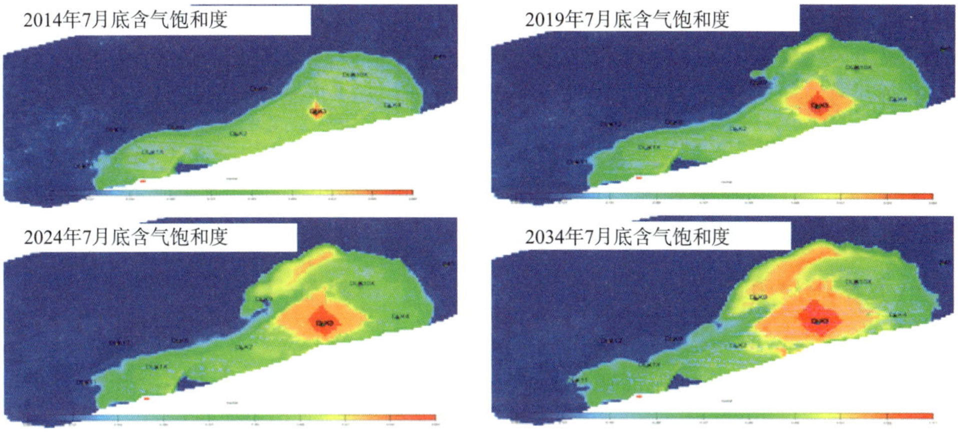

图 3－2－8　下气层注气开发中含气饱和度变化图

3. 井距小，注气动态响应快，有气窜风险

大涝坝凝析气藏区块较小，大部分注采井距在 1000m 以下，目前上下气层采气井井口压力在受到注气井转注和停注的压力激动时，均有一定的压力传导响应，响应时间平均为 15～24d，动态响应快，容易发生早期气窜，影响注气采收率。

此外，由于注气工程推迟，气藏开发形势已发生较大变化，特别是水侵形势严峻，属于开发后期注气，仍按原注气方案设计注气量偏小、注气强度不够。上下气层地层压力恢复缓慢，混相驱油效果有限，不能有效控制边水推进，有必要提高注气量和注气强度，恢复地层能量，试验混相效果。因此，需要重新对注气方案进行设计。

4. 反凝析污染加重

由于区块凝析油质量浓度高、地露压差小，投入开发后地层压力下降快速，反凝析逐渐加重，气油比呈直线上升。PVT 相图(图 3－2－9、图 3－2－10)变化显示：苏维依上下气层随着地层压力下降，露点压力下降，包络线向下缩小；反凝析液量变化显示，随着地层压力下降，凝析气中反凝析液量降低。这都说明重组分从凝析气中过早析出，使反凝析油变重，凝析气变轻，凝析油质量浓度下降，地层反凝析逐渐加重。

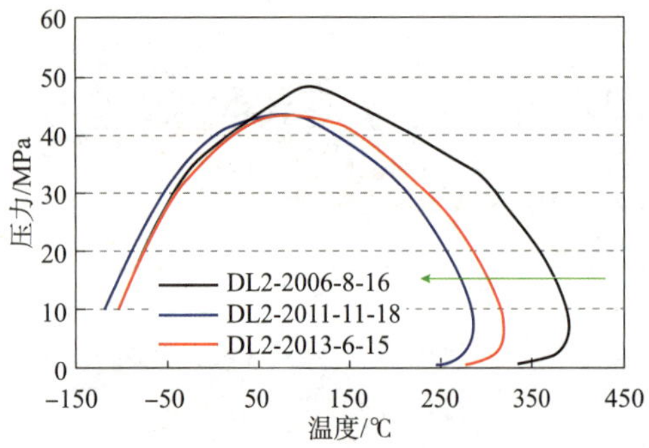

图3-2-9　下气层相态变化

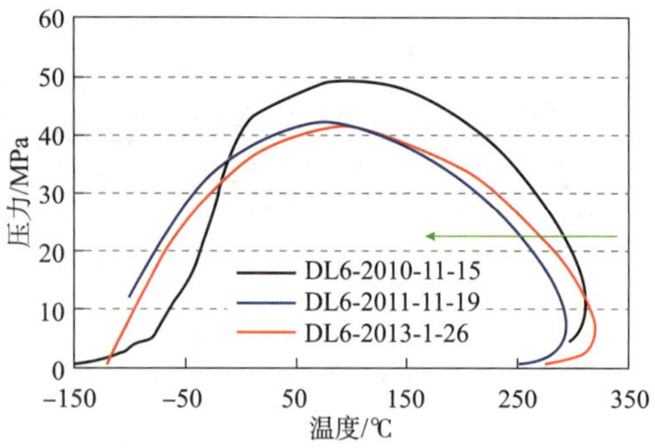

图3-2-10　上气层相态变化

二、错峰强注阶段

温和试注方案在注气增产方面取得了一定的成效，证明了注气提高采收率方案的可行性，但在解决水侵严重、反凝析污染等方面仍面临较大挑战。因此，在对温和试注阶段有了一定认识的基础上，对注气方案进一步优化，打破常规循环注气保压模式，采取错峰强注的方式：用气淡季时，上下气层交替强注，实行多注少采的方案，重点补充地层能量；用气旺季时，实行1.0注采方案，实现抑制水侵的同时防止气窜，并兼顾驱油和保压，进一步提高凝析油采收率。

(一)方案优化原则与依据

1. 优化原则

(1)最大限度提高凝析油采收率，提高混相抽提效果。

(2)最快速度抑制水侵，强注恢复地层压力。

(3)最大限度降低反凝析提高气井产量。

(4)合理规划开采，使现场管理更加高效、规范、统一方便。

2. 优化依据

(1)考虑管柱强度、工艺技术、压缩机注气能力等因素，2台压缩机最大注气能力$40 \times 10^4 m^3/d$。

(2)考虑天然气产销需要，鉴于目前工业用气紧张，不允许长时间强注，宜采用错峰强注的方式。

(3)相态研究表明，地层压力最好恢复到露点压力以上，因此地层压力恢复到露点压力附近较合适。

(4)目前气藏开发主要矛盾是水侵，强注设计主要考虑抑制水侵效果，上气层注气井位于构造边部，优先恢复上气层地层压力，兼顾下气层。

(5)考虑经济技术需要，不可能长期强注，压力恢复到47MPa可以达到混相，优选恢复到41～43MPa即可。

(6)考虑防气窜及工艺技术，设计周期强注、参数论证，以防气窜、抑制水侵、提高最终采收率为依据。

(二)方案优化调整

1. 井网优化调整

苏维依组上气层注采井网主要集中在构造西部，采用“二注三采”的注采模式，最初3口采气井只有DL6井生产，气驱方向单一、波及范围小，且容易发生气窜，不利于注气提高采收率。S45、DL10X井静压变化趋势和DL6、DL4井流压变化趋势均表明：注气开发后，DL6井和S45井压力变化速率基本一致；DL4井和DL10X井压力变化速率基本一致，说明合采井S45井主要是上气层注气受效。2014年2月，S45井开井失败，主要原因是上气层水淹严重，开井时对下气层起到干扰作用。且从单井模拟结果(图3－2－11)看，S45井距离上气层注气井远，受效慢。在井位调整方案优化选择里面DL10X井上返，控制储量加大，日产油量有较大幅度的上升，采收率高于其他方案。因此，将S45井下至下气层组，DL10X井上返至上气层。充分利用已有井网，考虑井距不均匀、储层非均质性及各方向动用的差异性，下气层选择“高注低采”防止重力超覆效应，上气层水侵严重采用“边部注气”延缓水侵。注采井完井时，采用非对应射孔提高波及范围和防止气窜。

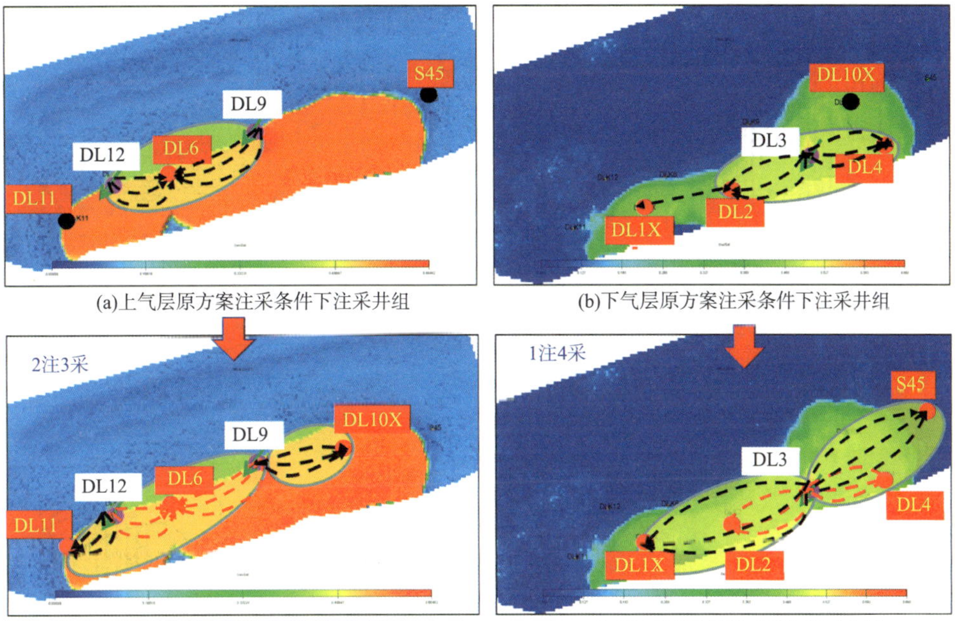

(a)上气层原方案注采条件下注采井组　(b)下气层原方案注采条件下注采井组

(c)上气层错峰强注方案下注采井组　(d)下气层错峰强注方案下注采井组

图3－2－11 注采井变化对比图

2. 注采参数调整

1)注气量变化

储量复算后，日注气量需要重新优化。在原有成果的基础上，对3年强注期间的日注气量进行了对比优化，根据目前注采情况以及压缩机最大注气量为$20\times10^4m^3/d$，确定该注气量为上下气层注气量。模拟也表明：日注气量为$20\times10^4m^3$时，地层压力恢复到较好，控水效果好，累计产油量高，凝析油采收率较衰竭式开发有所提高，注气开发效果好。

2)注气周期变化

原注气方案由间隔 1 年循环注气 20 年后转衰竭生产，但强注时间过长会导致气窜风险加大。为了优选合理注气量、论证合理的强注周期，设计关井强注 3 个月、6 个月、9 个月三套数值模拟方案。

模拟结果表明，注气周期对上气层地层压力恢复、控水效果、累计产油均影响不大。DL6 井强注容易发生气窜，强注时间越长气窜越严重，平稳注气后，气窜程度有所减缓、日产油量有所增加，但产油量仍递减较快。下气层强注过程中三套方案控水效果差别不大，并且各方案在强注期间日产油量呈上升趋势、气油比下降，说明强注有利于凝析油反蒸发，且强注 3 个月在强注期间日产油量好于其他方案的产油量。综合考虑开采效果，为防止采气井快速气窜，优选注气周期为 3 个月。

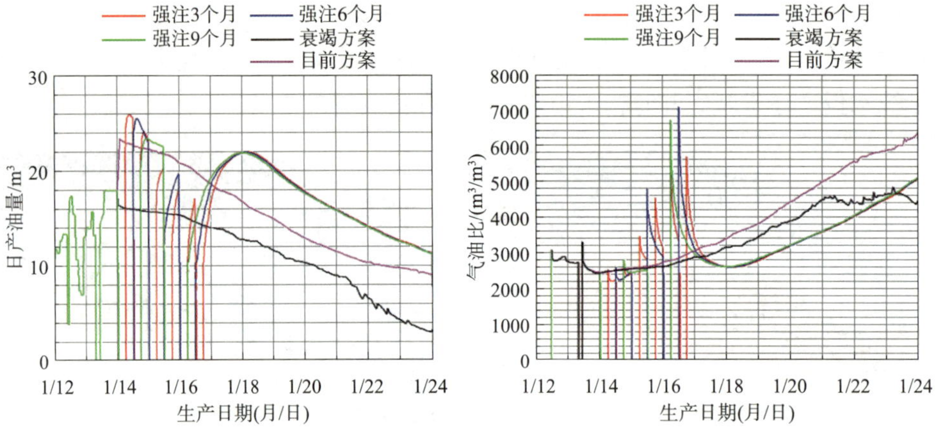

(a)上气层日产油量变化　　(b)上气层气油比变化

图 3-2-12　上气层不同方案 DL6 井日产油量、气油比变化

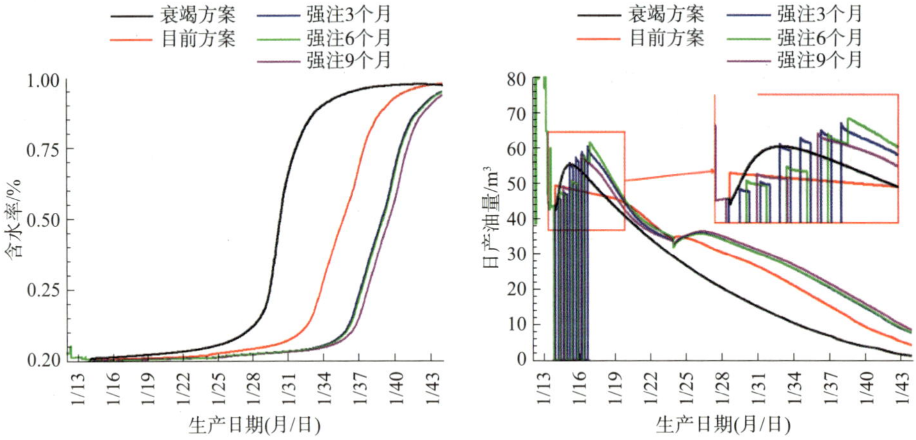

(a)下气层含水率变化　　(b)下气层日产油变化

图 3-2-13　下气层不同方案 DL6 井模拟结果对比图

3)焖井周期变化

在优选合理注气量、注气周期的基础上，为论证合理的焖井周期，设计焖井时间 20d、

40d、60d、不焖井四套方案。

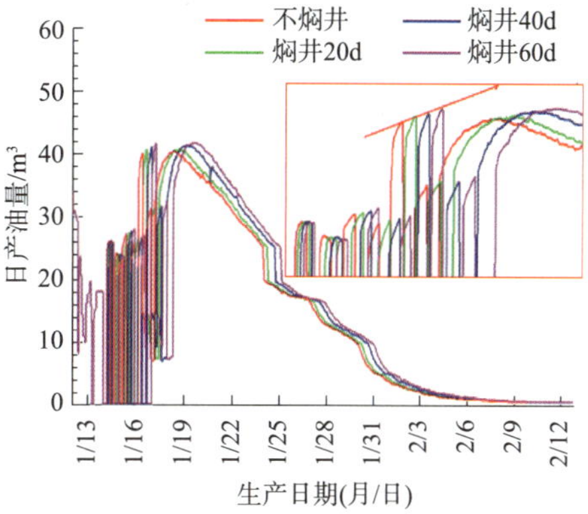

图 3-2-14　上气层不同方案 DL6 井日产油量模拟结果对比图

模拟结果(图 3-2-14)显示，焖井对上、下气层压力恢复、含水变化影响较小，焖井对增油有一定效果，日产油量随焖井时间增加而增加，但增加幅度不大。上气层不焖井采收率略高于其他方案的。下气层强注期间日产油量呈上升趋势，气油比下降，日产油量较合理注气量等论证中的上升幅度增加，说明焖井过程中，注入气与地下流体充分混合，对提高凝析油产量有一定作用。但综合考虑注气生产管理，下气层选择不焖井生产。

4)生产周期变化

在优选合理注气量、注气周期的基础上，为论证合理的间采周期，设计生产周期 2 个月、3 个月、4 个月、6 个月四套方案。具体为方案一日注气量 $20\times10^4m^3$，强注 3 个月，以 1.0 注采比生产 2 个月，循环强注 3 年，转 1.0 注采比连续注气 7 年，此后衰竭生产 20 年，其余方案以此类推。

从模拟结果(图 3-2-15)看，生产周期对地层压力恢复水平影响不大，生产周期短时，地层压力恢复相对更快；生产周期 3 个月的累计产油量、累计产气量略高于其他方案的。DL6 井强注容易发生气窜，生产时间越长，水侵越严重，生产 3 个月控水效果略好。由于下气层几套方案累计产油量、累计产气量差别不大，从管理角度出发，结合设计强注周期等步长周期综合考虑，下气层生产周期确定为 3 个月。

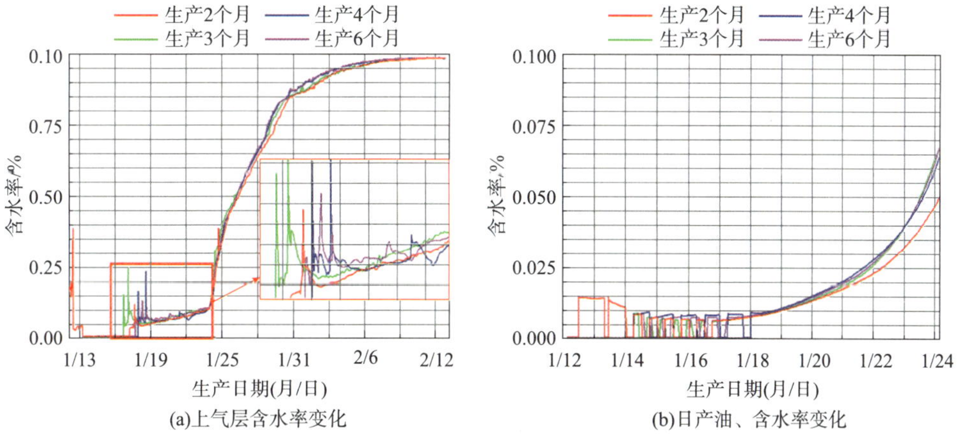

图 3-2-15　上气层不同方案 DL6 井模拟结果对比图

经过模拟优选，注气量为单台压缩机最大强度 $20\times10^4m^3/d$，强注周期优选 3 个月；焖井周期优选不焖井，焖井有利于增油、防气窜，但总体效果不明显；生产周期优选 3 个月，避免生产周期越长水侵越严重。

在优选合理的注气周期、生产周期基础上，考虑到实际生产中外调气量有限，需要兼顾上、下气层的强注。采用错峰强注的方式，使得强注时上、下注气总量控制在 $30\times10^4m^3/d$（表3－2－2）。为了防止距离注气井近的生产井气窜，强注期间边远井DL11、S45、DL1X、DL10X开井生产，附近井关井（表3－2－3）。

表3－2－2 错峰强注与温和试注注采调整优化对比表

方案	层位	注气井	采气井	注气量/10^4m^3	采气量/10^4m^3	注采比	注气周期	焖井周期	生产周期
温和试注方案2013.4	上气层	DL9、DL12	DL6、DL11、S45	5.9	5.9	1	1年	—	—
	下气层	DL3	DL1X、DL2、DL4、DL10X、S45	9.1	10	0.9			
错峰强注方案2014.4	上气层强注（4—6月）	DL9、LK12(上)	DL6(关)、DL11、DL10X	20	5	4	3个月	不焖井	3个月
		DL3(下)	DL1X、DL2、DL4、S45	10	12	0.83			
	下气层强注（7—9月）	DL9、DL12(上)	DL6、DL11、DL10X	10	8	1.25			
		DL3(下)	DL1X、DL2(关)、DL4(关)、S45	20	5	4.00			

表3－2－3 错峰强注方案参数设计表

方案	时间段		2014年1月—2016年12月				2017年1月—2023年12月	2024年1月—2044年12月
	井别	井名	错峰强注3年					
			1—3月	4—6月	7—9月	10—12月	1:1连续注采量/($10^4m^3/d$)	衰竭开发量/($10^4m^3/d$)
E_3s上气层	生产井	DL6	关井	3	3	3	3	3
		DL11	2.5	2.5	2.5	2.5	2.5	2.5
		DL10X	2.5	2.5	2.5	2.5	2.5	2.5
	注气井	DL9	10	4	5	4	4	3(生产井)
		DL12	10	4	5	4	4	3(生产井)
	注采比		4	1	1.25	1	1	—
E_3s下气层	生产井	DL1X	2.5	2.5	2.5	2.5	2.5	2.5
		DL2	2	2	关井	2	2	2
		DL4	5	5	关井	5	5	5
		S45	2.5	2.5	2.5	2.5	2.5	2.5
	注气井	DL3	10	12	20	12	12	4(生产井)
	注采比		0.83	1	4	1	1	—

(三)注气效果分析

对比温和注气，错峰强注方案在产量提升以及地层压力恢复方面效果较好，孔隙凝析油、天然气采收率均有较大提升。

1. 地层压力有所恢复

地层压力对比图(图3－2－16、图3－2－17)均表明，注采气量呈现上升的态势，阶段注采气过后地层压力得到了有效的提升，恢复地层压力可以增强反凝析油反蒸发效果，通过强注“复压”开发达到了提高采收率的目的。

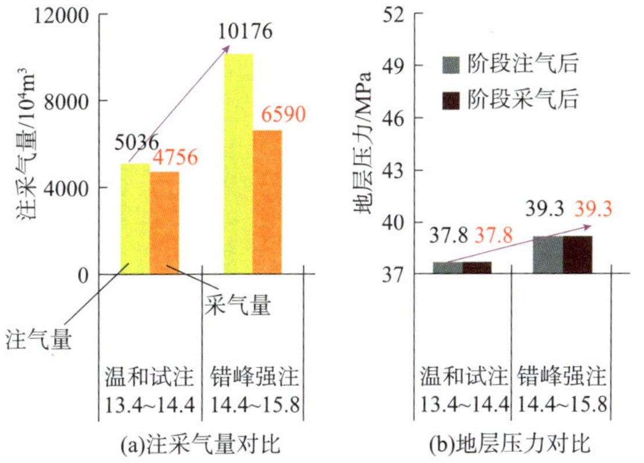

图3－2－16 错峰强注与周期强注地层压力和注采气量对比

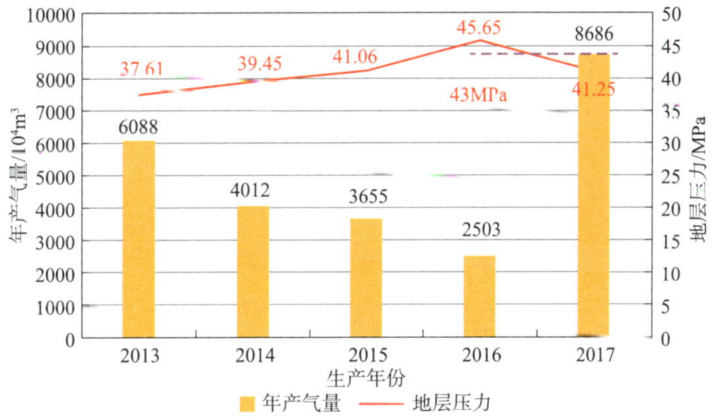

图3－2－17 大涝坝年产气量和地层压力生产变化

2. 气油比变化趋于平缓

错峰强注方案调整了注采井网，使得井网井距更合理。连续强注后，气油比快速上升，说明连续强注容易发生气窜。由于DL6井与注气井DL12和DL9井的井距较小，上气层强注期将DL6井关井，延缓了该井的气窜时间，使得连续注气时生产稳定。而下气层的DL1X井和S45井距离注气井DL3井的井距非常大，强注期生产并不会加剧这两口井的气窜，整个下气层的气窜程度较弱，生产井气油比和日产油量变化较平缓(图3－2－18)。

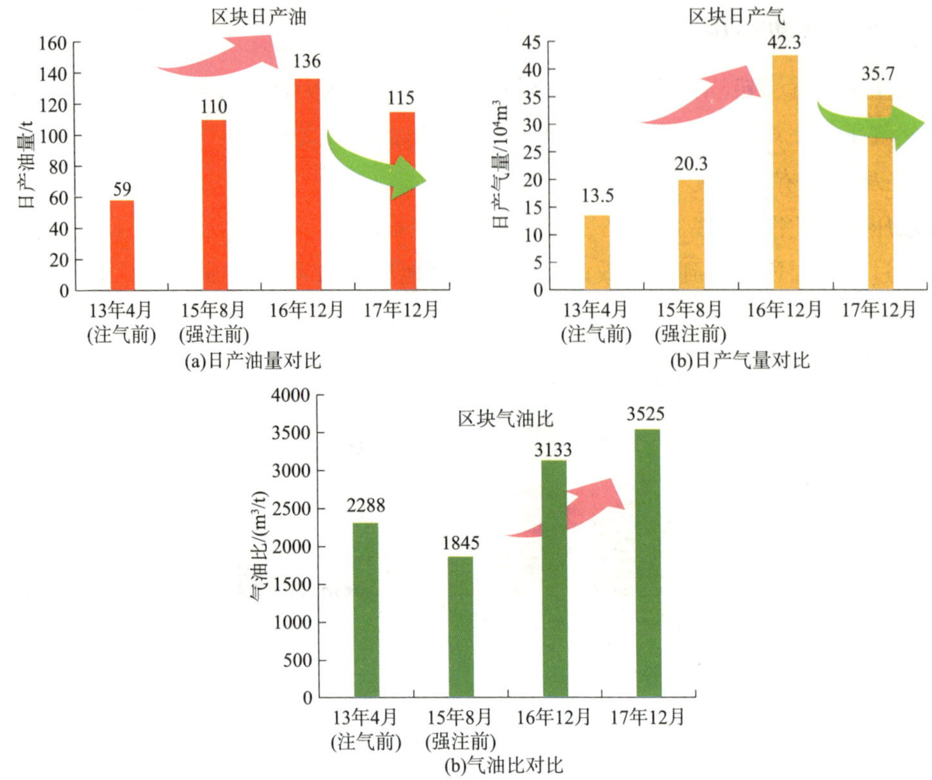

图 3-2-18　苏维依组日产油、日产气、气油比变化结果

3. 水侵情况得到改善

上气层错峰强注水侵上升速度相较于试注方案的更慢，变化幅度更小，下气层开发前期错峰强注方案水侵变化幅度大，甚至出现含水率激增的状况，随着开采工作的推进，水侵速度减缓，而其他方案水侵速度加大，含水率逐渐超过错峰强注方案(图 3-2-19、图 3-2-20)。综合分析，错峰强注相较于温和试注含水率有所下降，水侵得以抑制，水侵速度趋缓，井筒积液得到有效改善。

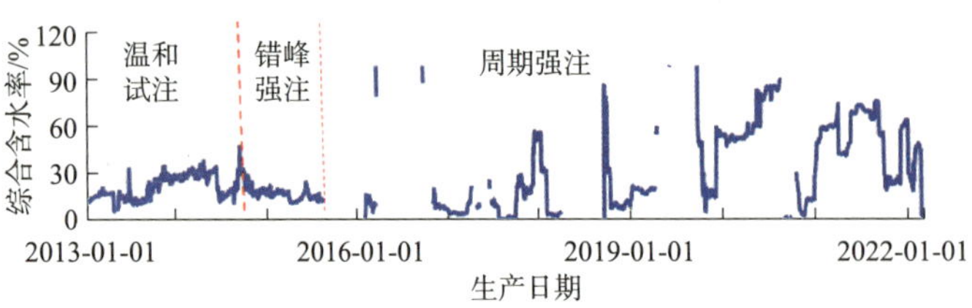

图 3-2-19　苏维依组含水率结果

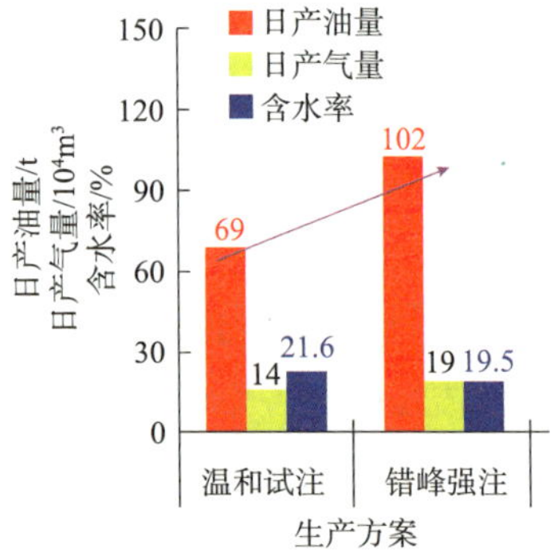

图 3-2-20　错峰强注相较于温和试注油、气、水生产变化

4. 凝析气藏采收率得以提高

根据各方案指标对比结果(表 3-2-4)，错峰强注方案，凝析油采收率较温和注气方

案提高 3.06%(按方案储量计算),累计产油量增加 6.77×10^4t,天然气采收率提高 7.02%,累计增气量 $2.02\times10^8m^3$(已扣除所有注入气量)。较强注方案,凝析油采收率提高 0.63%(按方案储量计算),累计产油量增加 1.39×10^4t,天然气采收率提高 1.72%,累计增气量 $0.5\times10^8m^3$。

表 3-2-4 各方案指标对比结果

层位	方案	累计产油量/10^4t	累计产气量/10^8m^3	方案储量(-4010m)		复算储量(-4032m)	
				凝析油采出程度/%	天然气采出程度/%	凝析油采出程度/%	天然气采出程度/%
上气层	温和试注	30.46	5.09	47.66	52.65	27.83	30.74
	错峰强注	34.85	6.25	54.54	64.63	31.84	37.74
下气层	温和试注	57.98	13.91	36.91	72.85	36.91	72.85
	错峰强注	60.36	14.77	38.42	77.36	38.42	77.36
总计	温和试注	88.44	19.00	40.02	66.06	33.18	53.29
	错峰强注	95.21	21.02	43.08	73.08	35.72	58.96

此外,注采过程中蒸发、驱替是同步发生的。注气初期,注入量小,驱替效果明显。随着注气量增大,压力恢复快,反蒸发作用增强;注气继续增加,反蒸发效果不明显,气窜风险增加,产油量大幅递减。此外,注入气平面运动规律主要是初期向亏空区移动,压力平衡后向高渗方向突进,易形成优势通道产生气窜。在纵向上,受组分分异影响,以重力超覆为主,易气窜,且间开-缩嘴控制基本无效。因而,随着注采开发的推进,气窜的风险也在不断增大,进而使采收率降低。为延缓优势通道的气窜,提高注气开采效果,需在错峰强注方案的基础上进一步进行方案优化调整以保证开采效益。

三、周期强注阶段

(一)方案优化原则与依据

1. 优化原则

(1)进一步最大限度地提高凝析气藏采收率。

(2)降低气窜的风险,防止连续强注出现气窜,保障注入气充分混相,抑制水侵推进。

(3)考虑"储气调峰",用气淡季只注不采,用气旺季只采不注,冬季、夏季根据外销需求,差异化配注配产。

(4)最大限度地避免注入气向高渗方向突进,形成优势通道造成气窜。

2. 优化依据

(1)以错峰强注方案为基础,注气时间方式改变,满足调峰功能。

(2)考虑压缩机最大注气量 $20\times10^4m^3/d$,上、下气层注气井吸气能力近视地认为等于储层的采出能力。

(3)注气以驱油和抑制水侵为主,混相为辅。

(4)施行"稳压"开采,延长气藏稳产时间。

(二)方案优化调整

在错峰强注阶段，施行“复压”开采以减少水侵、气窜现象的发生。然而，在该阶段仍存在一定程度上的气窜风险，并且难以满足天然气调峰保供的需求。因此，出于稳定供气的考虑，引入了周期强注的“稳压”开采模式。

在周期强注阶段，引入“储气调峰”理念，注气与采气的周期错开，在夏秋季节只注不采，春冬季节只采不注。通过这种方式，可以更好地利用气藏的储气能力，实现注采平衡和保障供需平稳。同时，周期强注模式还可以降低气藏压力波动，避免连续强注造成的气窜问题，减少气窜风险。具体关键因素变化如表3-2-5所示。

表3-2-5　错峰强注与周期强注差异化配产关键因素对比

/	阶段划分	错峰强注阶段	周期强注阶段
关键因素优先程度	配产原则	多注少采，分层限产	全关全开、季度配产
	注采比	非强注层考虑	不考虑
	合理产能	考虑	考虑
	水侵状况	边部井控产	边部井排液采气
	受效阶段	二线井提产增油	一二线井流场调整
	控制气窜	需要考虑	优先考虑
时间均衡	配产精度	月度配产	季度配产
	季节调峰	4—6月、7—9月	夏季、冬季
层间均衡	上下气层采气比例	强注层少采、非强注层多采	多注层多采、少注层少采
注采均衡	注气能力	$30\times10^4m^3/d$	$40\times10^4m^3/d$
	一线井	限产	高峰时合理产能
	二线井	稳产	高峰时放嘴释放产能

错峰强注采气井配产复杂频次高，在用气淡季上下交替强注，强注期间部分开部分关，用气旺季1:1注采。而周期强注方案用气淡季只注不采，用气旺季只采不注。这样既能快速提高压力，又能保障充分混相、防止气窜和抑制水侵，提高注气效果。方案注采设计如表3-2-6所示。

表3-2-6　周期强注调整设计表

方案	层位	注气井	采气井	注气量/10^4m^3	采气量/10^4m^3	注采比
错峰强注方案2014.4	上气层强注(4—6月)	DL9、DL12	DL6(关)、DL11、DL10X	20	5	4
		DL3	DL1X、DL2、DL4、S45	10	12	0.83
	下气层强注(7—9月)	DL9、DL12	DL6、DL11、DL10X	10	8	1.25
		DL3	DL1X、DL2(关)、DL4(关)、S45	20	5	4

续表

方案	层位		注气井	采气井	注气量/10^4m^3	采气量/10^4m^3	注采比
周期强注方案 2015.8	二、三季度	上气层	DL9、DL12	采气井全关	20	0	—
		下气层	DL3	采气井全关	20	0	—
	一、四季度	上气层	注气井停住	DL6、DL10X	0	11	—
		下气层		DL2、DL4、DL1X、S45	0	22	—

根据调整过的注采方案模拟结果显示，经过多次轮注气藏开发态势转好，凝析油质量浓度降低，凝析气变轻，露点压力下降。注气后地层压力保持程度从67%提升至78%，最高恢复至44MPa，水侵速度放缓，油气产量大幅上升，未发生明显气窜，气藏稳产时间延长(衰竭开发设计6年)。油气采收率提高相比于原开发方案有了很大幅度的提高，油采出程度37.1%，比注气前(26.7%)高10.4%；预测采收率39.3%，较衰竭开发(29%)提高10.3%。“春冬采、夏秋注”的注气模式，既满足了储气调峰保供需求，又达到注气提高采收率效果。

(三)注气效果分析

2013—2020年，先后经历了温和试注、错峰强注以及周期注气(图3-2-21、图3-2-22)。苏维依组完成6轮次周期注采开发，累计注气量$4.86\times10^8m^3$，累计净注气$0.37\times10^8m^3$。注气后累计产油量16.14×10^4t，凝析油采出程度35.14%，凝析油采收率39.3%，相比衰竭开发(29.0%)提高10.3%(表3-2-7)，周期注气取得了良好的效果。

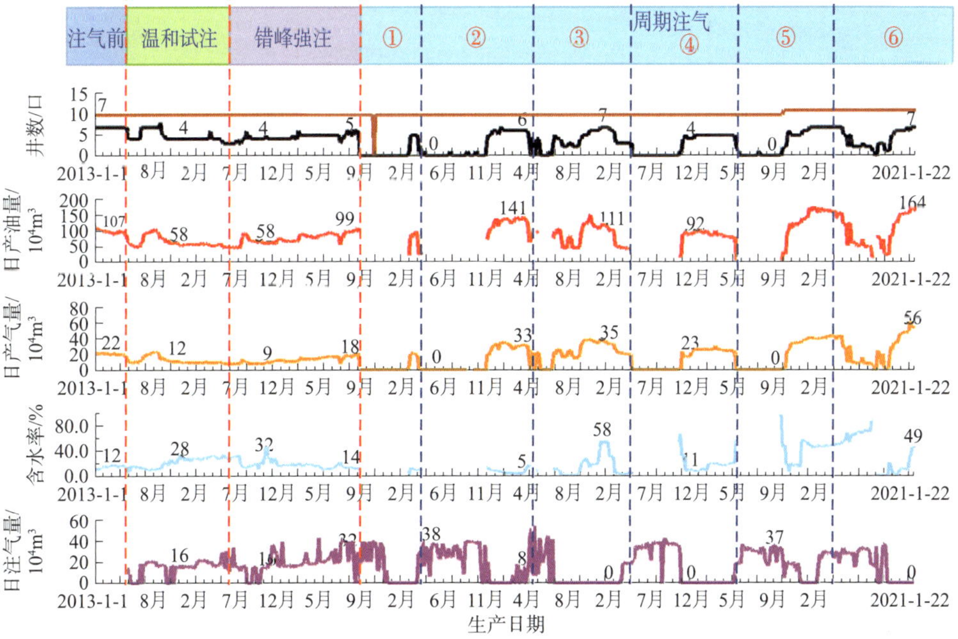

图3-2-21 大涝坝E_3s开采历程图

表 3-2-7　大涝坝 E_3s 开采历程数据表

层位	复算储量		注气前采出程度		温和试注			错峰强注			周期强注			累计		注气后累计产油量	注气后采出程度	
					2013 年 4 月—2014 年 4 月			2014 年 4 月—2015 年 8 月			2015 年 8 月—2019 年 3 月			至 2021 年 3 月			截至 2020 年年底	
	油	气	油	气	注气量	采气量	注采比	注气量	采气量	注采比	注气量	采气量	注采比	注气量	净注气量		油	气
	10^4t	10^8m^3	%	%	10^8m^3	10^8m^3		10^8m^3	10^8m^3		10^8m^3	10^8m^3		10^8m^3	10^4m^3	10^4t	%	%
E_3s 上	65.1	9.9	33.83	41.16	0.32	0.10	3.11	0.56	0.18	3.11	0.84	0.78	1.07	2.27	5495	6.00	43.05	34.70
E_3s 下	135.1	16.4	23.09	28.95	0.18	0.37	0.49	0.46	0.48	0.95	1.13	1.04	1.09	2.59	-1795	10.14	30.60	27.83

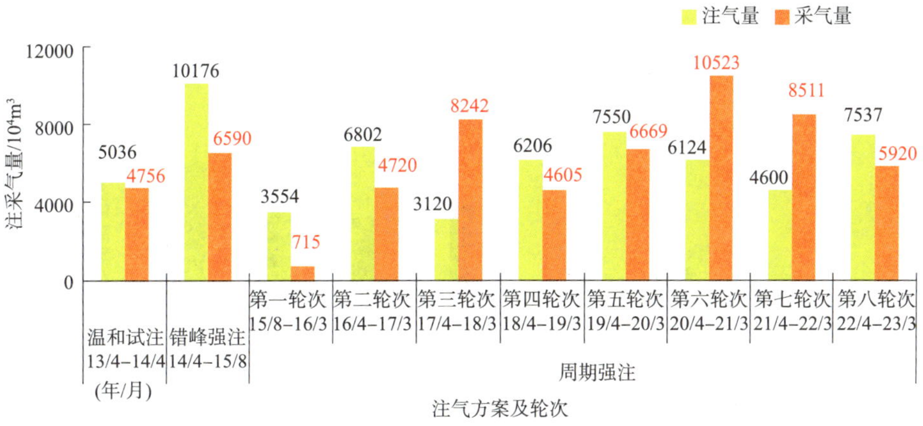

图 3-2-22　E_3s 气层各轮次注采气量

1. 保压稳压效果较好

上气层进行 6 轮次周期强注后，已累计净注天然气 $5495\times10^4m^3$。与注气前相比，地层压力由 38MPa 上升至 40.4MPa，地层压力总体呈现上升趋势，压力恢复效果好，如图 3-2-23所示。

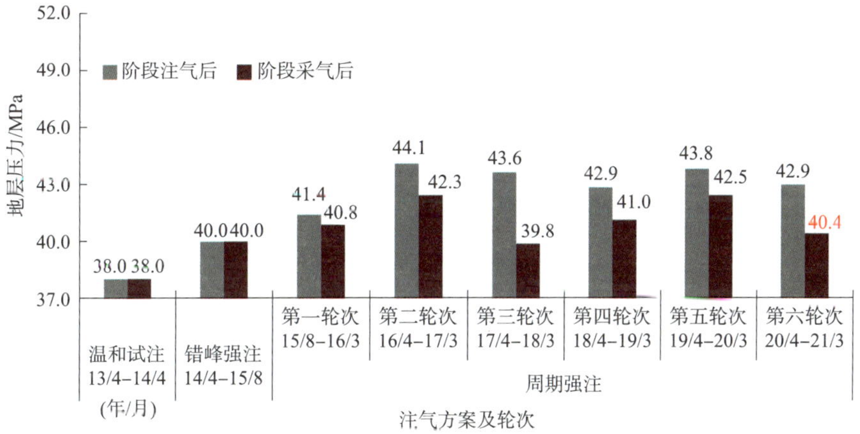

图 3-2-23　E_3s 上气层阶段平均地层压力

下气层累计净注气量 $-1795\times10^4m^3$（表 3-2-7）。与注气前相比，地层压力由 37.5MPa 上升至 41.5MPa，从地层压力平面分布情况来看，各井差异不大，但能量补给主要来自水体补充（图 3-2-24）。

2. 气油比保持稳定

周期强注在错峰强注的井网基础上调整了开采方式，使得开采更加高效具有合理性。并且由于周期强注模式还可以降低气藏压力波动，减少气窜风险。因此尽量延缓了凝析油的提前析出，所以气油比上升的幅度也较小（图 3-2-25、图 3-2-26）。并且由于周期注气使得生产更加稳定，且气窜程度较弱，因而生产井的气油比变化波动幅度不大。

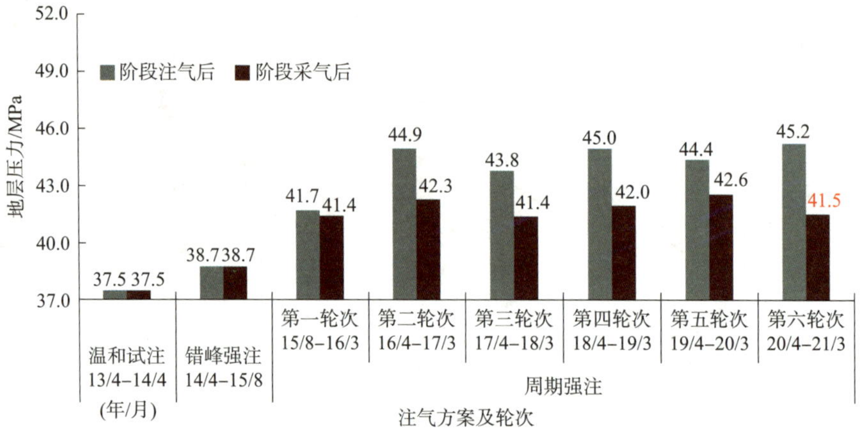

图 3-2-24　E_3s 下气层阶段平均地层压力

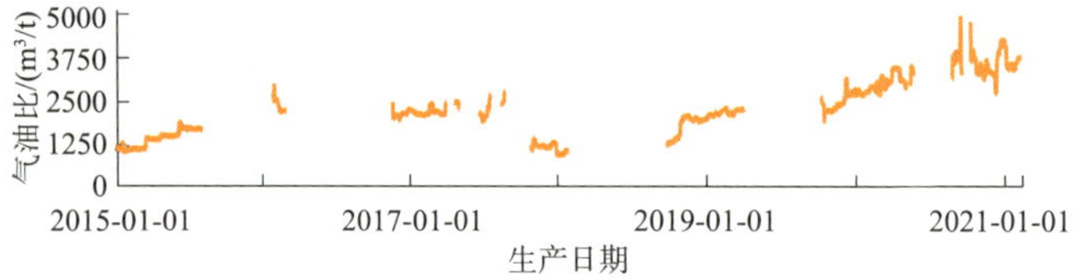

图 3-2-25　S45 井日度生产曲线

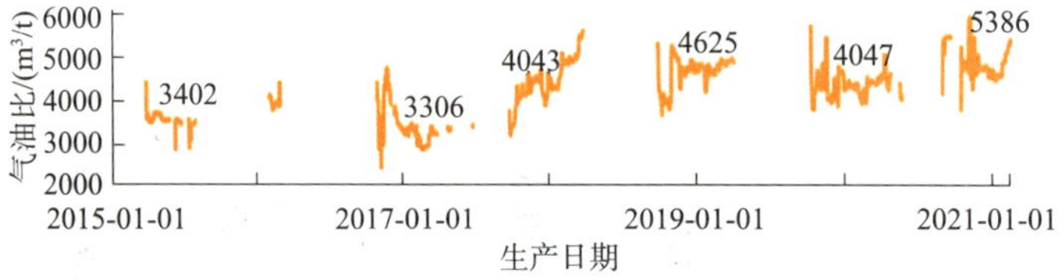

图 3-2-26　DL4 井日度生产曲线

3. 抑制水侵效果显著

E_3s 上气层边水水体倍数 19，注气开发前构造西部及北部发生了较明显的边水侵入（图 3-2-27），边水推进距离约为 93m。西部单元，净注入天然气量 $0.86\times10^8m^3$，注气后抑制水侵作用明显，使得西部水侵边界外推 123m，同时实现了 DL11 井复产成功。东部单元由于净采出天然气量为 $0.3\times10^8m^3$，导致边水内推 148m(图 3-2-28)。

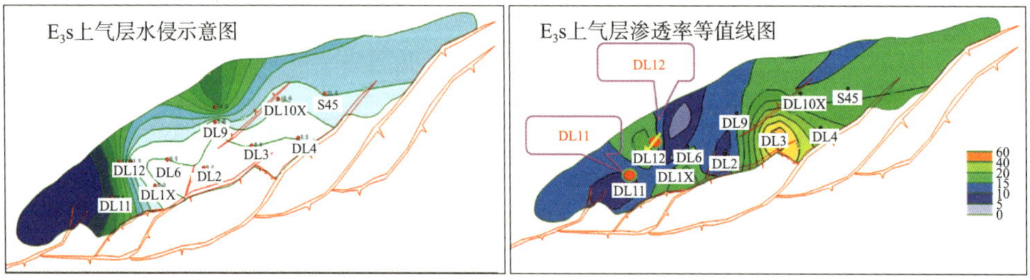

图 3-2-27　E_3s 上气层水浸及渗透率等值线示意图

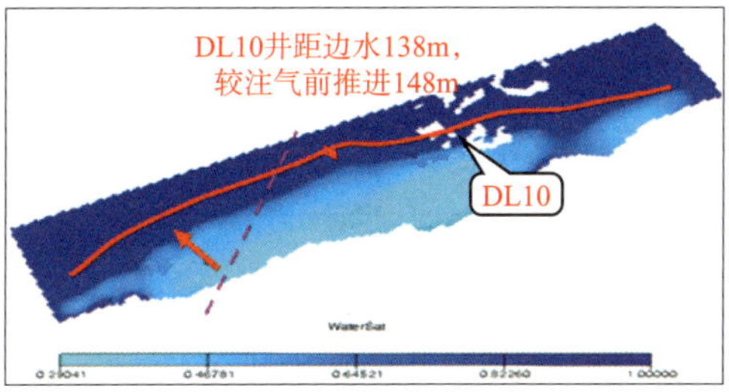

图3－2－28 E_3s 上气层含水饱和度

各轮次注气过程中监测压力和含水率的变化关系(图3－2－29)表明，早期净注入地层压力恢复至43MPa时，边部见水监测井DL1X井筒气－水界面出现明显下降，气井含水率由43%下降至8%左右，含水率大幅降低，基本恢复到未见水状态，抑制水侵效果显著；随着净注气量的减少，地层压力下降低至43MPa时，边水再次侵入至近井地带，气井含水率大幅上升，达到60%以上，此时增加净注气量恢复地层压力至45MPa，边部见水监测井DL1X井筒气水界面才出现下降趋势，同时气井含水率呈下降趋势，抑制水侵压力由43MPa上升至45MPa。说明随着注采过程进行，边部气水界面不断推进和后退，抑制水侵压力升高，需要注入更多的气量。

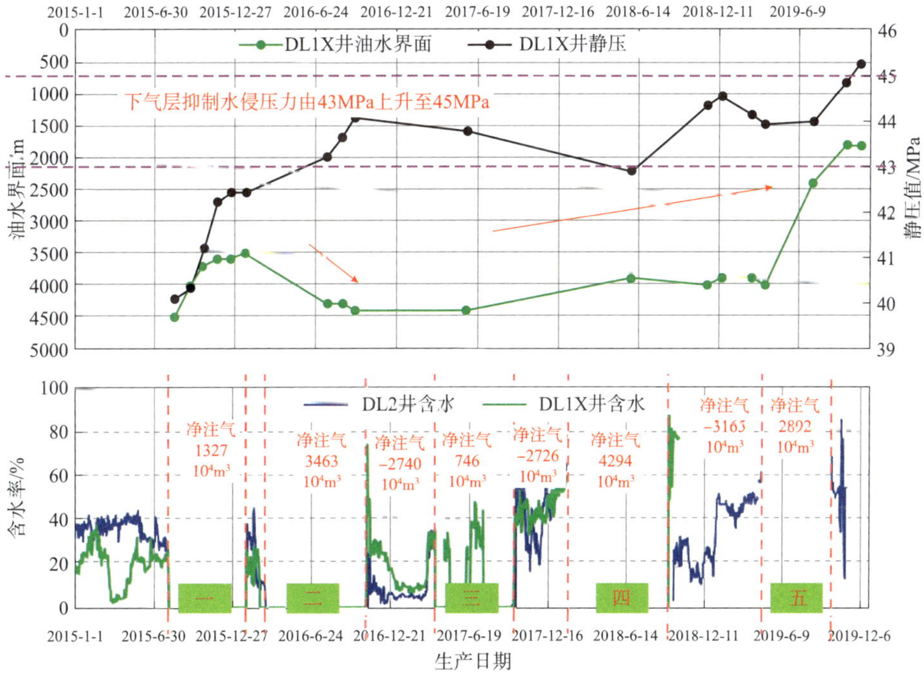

图3－2－29 E_3s 下气层净注气与抑制水侵压力关系曲线

4. 气窜特征分析

E_3s 上气层为低注高采井网，仅有DL6井发生气窜，其与DL9井的井距为940m(图3－2－30)；由于低注高采，DL6井受天然气的重力超覆作用，注气三个轮次后于

2017 年发生气窜。该井发生气窜后，通过关井实施重力分异控制气窜，DL6 井重力分异时间为 2 个月左右，气窜在一定程度上减小了注入气的利用效率，降低凝析油采收率，进一步完善井网才能从根本上解决问题。

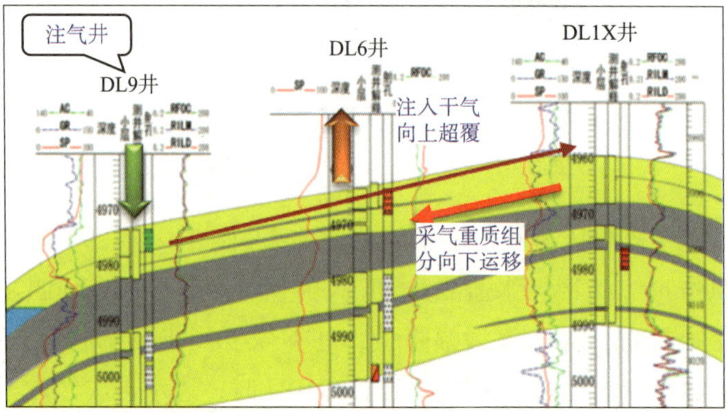

图 3-2-30　DL9 井～DL6 井注气超覆以及关井分异方向示意图

苏维依组下气层井网为高注低采井网，最小井距为 769m。目前注气开发过程中，未出现气窜现象。构造东部由于物性好，注采受效情况也较好，生产井气油比保持稳定。

第三节　提高采收率协同建库方案研究

前期注气方案经过优化后，注气开采取得了明显效果。但由于大涝坝凝析气藏注气量较少，且受断层及沉积相影响，平面注气受效不一致，地层压力下降导致反凝析严重、边水推进等问题依旧存在。为了进一步提高凝析油采收率并提高储气调峰规模，以循环注气提高采收率与储气库相结合的开发模式为出发点，对大涝坝凝析气藏进行了井网重构，并对相应运行参数进行了设计优选，经过数值模拟最终优选出了一套储气库运行兼顾提高采收率的运行方案。

一、建库背景条件与必要性

（一）建库背景条件

1. 加快中国石化产供销体系建设，补齐中国石化储气能力不足的短板，确保中国石化储气调峰能力满足国家要求和保供需求

天然气地下储气库是天然气输配系统工程中的重要组成部分，为保障输气管网的安全平稳运行、切实推进储气设施建设，国家高度重视储气设施建设，陆续出台了相关强制性及鼓励性政策，包括《发展改革委关于建立保障天然气稳定供应长效机制若干意见的通知》《天然气基础设施建设与运营管理办法》（发展改革委令第 8 号）、《关于加快推进储气设施建设的指导意见》等文件，进一步明确天然气销售、天然气基础设施运营和城镇天然气经

营等企业的储气调峰责任。而大涝坝油气藏位于西北用气中心中间位置，储气库建设的地理位置非常优越。储气库建成后，与周边的西气东输管网相连通，是中国石化在目标市场提高竞争力、获取增量市场的重要手段，为进一步扩大天然气经营规模提供强有力的支撑。

2. 大涝坝凝析气藏具有建立地下储气库优良地质条件

1)具备建设储气库的气源和地面条件

大涝坝油气藏位于塔里木盆地北缘阿克苏地区库车县境内，地理位置优越、距西气东输天然气管网和市场距离近，气源有保障，周边有中国石油牙哈、迪那2气田，中国石化雅克拉、塔河、顺北气田，地面条件配套成熟，该储气库建成后，对协调供求关系，优化输配管网，确保天然气供应安全，保证供气的可靠性和连续性及应对突发事件等具有重要意义。

2)具备建设地下储气库的储层和盖层条件

大涝坝气田储层好、盖层条件好、有一定的储量规模，并且苏维依组两套储层和巴什基奇克组储层在横向上分布较稳定，除苏维依组上气层厚度变化稍大外，其他两层厚度变化不大；储层内部夹有少量非渗透层，但分布不稳定。短距离内即尖灭，这从宏观上说明储层在横向上连通较好，但也具一定的非均质性。

苏维依组上气层砂岩储层平均孔隙度15.68%，平均渗透率$59.74\times10^{-3}\mu m^2$，属于中等偏差的储层；苏维依组下气层砂岩储层平均孔隙度17.36%，平均渗透率$49.7\times10^{-3}\mu m^2$，属于中等储层；巴什基奇克组砂岩储层平均孔隙度15.28%，平均渗透率$203\times10^{-3}\mu m^2$，属于中等偏好的储层。整体来看，三套气层密封性条件较好。

3. 大涝坝注气已初步形成储气库雏形

大涝坝区块2013年实施注气开发。2013年至2020年主力气层苏维依组气层已完成6轮次注采周期，累计注气量$4.86\times10^8m^3$，目前注气已累计产油量16.14×10^4t，凝析油采出程度35.14%，预计凝析油采收率39.3%，相比衰竭开发(29.0%)提高10.3%，注气开发取得了较好效果。有效改善了区块开发效果，地层压力得到恢复：注气后地层压力由注气前的38MPa恢复至目前41MPa；反凝析得到有效抑制：PVT分析显示凝析油质量浓度出现不同程度上升($72\sim210g/m^3$)，地层凝析油反蒸发效果明显，除此之外，水侵情况也得到了有效控制，区块含水率由24.3%下降至14.8%左右。

积极发挥储气调峰作用，通过冬采夏注，“十三五”期间，累计注气量$3.0\times10^8m^3$，累计采气量$2.8\times10^8m^3$，对平衡季节变化导致的天然气销售供需矛盾起到重要作用。大涝坝区块在反凝析和水侵比较严重的情况下，开发中后期整体实施循环注气取得较好的效果；同时建立了提高采收率兼顾“储气调峰”的注采模式，平衡了注气提高采收率与天然气销售需求之间的矛盾。

(二)建库必要性

1. 储气库是季节调峰、突发事件应急的保证，调节供需平衡

天然气地下储气库是天然气输配系统工程中的重要组成部分，随着天然气在能源结构

中占比不断增大，供气区与用户区的年峰谷差、季峰谷差、管线更换、意外事故等原因出现的供需不平衡现象越来越明显。地下储气库是安全平稳供气和天然气输配系统高效运行的重要保证。

大涝坝凝析气藏储气库工程建成后，工作气量达到 $3\times10^8 m^3$，有利于中国石化上游产能平稳释放，以利用储气库实现削峰填谷，保证供气的可靠性和连续性，调节用气不平衡的矛盾，减轻因供气波动给社会经济和居民生活带来的有害影响。对实现中国石化天然气产业链上中下游的协调发展和整体利益最大化起到良好的促进作用。

2. 储气库建设可以提高企业销售套利，实现最大化利润

通过灵活的调度和运营策略，企业可以根据市场需求和天然气价格变化进行优化，实现最大程度的销售套利。地下储气库可以作为企业应对天然气供需波动的一种策略性工具。当天然气价格上涨时，可以利用储气库储存的低价天然气满足市场需求，从而避免高昂的购买成本，并在价格下跌时将储存的天然气释放出来供应市场，实现利润最大化。

3. 储气库是响应国家能源整体规划要求，增加国家战略储备的重要举措

《天然气发展“十三五”规划》(国家发展改革委办公厅，2016 年 12 月 24 日)中指出：重点推动天然气储备调峰能力建设，加大地下储气库扩容改造和新建力度，支持 LNG 储气设施建设，逐步建立以地下储气库为主，气田调峰、CNG 和 LNG 储备站为辅，可中断用户调峰为补充的综合性调峰系统，建立健全由供气方、输配企业和用户各自承担调峰储备义务的多层次储备体系。另外在《关于加快储气设施建设和完善储气调峰辅助服务市场机制的意见》(发改能源规〔2018〕637 号)中指出：我国地下储气库工作气量仅为全国天然气消费量的 3%，国际平均水平为 12% ~15%；液化天然气(以下简称 LNG)接收站罐容占全国消费量的 2.2%(约占全国 LNG 周转量的 9%)，日韩为 15% 左右；各地方基本不具备日均 3d 用气量的储气能力。多次发生的全国较大范围内出现的天然气供应紧张局面，充分暴露了国内储气能力不足的短板，这已成为制约我国天然气产业可持续发展的重要瓶颈之一。而大涝坝凝析气藏储气库作为中国石化地下储气库“十四五”发展规划的重点项目，该工程建成后有利于中国石化上游产能平稳释放，对实现中国石化天然气产业链上中下游的协调发展和整体利益最大化起到良好的促进作用。

4. 储气库建设可以有效提高管网的利用效率

由于供气区与用户区的年峰谷差、季峰谷差等出现的供气不平衡现象越来越明显，储气库建设可以有效保证前端气井的平稳生产，提高管网的利用系数和输气效率，降低输气成本。同时依托利用西气东输等国家主干管网进行天然气调配，起到优化管网运行的重要意义，因此有必要开展大涝坝凝析气藏储气库的建设。

5. 进行凝析气藏转建储气库建设可以有效提高凝析油的采收效率

基于前期周期强注的开发认识，对油气富集但井网控制却相对薄弱区域，进行井网重构，降低一线井的气窜风险，并以强注采方式，有效恢复地层压力，抑制水侵，提高采收率。

6. 填补国内凝析气藏改建储气库的技术空白

目前，我国深部强边水凝析气藏改建储气库无任何经验技术，通过大涝坝凝析气藏储气库改建工程的实施，可以有效填补我国在这方面的技术空白，并提供开发经验。

二、建库面临的挑战和问题

（一）面临的挑战

（1）气藏开发与枯竭气藏改建地下储气库存在明显差异，主要表现在流动方向双向、周期注采造成的强应力敏感、高注采强度造成的毛管驱动与黏度驱动交替等。

（2）库容计算更复杂多变。含边底水凝析气藏改造后的储气库，随着地层压力的下降，将产生凝析、反凝析、水体侵入等现象，水体侵入将对库容产生影响，因此精确预测储气库水侵量对库容计算具有重要作用。在计算水侵量时，需在常规的边底水凝析气藏的物质平衡的基础上，加入气库运行的概念，建立新的物质平衡模型，对转建气库型的边底水的凝析气藏进行理论分析，定量计算其水侵量，分析其库容影响变化。

（3）相态变化复杂，且可借鉴的开发研究经验较少。超深层（>4500m）边底水凝析气藏建库无先例可借鉴，国内外针对含边底水的凝析气藏改建而成的储气库，其相关储层流体变化的研究还很匮乏，只能通过结合凝析气藏开发方面的相态研究进行分析。凝析气藏储气库相态特征变化比常规气藏复杂得多，在储气库的运行过程中由于相态变化会发生反凝析现象，进一步造成库容以及凝析油产量下降；另外，凝析气藏型储气库在协同采出凝析油的同时，其中的反凝析现象会使地层中有相当一部分凝析油未被采出，造成资源浪费的同时也会影响气库注采能力。

（4）注采扩容效率降低。在周期强注多轮次注采过后，不可动水饱和度和残余气饱和度增大，随着注采轮次增加，高速交互驱替强化了水敏和应力敏感效应，气藏水淹后，气水高速交互驱替造成岩芯储层流体分布更复杂，气水渗流能力下降，严重制约了气藏注气退水扩容效率，水淹气藏注气退水扩容效率随着运行时间增长而下降。

（二）存在的问题

对于凝析气藏提高采收率协同储气库建库，大涝坝区块依然需进行一系列评价和系统的研究。

（1）地质特征需要再认识。2019 年新钻井 DL13 井未钻遇苏维依组上下气层，说明隔夹层分布复杂，需要重新认识。并且地质模型需要根据地质特征再认识进一步完善，包括断层南移、DL13 井苏维依组上下气藏缺失、苏维依组下气层与巴什基奇克组隔夹层调整、苏维依组上气层气水界面调整、储量复算等。

（2）注气后的受效利用情况，气体分布需要进行再研究。大涝坝凝析气田注气量仅为 $30\times10^4\sim40\times10^4\mathrm{m}^3/\mathrm{d}$，受注气量不足影响，地层压力恢复达不到抑制水侵压力，气井产能受水侵影响较大，产能下降。并且受断层及沉积相影响，平面注气受效不均衡。

（3）注气井网需要再设计。在前期注气井网开采条件下，E_3s 上气层凝析油富集在井网控制相对薄弱的区域，现有的井网难以进一步提高凝析油采收率。E_3s 下气层凝析油富集区位于较低部位，需转变井网调整流线提高凝析油采收率。另外，低注高采井网，一线井容易发生气窜。因此需要通过提高注气量、调整注采井网，改善注气开发效果，进一步提升大涝坝凝析气藏采收率。

(4)储气库的库容变化需要再评估。边底水凝析气藏转建储气库需考虑水侵变化以及反凝析现象对库容的影响。

三、提高采收率协同储气库运行方案设计

(一)储气库方案设计思路原则

1. 设计原则

大涝坝储气库工程设计，在借鉴国内外地下储气库建设经验的前提下，充分考虑自身特点，遵循以下原则：

(1)以满足储气库“注得进、存得住、采得出”为原则。

(2)兼顾凝析油采收率进一步提高，提出“安全、经济、高效建库”观念，设计储气库运行方案。

(3)最大限度提高凝析油采收率。

(4)满足储气库调峰功能。

(5)控制边底水入侵，扩大库容，优化储气性能。

(6)充分利用现有井网及地面设施，实现储气库经济高效运行。

2. 设计思路

综合考虑提高气田采收率、储气能力建设2个因素，进行储气库运行方案设计。

(1)根据剩余油分布、气窜情况及水侵状况，整体按高注低采设计井网，局部水侵严重区设计注气井控水。

(2)细分注采单元，保持东西部单元注采平衡。

(3)结合储层物性，根据单井注采能力设计注采井数。

(4)考虑出砂状况，不采用同注同采方式。

(二)运行压力设计

1. 上限压力设计

储气库上限压力确定原则主要是不破坏储气库的封闭性，同时兼顾储气库的目标工作气量，以及对注气压缩机性能参数的影响。

考虑这些因素，根据国内外经验，一般选取气藏的原始地层压力作为储气库的上限压力。大涝坝气田原始地层压力为55.2～56.7MPa，原始地层压力系数为1.12～1.15，地层破裂地层压力为96.5～100MPa，为了不破坏气藏的封闭条件，且合理经济投资，储气库运行上限压力以不超过原始地层压力为宜。因此，选取原始地层压力55MPa作为储气库的上限压力。

根据确定的储气库上限压力 55MPa，对注气压缩机参数进行计算。根据统计分析，近年实际注气过程中注入压力较地层压力低 5.0～6.0MPa 左右。利用节点分析试算上限压力对应的压缩机工作压力为 50MPa 左右。

2. 下限压力设计

大涝坝气田开发中后期转建储气库，反凝析和水侵均较严重，地层中滞留的大量凝析油和气水边界的推进，都对储气库运行影响较大。

考虑储气库运行兼顾提高凝析油采收率作用，储气库下限压力确定的原则：

(1)保证储气库运行的工作气规模，以提高储气库运行效率。

(2)保证储气库采气末期最低调峰能力及维持单井生产能力。

(3)确保当前气水界面不再抬升。

(4)考虑水淹区注气退水扩容效用。

(5)提高凝析油反蒸发能力。

根据储气库注采阶段数值模拟结果(图 3－3－1)表明，储气库注采运行过程中，随着地层水及凝析油的产出，整体地层压力呈规律性逐步下降的趋势。

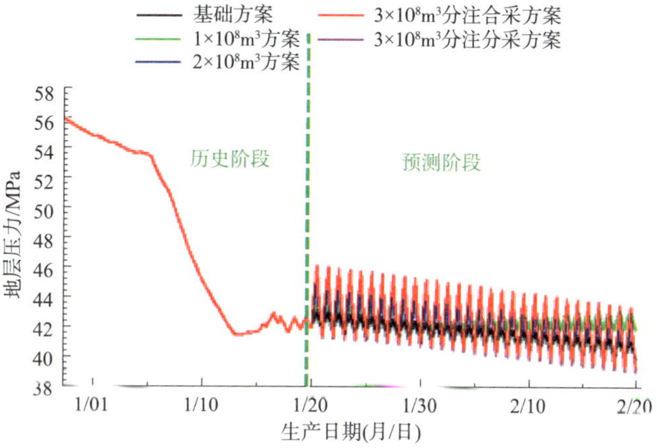

图 3－3－1 储气库运行过程中地层压力变化模拟图

综合以上考量，为确保当前气水界面不再抬升，考虑水淹区注气退水扩容效用，抑制水侵压力 43MPa。而储气库在运行过程中为兼顾提高凝析油采收率，提高凝析油反蒸发能力，需保证地层压力 43～45MPa。

同时，储气库运行过程中，随着地层中滞留的凝析油不断采出，地层流体组分将逐渐轻质化，混相压力将会逐渐降低，凝析油反蒸发最优压力也将会降低。另外，随着凝析油及地层水的不断产出，系统整体地层压力将呈规律性逐步下降的趋势。

因此，为提高凝析油采收率及抑制水侵因素，同时考虑减少补充垫气量提高气库运行经济效益，结合目前各层的地层压力，确定储气库运行下限压力为：苏维依组上气层及下气层的为 43MPa，巴什基奇克组气层的为 47MPa。

(三)运行参数设计

对于储气库库容的确定，常用的容积法适用于原始库容的确定，但是由于大涝坝凝析气藏属于开发中后期实施储气库建设，储层受反凝析和水侵影响严重，储层中多相流体分布复杂，为准确评价储气库库容量，建立考虑反凝析和水侵影响边底水凝析气藏转建储气库库容量计算方法，进而确定储气库库容参数。

1. 库容量计算方法

原始地下储集空间包括剩余凝析气、溢出水溶气、水蒸气、束缚水体积、凝析油体积、净水侵量、岩石、束缚水及凝析油膨胀体积量等(图 3－3－2)，根据大涝坝气田地层流体特征，建立考虑反凝析、水溶气、水蒸气及弹性膨胀、高压凝析气藏物质平衡方程及水侵量计算方程，得出库容量计算方法(图 3－3－3)。

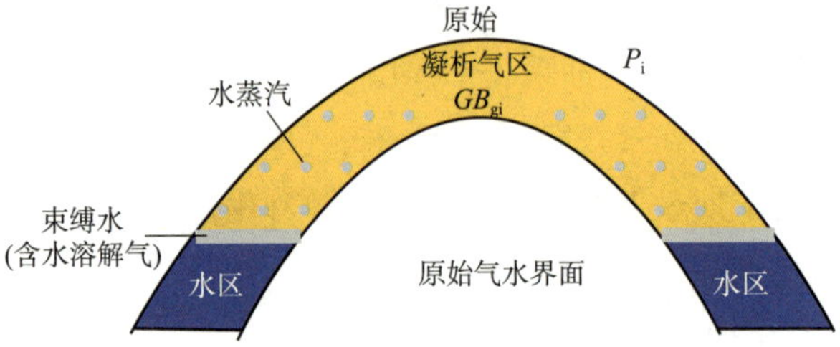

图 3－3－2　原始地下储集空间构成

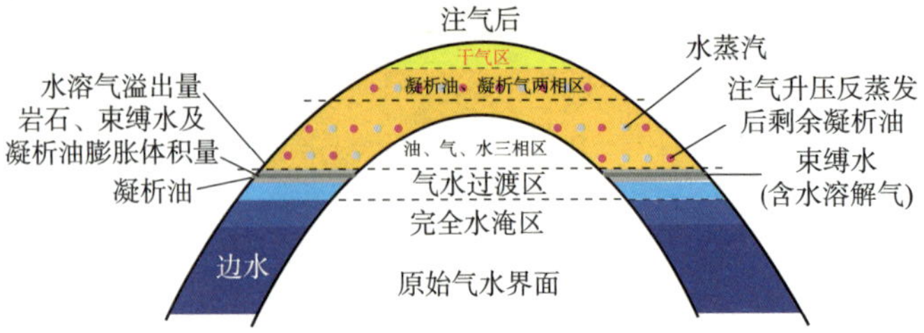

图 3－3－3　注气后地下储集空间变化

根据物质平衡原理，原始地下储集空间 V 可表达为：

$$V=\frac{GB_{gi}}{(1-S_{wi})(1-y_{wi})} \tag{3-1}$$

式中　G——储集层原始天然气储量，$10^8 m^3$；

B_{gi}——原始条件下天然气体积系数，无因次；

S_{wi}——束缚水饱和度，无因次；

y_{wi}——原始压力下气相中水蒸气所占体积分数，无因次。

当边底水凝析气藏生产一段时间，储集层剩余凝析气 V_1 为：

$$V_1=(G-G_p)B_g \tag{3-2}$$

式中　G_p——目前累计凝析气产量，$10^8 m^3$；

B_g——目前地层压力下天然气体积系数，无因次。

边底水凝析气藏生产过程中压力下降，溶解在水中的烃类气体部分溢出，即水溶气体积 V_2 为：

$$V_2=\frac{GB_{gi}S_{wi}(R_{swi}-R_{sw})B_g}{(1-S_{wi})(1-y_{wi})B_{wi}} \tag{3-3}$$

式中　R_{swi}——原始条件下溶解气水体积比，m^3/m^3；

R_{sw}——当前地层压力溶解气水体积比，m^3/m^3；

B_{wi}——原始条件下地层水体积系数，无因次。

已知当前储集层总烃类气体，可获得水蒸气体积 V_3 为：

$$V_3 = (V_1 + V_2) y_w \tag{3-4}$$

式中　y_w——当前地层压力下气相中水蒸气所占体积分数，无因次。

由地下储集层总体积和束缚水饱和度，可获得束缚水体积 V_4 为：

$$V_4 = \frac{GB_{gi}S_{wi}}{(1 - S_{wi})(1 - y_{wi})} \tag{3-5}$$

同理，由地下储集层总体积和凝析油饱和度，可获得凝析油体积 V_5 为：

$$V_5 = \frac{GB_{gi}S_o}{(1 - S_{wi})(1 - y_{wi})} \tag{3-6}$$

式中　S_o——目前地层压力的凝析油饱和度。

由目前累计天然水侵量和累计产水量，可获得水侵量体积 V_6 为：

$$V_6 = W_e - W_p B_w \tag{3-7}$$

式中　W_e——目前累计天然水侵量，$10^8 m^3$；

W_p——当前累计产水量，$10^8 m^3$；

B_w——目前地层压力下地层水的体积系数，无因次。

边底水凝析气藏生产过程中压力下降，岩石骨架变形，束缚水和凝析油组成的液相发生体积膨胀，由岩石、束缚水及凝析油膨胀造成体积变化量 V_7 为：

$$V_7 = GB_{gi}\frac{C_w S_{wi} + C_o S_o + C_f}{(1 - S_{wi})(1 - y_{wi})}(p_i - p) \tag{3-8}$$

式中　C_w——地层水压缩系数，MPa^{-1}；

C_o——凝析油压缩系数，MPa^{-1}；

C_f——地层压缩系数，MPa^{-1}；

p_i——边底水凝析气藏原始地层压力，MPa。

边底水凝析气藏开发一段时间后，地下剩余烃类气体体积 V_{hv-g} 为：

$$V_{hv-g} = V_p(1 - S_{wi} - S_o - \Delta S_w)(1 - y_w) \tag{3-9}$$

式中　V_p——由于地层压力下降后，岩石骨架变形后的储集层空间，$10^8 m^3$；

ΔS_w——边底水侵入储集层中增加的平均含水饱和度。

可通过下式计算获得：

$$\Delta S_w = \frac{(W_e - W_p B_w)(1 - S_{wi})(1 - y_{wi})}{GB_{gi}} \tag{3-10}$$

由式(3-2)和式(3-3)，地下剩余烃类气体体积 V_{hv-g} 还可以表达为：

$$V_{hv-g} = V_1 + V_2 \tag{3-11}$$

由式(3-9)和式(3-11)，可得地层压力下降后岩石骨架变形后的储集层空间 V_p 为：

$$V_p = \frac{V_1 + V_2}{(1 - S_{wi} - S_o - \Delta S_w)(1 - y_w)} \tag{3-12}$$

原始地下储集空间 V 是由地层压力下降后岩石骨架变形后的储集层空间 V_p 与岩石、束缚水及凝析油膨胀造成体积变化量 V_7 组成的，因此，由式(3－1)～式(3－3)、式(3－8)、式(3－10)和式(3－12)可推导如下方程：

$$\frac{GB_{gi}}{(1 - S_{wi})(1 - y_{wi})} = \frac{(G - G_p)B_g + \dfrac{GB_{gi}S_{wi}(R_{swi} - R_{sw})B_g}{(1 - S_{wi})(1 - y_{wi})B_{wi}}}{\left[1 - S_{wi} - S_o - \dfrac{(W_e - W_pB_w)(1 - S_{wi})(1 - y_{wi})}{GB_{gi}}\right](1 - y_w)} +$$

$$GB_{gi}\frac{C_wS_{wi} + C_oS_o + C_f}{(1 - S_{wi})(1 - y_{wi})}(p_i - p) \tag{3-13}$$

式(3－13)是考虑反凝析现象、边底水侵入、水溶气溢出、水蒸气及弹性膨胀的边底水凝析气藏物质平衡方程。

对式(3－13)变形，获得考虑反凝析现象、边底水侵入、水溶气溢出、水蒸气及弹性膨胀的边底水凝析气藏水侵量计算方程为：

$$W_e = \frac{(G_a - G)B_g\left\{1 - \dfrac{B_{gi}(1 - y_w)}{B_g(1 - S_{wi})(1 - y_{wi})}(1 - S_{wi} - S_o)[1 - C_t(p_i - p)] + \dfrac{B_{gi}S_{wi}(RE - R_{sw})}{(1 - S_{wi})(1 - y_{wi})B_{wi}}\right\}}{[1 - C_t(p_i - p)](1 - y_w)} \tag{3-14}$$

根据式(3－14)，代入储量参数和生产动态数据，就可以确定不同注采轮次下的凝析气藏水侵量。

将实验数据拟合出来的凝析油饱和度 S_o 和式(3－10)计算的边底水侵入储集层而增加的含水饱和度 ΔS_w 代入式(3－9)，获得当前地层压力条件下地下剩余烃类气体体积 V_{hv-g}，即为当前地层压力条件下的储气库库容量。

综合考虑边底水水侵量和反凝析出来的凝析油饱和度，根据式(3－9)分别计算运行下限压力和上限压力对应的储气库库容量，进而确定出有效库容量、垫气量和工作气量等储气库运行关键参数(图3－3－4)。

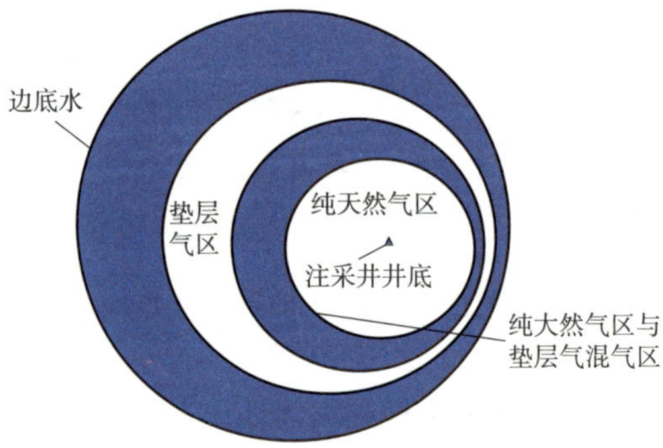

图3－3－4　储气库垫层气与工作气分布图

2. 库容参数设计

1)库容量

根据上述公式计算得出气藏的动态储量为 $36.3\times10^8m^3$，即为理论库容量，但考虑水侵和反凝析影响，计算有效库容量为 $24.68\times10^8m^3$，其中苏维依组上气层有效库容为 $4.95\times10^8m^3$，苏维依组下气层有效库容为 $13.08\times10^8m^3$，巴什基奇克组有效库容为 $6.65\times10^8m^3$。

2)最大工作气量

根据设计大涝坝储气库的上限压力为55MPa，以抑制水侵和反蒸发最优压力43MPa为运行下限压力，根据上述公式计算，最大工作气量 $6.18\times10^8m^3$，占有效库容的25.0%，其中苏维依组上气层最大工作气量 $2.74\times10^8m^3$，占其有效库容的55.4%；苏维依组下气层最大工作气量 $2.55\times10^8m^3$，占其有效库容的19.5%，巴什基奇克组气层最大工作气量 $0.89\times10^8m^3$，占其有效库容的13.4%。

3)垫气量

(1)基础垫气量。当储气库压力下降到气藏废弃时，储气库内残存气量称为基础垫气量。大涝坝气田苏维依组上气层废弃压力39.28MPa，根据上述公式计算废弃压力下动态储量为 $5.55\times10^8m^3$，按动态储量即库容体积，计算基础垫气量为 $5.55\times10^8m^3$；苏维依组下气层废弃压力21.75MPa，根据上述公式计算废弃压力下库容体积为 $4.42\times10^8m^3$，即基础垫气量为 $4.42\times10^8m^3$；巴什基奇克组气层废弃压力17MPa，根据上述公式计算废弃压力下库容体积为 $1.64\times10^8m^3$，即基础垫气量为 $1.64\times10^8m^3$。因此，大涝坝气田三套气层总基础垫气量为 $11.61\times10^8m^3$。

(2)附加垫气量。在基础垫气量的基础上，为提高储气库的压力水平，进而保证采气井能够达到设计产量所需要增加的垫气量为附加垫气量。根据设计储气库下限压力43MPa时，苏维依组上气层从废弃压力39.28MPa算起附加垫气量为 $2.25\times10^8m^3$；苏维依组下气层从废弃压力21.75MPa算起附加垫气量为 $10.44\times10^8m^3$；巴什基奇克组气层从废弃压力17MPa算起附加垫气量为 $5.62\times10^8m^3$，大涝坝气田三套气层附加垫气量为 $18.31\times10^8m^3$。

3. 运行周期设计

地下储气库的主要作用就是调节季节性供气峰谷差，或是在上游发生意外时能保证供气的连续性。大涝坝储气库主要调峰功能根据于管道供气区域的用气不均匀系数规律安排。

基于运行压力以及储气参数设计，结合储气调峰的功能，大涝坝凝析气藏储气库开启了“夏注冬采”的运行模式，考虑到实际的用气情况，设计采气期为每年10月1日—3月17日，共计168d；关井期注气期为4月2日—9月30日，共计182d；中间为了动态监测，进行全气藏关井测压，由于压力恢复一般在15d左右趋于稳定，为准确录取地层压力，同时获得较多的压力平衡时间，设计每年3月18日—4月1日，共计15d为关井监测期。

(四)储气库方案设计

根据现有井网和计算工作气量，库容量进行方案设计，总共设计五套注采设计模拟方案，根据注采气量的不同可分为 $1\times10^8m^3$ 气方案、$2\times10^8m^3$ 气方案和 $3\times10^8m^3$ 气方案，其中 $3\times10^8m^3$ 气方案注采气量大多需打较多新井，因而将 $3\times10^8m^3$ 气方案又进一步划分为打井数较少的分注合采方案和打井数较多的分注分采方案，并以基础方案作为对比方案。

1. 基础方案

基础方案中 E_3s 上气层为 2 注 3 采，下气层为 1 注 4 采，K_1bs 为 1 注 1 采(图 3-3-5)。注采气量的设计则主要考虑实际用气需求，即冬季用气，夏季储气，具体而言，设计 3 月 18 日至 4 月 1 日为压力恢复测试时间，4 月 2 日至 9 月 30 日为注气时间，10 月 1 日至次年 3 月 17 日为采气时间。同时考虑 $2\times10^8m^3$ 的产气量要求，日产气量为 $110\times10^4m^3$，为保持气藏的平稳运行，注采比设计为 1∶1，日注气量约为 $120\times10^4m^3$。单井气量设计时考虑单井实际工况和最大注采能力确定。

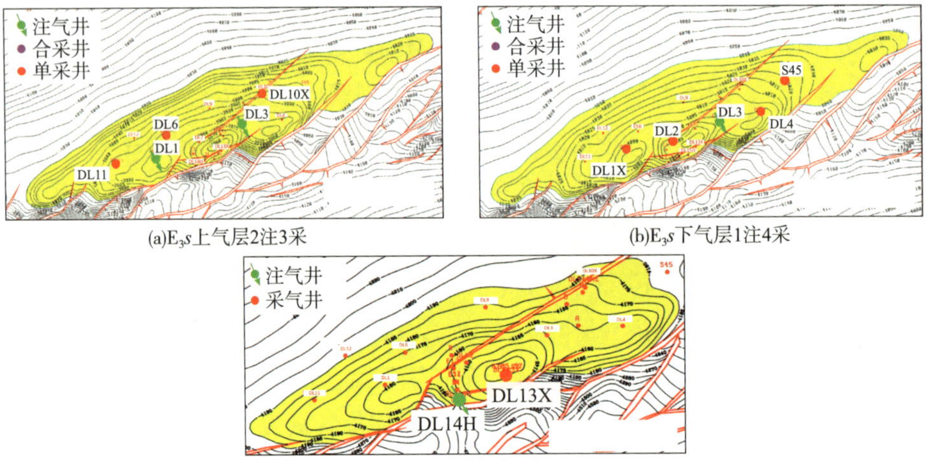

(a)E_3s上气层2注3采　(b)E_3s下气层1注4采

(c)K_1bs气层1注1采

图 3-3-5　大涝坝 E_3s 上、下气层及 K_1bs 气层注采井网情况(基础方案)

2. 方案一：$1\times10^8m^3$ 气方案(新增一口 DL15H 井)

该方案条件下，为了满足注气需求，在 E_3s 上气层新增 DL15H 井，各层位设计井位分布如图 3-3-6 所示。E_3s 上气层设计注入井 3 口，生产井 4 口，其中 DL11、DL9 井 2 口注入井位于边水附近的构造低部位，而生产井位于相对高部位。E_3s 下气层则为 2 注 5 采布局，其中注气井为 DL1X 和 DL3 井。K_1bs 层设计 1 注 1 采，其中 DL14H 井为注气井，DL13 井为产气井。设计日注气能力 $60\times10^4m^3$，日产气能力 $60\times10^4m^3$，年注采能力 $1\times10^8m^3$。

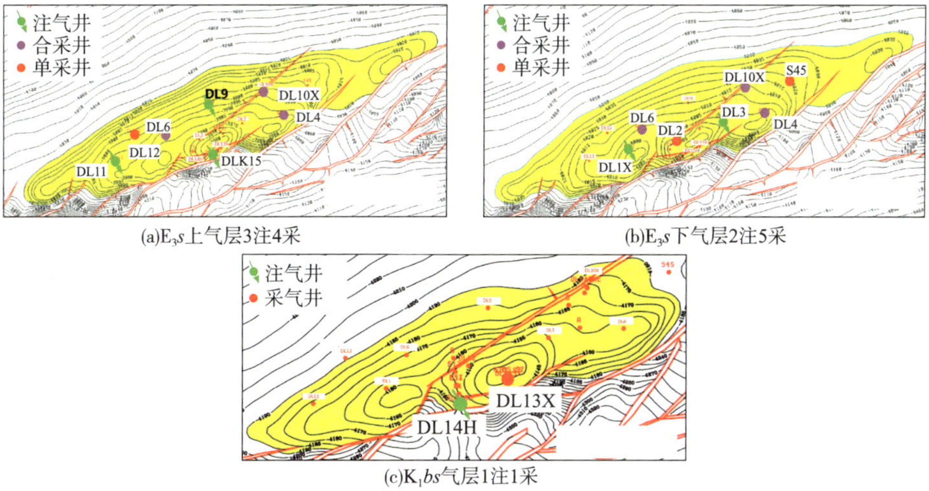

(a)E_3s上气层3注4采　(b)E_3s下气层2注5采

(c)K_1bs气层1注1采

图 3-3-6　大涝坝 E_3s 上、下气层及 K_1bs 气层注采井网情况(方案一)

3. 方案二：$2\times10^8m^3$ 气方案(新增一口 DL15H 井)

为满足 $2\times10^8m^3$ 注气需求，新增 DL15H 阶梯水平井。E_3s 上气层设计 7 口井，其中 3 口为注气井，包括 DL11、DL9 和 DL15H 井，生产井为 4 口，其中 DL12 为单采井，DL4、DL6 和 DL10X 井为合采井。E_3s 下气层设计 3 注 5 采，注气井包括 DL1X、DL3 和 DL15H，生产井包括 DL2 和 S45 两口单采井和 DL4、DL6、DL10X 三口合采井。K_1bs 层为 1 注 1 采，其中 DL14H 井为注气井，DL13 井为生产井(图 3-3-7)。由于东部相比于西部水侵程度低，将东部低含水井设置为生产井，而将西部水侵较为严重的井设置为注采井可以有效控制水侵，提高开发效果。设计日注气能力 $121\times10^4m^3$，日产气能力 $119\times10^4m^3$，年注采能力 $2\times10^8m^3$(表 3-3-1)。

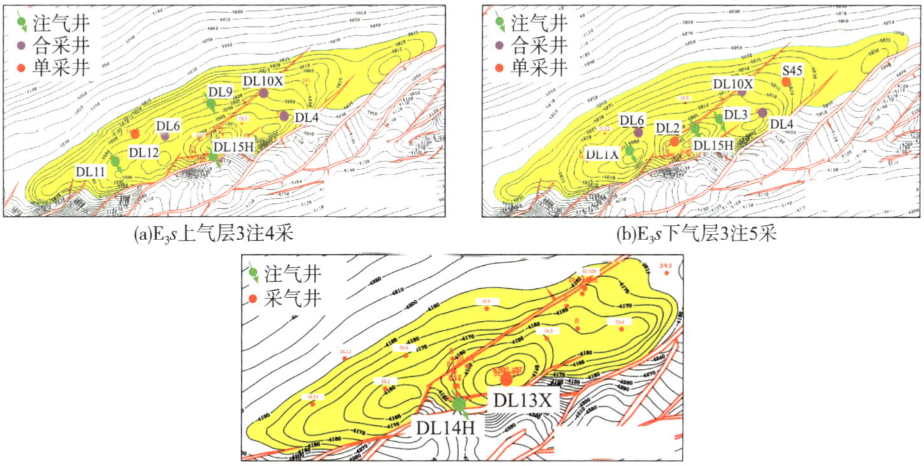

(a)E_3s上气层3注4采　(b)E_3s下气层3注5采

(c)K_1bs气层1注1采

图 3-3-7　大涝坝 E_3s 上、下气层及 K_1bs 气层注采井网情况(方案二)

表 3-3-1　方案二注采气量设计

层位	采气井	日产气量/$10^4 m^3$	注气井	日注气量/$10^4 m^3$
E_3s 上	DL12	15	DL11	13
			DL9	20
E_3s 下	DL2	10	DL1X	18
	S45	20	DL3	20
E_3s 上 + E_3s 下	DL4	28	DL15H	45
	DL6	20		
	DL10X	16		
K_1bs	DL13	10	DL14	5
小计	7 口	119	6 口	110

4. 方案三：$3\times10^8 m^3$ 分注合采方案(新增 DL15H 和 DL16 两口井)

为满足 $3\times10^8 m^3$ 的注气需求，新增 DL15H 阶梯水平井和 DL16 井，上气层为 3 注 5 采，其中 DL11、DL16、DL15H 井为注气井，DL12 为单采井，DL6、DL9、DL10X 和 DL4 井为合采井，下气层为 3 注 6 采，其中 DL1X、DL3 和 DL15H 为注气井，DL2 和 S45 井为单采井，DL9、DL10X 和 DL4 井为合采井。K_1bs 层仍设计为 1 注 1 采，其中 DL14 为注气井，DL13 为生产井。井位布置如图 3-3-8 所示，生产井主要位于构造高部位，形成了高注低采的整体布井模式，有利于提高凝析油的产量。该方案设计日注气能力 $165\times10^4 m^3$，日产气能力 $179\times10^4 m^3$，年注采能力 $3\times10^8 m^3$。

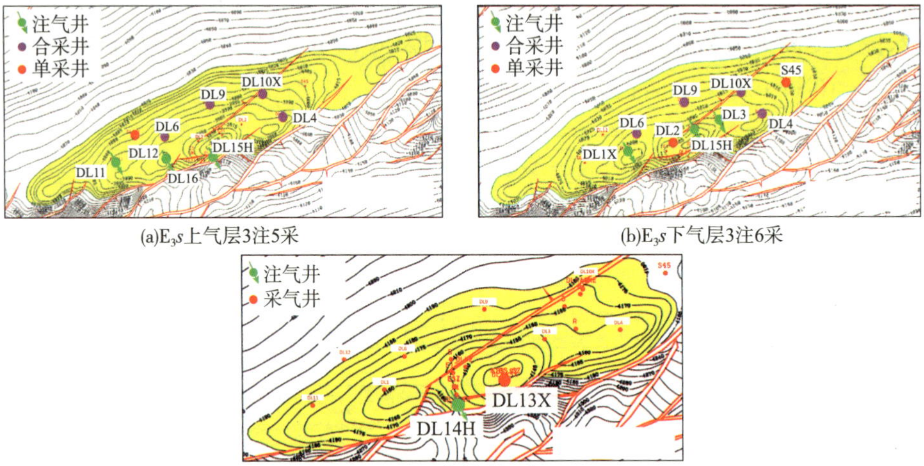

(a)E_3s上气层3注5采　(b)E_3s下气层3注6采
(c)K_1bs气层1注1采

图 3-3-8　大涝坝 E_3s 上、下气层及 K_1bs 气层注采井网情况(方案三)

5. 方案四：$3\times10^8 m^3$ 分注分采方案

为满足 $3\times10^8 m^3$ 分注分采注气需求，新增 DL15H 阶梯水平井和 DL16 井，为满足产气能力，新增 DL17 和 DL18 井。上气层为 3 注 5 采，其中 DL11、DL16、DL15H 井为注气井，DL6、DL9、DL12、DL10X、DL18 井为产气井，下气层为 3 注 4 采，其中 DL1X、

DL3、DL15H 为注气井，DL2、S45、DL4 和 DL17 为产气井，K_1bs 层为 1 注 1 采，其中 DL14H 为注气井，DL13 为产气井。

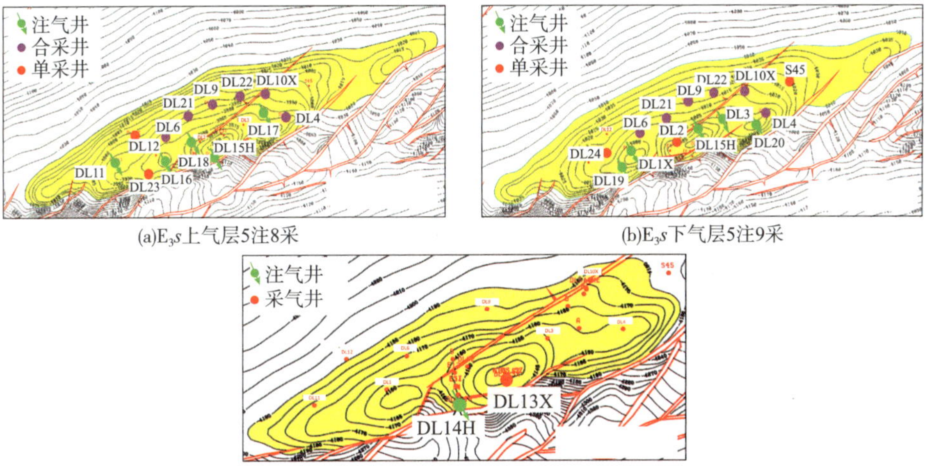

(a)E_3s上气层5注8采　　(b)E_3s下气层5注9采

(c)K_1bs气层1注1采

图 3-3-9　大涝坝 E_3s 上、下气层及 K_1bs 气层注采井网情况(方案四)

(五)方案指标对比

图 3-3-1～图 3-3-12 分别为五种开发方案下的地层压力、凝析油量及产水量的对比。由于各方案均按照设计注采气量生产，因而未绘制产气量对比曲线。从图 3-3-10 中可以看出，五种方案的地层压力变化规律有相似也有不同。相似之处在于各周期的压力均呈现规律性地升高和降低。同时各方案的压力均呈现一定的下降趋势，这主要是注采气量平衡的情况下产出井还会产出侵入的边水和凝析油，因而采出流体的总体积大于注入气体的体积。随着储气库注采轮次增加，在相同压力下的水侵出现不同程度的上升。储气库在多轮次注采过程中，水侵曲线变得逐渐平缓，水侵幅度逐渐平稳，水体侵入和外推逐渐均匀化。此外，压力曲线的涨落幅度也存在较大的差异。总体上看，注气量越大，则压力的涨落幅度也越大，在实际的开发过程中，压力变化剧烈容易引起地层出砂等问题，因而高气量井采时应更加注意地层压力的波动和开发安全。

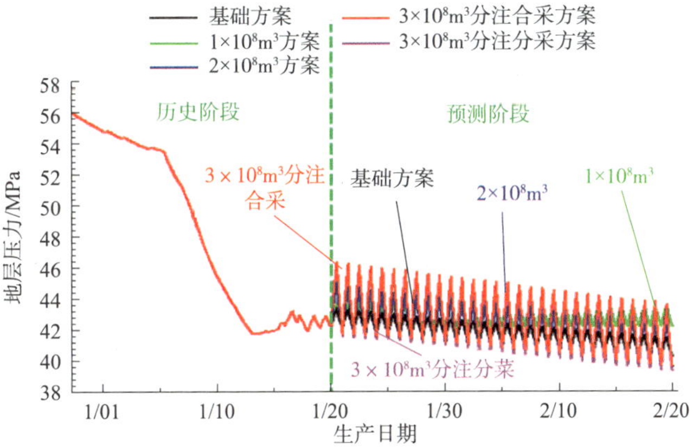

图 3-3-10　地层压力对比

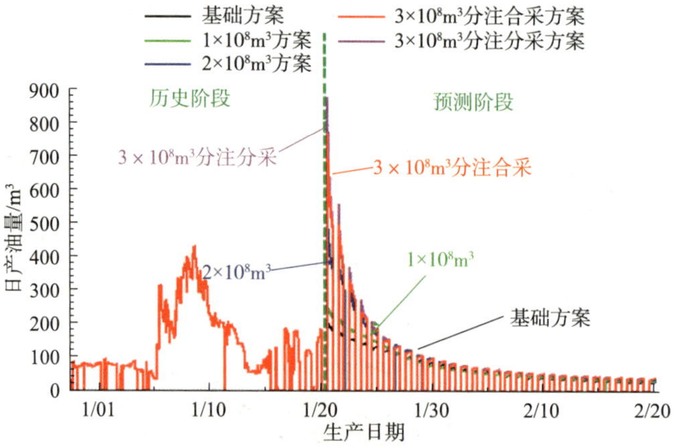

图 3－3－11　产凝析油量对比

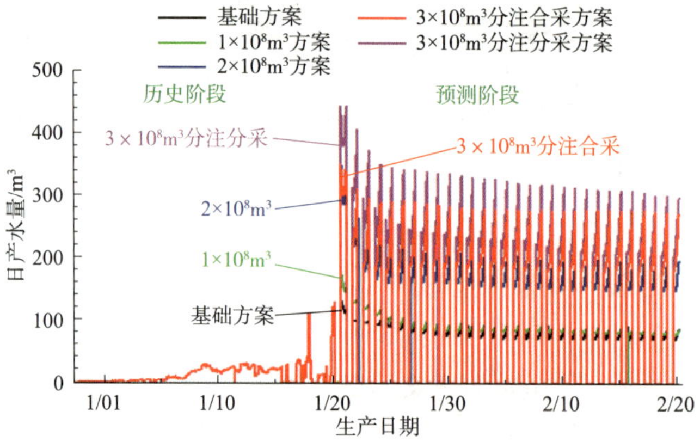

图 3－3－12　产水量对比

图 3－3－11 中可以看出，采气量越大，则凝析油产量也越大，同时对于 $3\times10^8m^3$ 的两套方案而言，分注分采方案的凝析油产量高于分注合采方案。即 $3\times10^8m^3$ 分注分采方案凝析油产量最高，其次为 $3\times10^8m^3$ 分注合采方案，再次为 $2\times10^8m^3$ 方案和 $1\times10^8m^3$ 方案，基础方案的凝析油产量最低。同时各方案在进入高轮次后凝析油产量均出现了明显降低，这主要是因为注采过程中注采井之间慢慢形成连通通道。

利用数值模拟对方案开展提高采收率兼顾天然气季节调峰运行 30a 的开发指标进行预测，如表 3－3－2 所示，$3\times10^8m^3$ 调峰气量方案指标相对最优，但该方案需部署新井 2 口，二次完井修井作业 11 口，日注气量 $165\times10^4m^3$；相比 $3\times10^8m^3$ 调峰气量方案，$2\times10^8m^3$ 调峰气量方案可减少部署新井 1 口，二次完井 8 口，减少 3 口，日注气量减少 $55\times10^4m^3$，可减少压缩机 2 台，但增油量减少 15.1×10^4t，提高采收率降低 4.9%。综合考虑方案整体工程建设投资，由于 $2\times10^8m^3$ 调峰气量方案可减少地面建设投资费用，因此推荐 $2\times10^8m^3$ 调峰气量方案。

表 3-3-2　各方案开发 30 年轮次统计数据汇总

方案类别	新井数	二次完井数	日注气量/10^4m^3	日产气量/10^4m^3	累计产油量/10^4m^3	E_3s 油采收率提高/%	E_3s 期末油采收率/%	油采收率提高/%	期末油采出程度/%
基础方案	0	0	40	45	10.8		32.29		31.7
$1\times10^8m^3$	1	6	60	60	17.6	1.75	41.04	2.2	33.9
$2\times10^8m^3$	1	8	110	119	45.4	9.34	48.63	11.1	42.8
$3\times10^8m^3$（分采）	4	9	165	179	60.5	15.13	54.43	16.0	47.7
$3\times10^8m^3$（合采）	2	11	165	179	58.59	13.26	53.38	14.58	45.23

（六）方案推荐选择

通过对比，推荐按照 $2\times10^8m^3$ 提高采收率兼顾天然气季节调峰方案，方案运行 30a 后整个气田凝析油采出程度 42.8%，预测采收率提高 11.1%。其中，主力气层苏维依组凝析油采出程度达到 48.63%，注气采收率提高 9.34%，注采运行参数表如表 3-3-1 所示。

调峰气量设计为 $2\times10^8m^3$；注采周期则是注气期为 182d(4 月 2 日至 9 月 30 日)，采气期为 168d(10 月 1 日至 3 月 17 日)，每年调峰期末设置关井监测期 15d(3 月 18 日至 4 月 1 日)；运行压力方面，对于 E_3s 上下气层，天然气调峰运行压力区 43～47.5MPa，K_1bs 气层天然气调峰运行压力区间 47～51MPa，即可满足 $2\times10^8m^3$ 调峰气量需要。

目前，大涝坝凝析气藏储气库已完成项目工程建设和第一轮试注注气，随着注气工程的推进，注气效果有待进一步评价。

第四章

注气开发规律及气窜防控技术

与早期循环注气开发的凝析气藏不同，大涝坝凝析气藏于衰竭式开发中后期采用注气开发，注入气与地层中析出的凝析油、凝析气、地层水多相流体相互作用，导致注气开发规律更难以认识，注气效果更难以评价，气窜更难以防控。针对这些问题和挑战，大涝坝凝析气藏通过深入剖析注气开发各个阶段的注气开发规律变化特征，建立注气效果评价体系，总结气窜防控技术，为后续开发方案的调整与制定打下了坚实的基础。

第一节　注气开发规律

一、凝析油动态分布特征

在大涝坝凝析气藏注气开发过程中，注气方案经历了几次调整，各个阶段的注气强度存在差异，导致在各注气阶段中地层流体的相态特征及凝析油的分布特征都各不相同，厘清不同注气阶段中流体相态特征与凝析油分布，能够为后续注气方案的调整提供理论依据，实现气藏的精细化开发。

大涝坝凝析气藏由于注气开发相较于计划滞后两年，气藏反凝析现象进一步加剧，由于长期没有能量补充，采气井近井区域地层压力下降，远远低于露点压力，反凝析现象较为严重，凝析油质量浓度较高，同时由于重力分异的影响，凝析油呈现出非连续相反凝析油位于气藏上部，连续相反凝析油位于气藏下部的分布特征(图 4 –1 –1)。

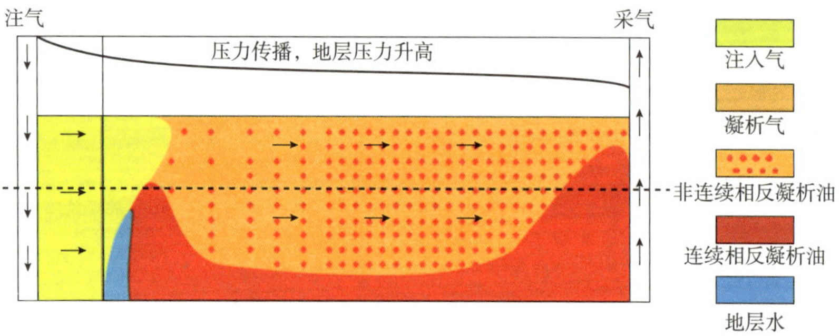

图 4 –1 –1　初始阶段凝析油气分布示意图

此外，在注气过程中，注入气体与凝析气体系之间并非理想情况下的活塞式均匀推进，储层中层内及层间非均质的作用，使得注入气体与凝析气发生分散混合，形成混合带。由于混合带中组分的变化，其相态特征与干气区域及凝析气区域不同，因此会形成一种与凝析气藏衰竭式开发不同的凝析油饱和度分布特征。

在注气开发初期，注入气进入地层后有效补充了近井地带地下采出亏空，使注气井周围地层压力显著回升，区域内不再出现反凝析效应，注气井近井地带形成了低凝析油质量浓度区域。随着注气开发的进行，注气混合带不断向前推进，地层中存在的凝析油在注入气的驱替作用下向采气井方向移动，地层压力不断升高，但采气井的不断产出，导致采气井近井地带地层压力仍低于露点压力，存在凝析油析出，加之注入气对凝析油的驱替作用，采气井近井地带凝析油质量浓度较高，呈现出“驼峰”式分布的特点[图4－1－2(a)、图4－1－2(b)]。在此阶段，采气井产出的凝析油质量浓度较高(图4－1－3)，气油比相较于注气开发之前的阶段有所下降(图4－1－4)。

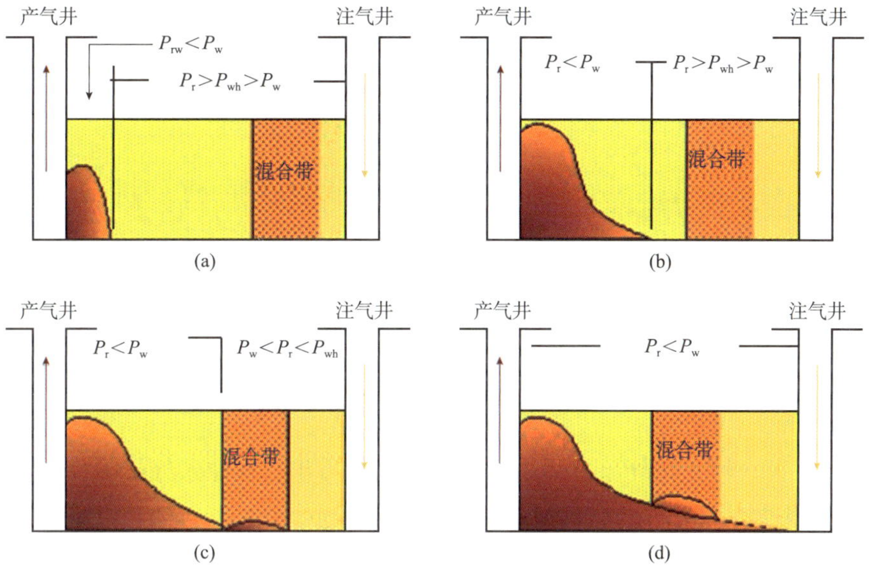

图4－1－2 循环注气过程中凝析油饱和度分布的变化规律

注气开发中期，注气强度进一步提高，使注气前缘继续向前推进，驱替凝析油向采气井方向运移，在驱替前缘之后，由于地层压力进一步回升，使气藏中产生反蒸发作用，部分凝析油变为气相，导致注气井至驱替前缘区域的凝析油质量浓度进一步下降[图4－1－2(c)、图4－1－2(d)]。在此阶段，由于注气前缘已经向前推进了一段距离，气驱油效果有所减弱，相较于注气开发初期，采气井生产的凝析油质量浓度降低(图4－1－3)，气油比也有所升高(图4－1－4)。

此后提出的周期强注方案中，注气强度进一步提高，并以“夏注冬采”的理念进行间歇式注采。在关井强注期间，注入气在气藏中仍然以气驱油作用以及反蒸发作用为主，将凝析油向采气井方向驱替，并在注气前缘之后反蒸发凝析油；在开井生产期间，采气井不断采出导致地层压力下降，气藏中再次出现反凝析现象，凝析油质量浓度升高，气藏中流体相态变化呈现出气驱油－反蒸发－反凝析依次作用、循环往复的特征，气藏中凝析油质量浓度也随着注采周期的变化而不断波动，采气井的凝析油质量浓度以及气油比也因此呈现出上下波动的特征(图4－1－3、图4－1－4)。

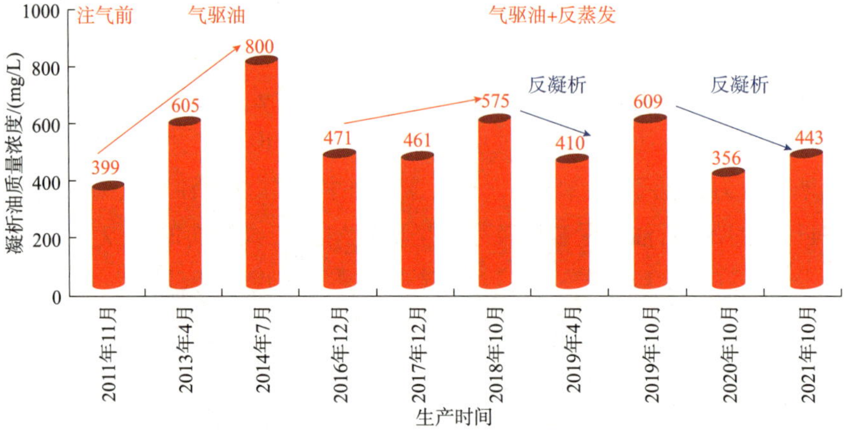

图4－1－3　DL2井凝析油质量浓度变化图

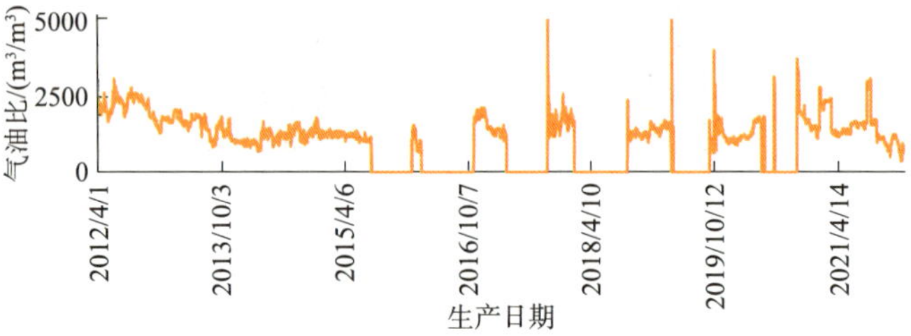

图4－1－4　DL2井气油比变化图

由不同注气阶段中的凝析油分布特征变化中可以看出，在注入气的驱替及反蒸发作用下，凝析油始终向采气井方向运移，并在采气井近井地带形成凝析油相对富集的区域，在周期强注阶段的间歇式注采下，气藏中由于气驱油－反蒸发－反凝析作用的反复循环，凝析油质量浓度呈现出周期性的增加下降特征，采气井的凝析油质量浓度及气油比也因此而上下波动。

二、气藏水侵变化规律

大涝坝凝析气藏开发初期采用衰竭式开发，导致气藏地层压力下降迅速，边水入侵，气藏边部生产井水淹严重，导致难以进行开井生产(图4－1－5)，且边水有向气藏中部继续推进的趋势，极大程度上影响了气藏的开发效果，亟待采取措施抑制水侵，维持气藏正常开发。

在气藏进行注气开发之后，注入气有效地补充了地层能量，延缓了水侵速度，当地层压力回升至一定程度时，注入气开始将侵入气藏的边水向外推，此阶段各生产井含水均有所下降，之前部分边部水淹严重导致关井的生产井也得以成功复产(图4－1－6)，抑制水侵效果较显著，气藏整体开发态势转好。

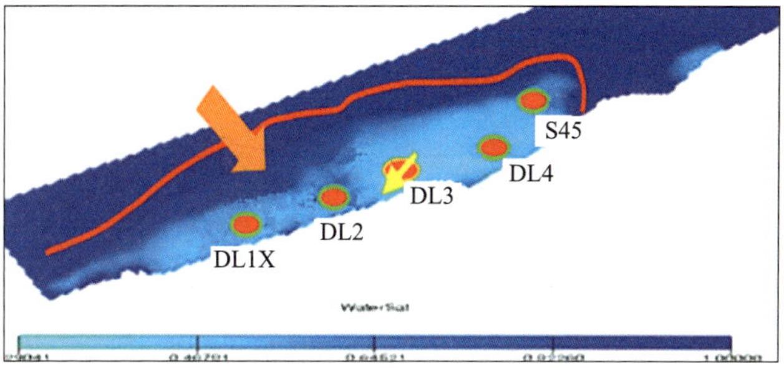

图4－1－5 气藏注气前含水饱和度分布图

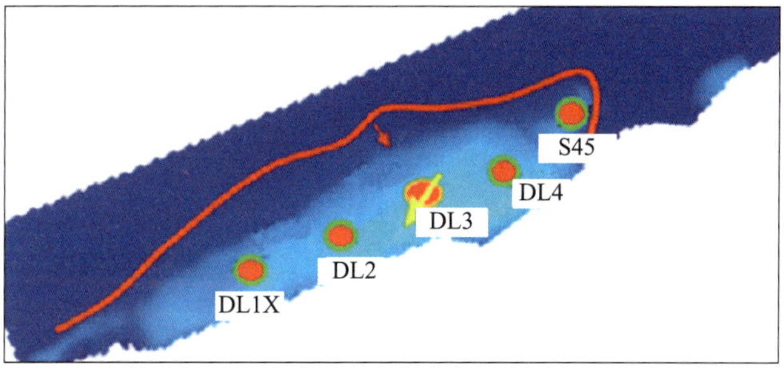

图4－1－6 气藏注气后含水饱和度分布图

注气开发过程中各阶段注气情况不同，气藏地层压力、含水率、水侵量及水侵速度的变化情况也存在差异。在注气开发初期，由于注气相较方案设计滞后两年，与方案设计时对比，生产情况发生了较大变化，苏维依组上、下气层水侵形势更严峻，多数生产井含水率处于较高水平，部分井已经处于水淹停喷状态(图4－1－7、图4－1－8)，气藏整体开发效果较差。

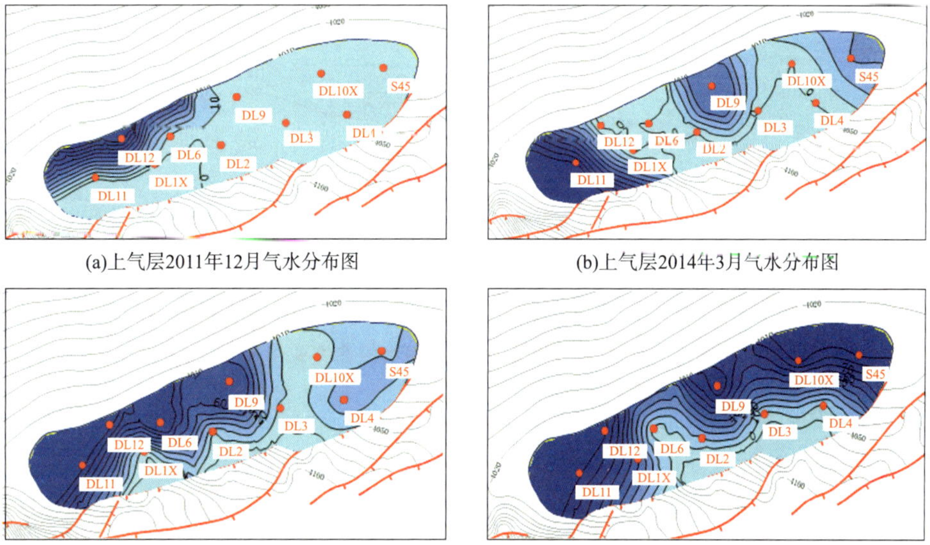

(a)上气层2011年12月气水分布图

(b)上气层2014年3月气水分布图

(c)下气层2011年12月气水分布图

(d)下气层2014年3月气水分布图

图4－1－7 大涝坝气水分布对比图

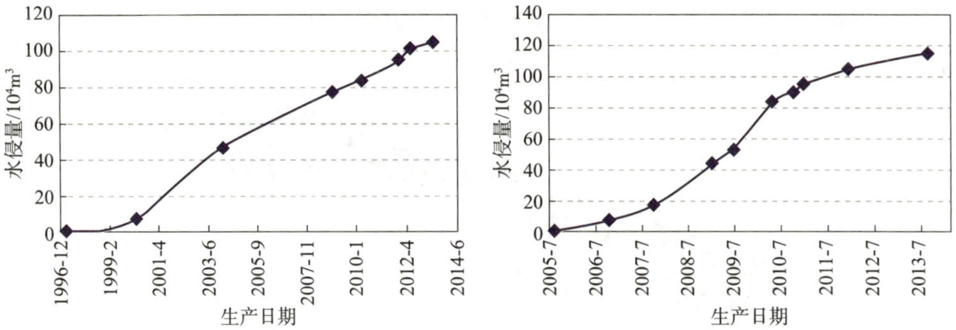

(a)上气层水侵量变化　(b)下气层水侵量变化

图4－1－8　大涝坝水侵量变化曲线

在此情况下，原本设计的温和试注方案注气强度较小，不足以弥补亏空恢复地层压力，只能延缓边水舌进，延缓水侵的速度，气藏各井含水率仍然较高，抑制水侵效果较差。

此后为了实现注气抑制水侵的效果，挽回因注气滞后导致的采收率损失，计划通过进一步增强注气强度，使地层压力回升，抑制边水继续侵入。在这一阶段，得益于较高的注气强度，气藏含水率与水侵量下降较快(图4－1－9、图4－1－10)，实现了注入气外推边水，注气抑制水侵取得了一定成效。

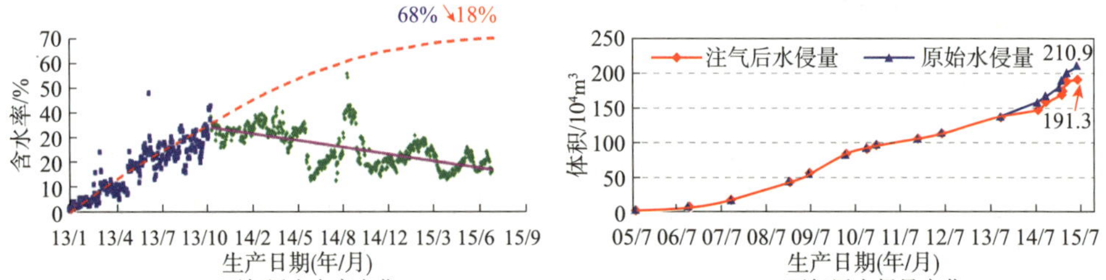

(a)下气层含水率变化　(b)下气层水侵量变化

图4－1－9　下气层含水率和水侵量变化曲线

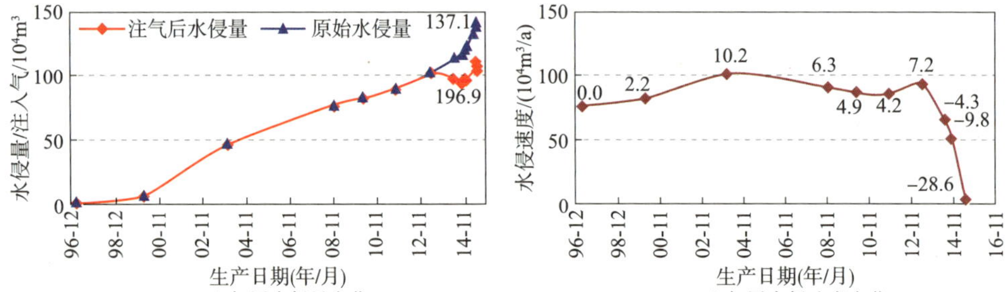

(a)上气层水侵量变化　(b)上气层水侵速度变化

图4－1－10　上气层水侵量和水侵速度变化曲线

基于此前增加注气强度能够有效抑制水侵的认识，也为了更好解决天然气调峰保供与注气需求矛盾，防止连续强注出现气窜和保障注入气充分混相，提出夏注冬采的周期强注方案，注气强度进一步提高。在此阶段由于注气强度高、地层压力迅速回升，且水侵量下降幅度大，抑制水侵效果显著(图4－1－11、图4－1－12)。但由于周期强注阶段采用了间歇注入的方式进行注气，在停注期间地层压力下降，发生边水水侵，注气阶段通过补充地层压力将边水外推，边水水侵呈现出周期往复的态势，气藏含水也因此呈现出上下波动的特征。

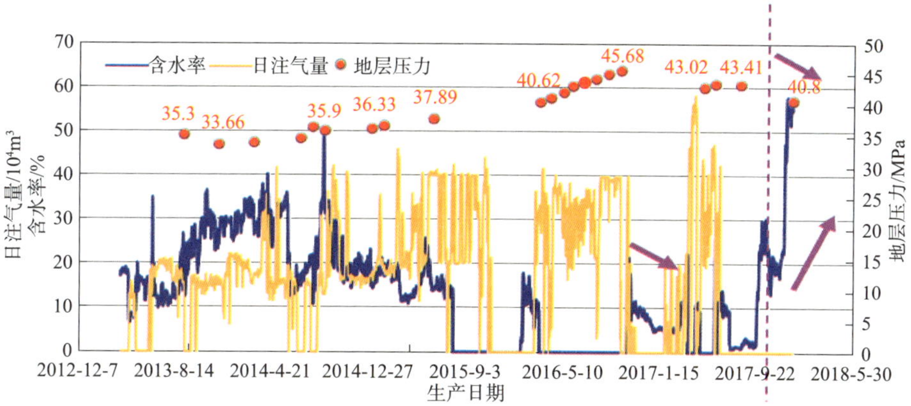

图 4-1-11　气藏下气层注气量与地层压力、含水率的关系曲线

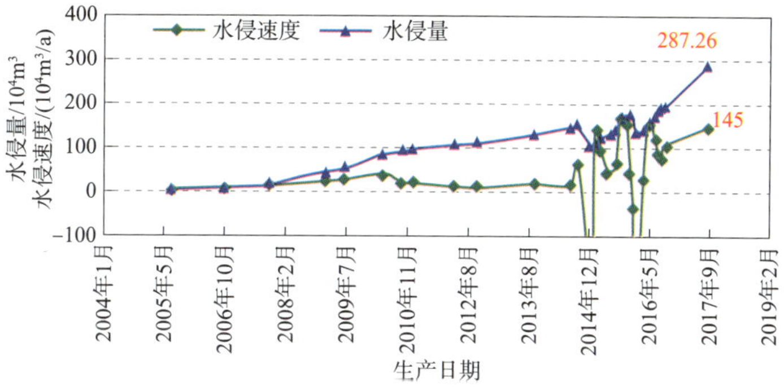

图 4-1-12　气藏下气层水侵曲线

以上各注气阶段中气藏水侵情况变化表明，采用注气开发方式抑制水侵时，注气量与抑制水侵效果关系密切，为了保障气藏的高效稳定开发，必须保持较大的注气强度，以防止边水侵入。而在气藏进行多轮次注采之后，由于气水渗流的阻力增大以及边水能量增加等因素的影响，抑制水侵所要求的注气强度也将会进一步增加。

三、注入气运移规律

(一)单井注入气运移规律

根据注气压力、注气量和吸气指数变化情况，以 2013 年 DL9 井试注过程为代表，单井注入气运移可分为六个阶段(图 4-1-13)。

1. 第一阶段(补充近井亏空阶段)

4 月 22 日至 6 月 29 日，这一阶段注入压力低，注气量和吸气指数高。注气压力 31.3MPa，日注气量 $19\times10^4m^3$，吸气指数 $3.91\times10^4m^3/(d\cdot MPa)$，阶段累计注气量 $400\times10^4m^3$，折算地下体积 $1.6\times10^4m^3$，此阶段为注入气补充近井地带采出亏空。

2. 第二阶段(压缩水段塞阶段)

6月30日至7月11日，这一阶段注气量不变，注入压力上升、吸气指数下降，阶段累计注气量$231\times10^4m^3$，折算地下体积$0.92\times10^4m^3$，此阶段为注入气遇到油气水三相流，渗流阻力增加，压缩水段塞。

3. 第三阶段(平稳推进阶段)

7月12日至9月11日，这一阶段注入压力、注气量和吸气指数稳定，调整注气量后，注气压力和吸气指数同步响应。注气压力40.3MPa，日注气量$20\times10^4m^3$，吸气指数$1.60\times10^4m^3/(d\cdot MPa)$，阶段累计注气量$816\times10^4m^3$，折算地下体积$3.26\times10^4m^3$，此阶段为注入气平稳推进。

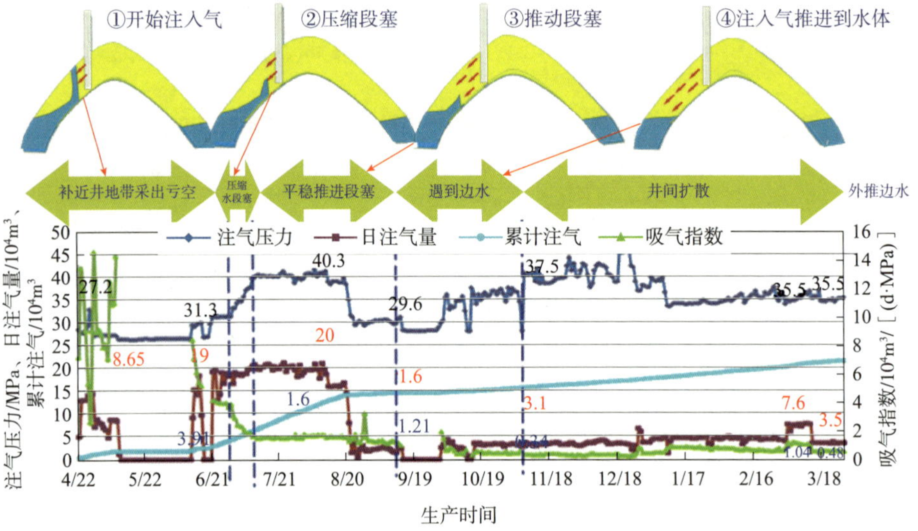

图4-1-13　DL9井注气压力、注气量与吸气指数曲线

4. 第四阶段(遇到边水阶段)

9月12日至11月3日，这一阶段注气量基本不变、注气压力上升、吸气指数下降。注气压力36.3MPa，日注气量$3.2\times10^4m^3$，吸气指数$0.35\times10^4m^3/(d\cdot MPa)$，阶段累计注气量$168\times10^4m^3$，折算地下体积$0.7\times10^4m^3$。此阶段为注入气遇到边水，抑制边水继续舌进。

5. 第五阶段(井间扩散阶段)

11月4日之后，注气量小幅上升、注气压力上升、吸气指数下降。注气压力41MPa，日注气量$3.4\times10^4m^3$，吸气指数$0.27\times10^4m^3/(d\cdot MPa)$，阶段累计注气量$54\times10^4m^3$，折算地下体积$0.2\times10^4m^3$。初步认为此阶段为注入气遇到边水水体后被弹回，逐渐开始向井间或邻井扩散驱油，继续向采气井方向推动原有段塞过程。

6. 第六阶段(外推边水阶段)

井间扩散阶段中，由于注气量较少导致地层压力回升较慢，注入气遇到边水水体后不足以驱动边水，主要向井间或邻井扩散驱油。后续阶段中，随着注气强度的提高，地层压力回升较快，当地层压力回升至一定程度时，注入气开始将侵入气藏的边水向外推，起到抑制水侵的效果。

(二)气藏尺度注入气运移规律

大涝坝凝析气藏通过开展流体相态相渗实验，明确注入气在地层中主要有三种作用和运动方式，分别为驱替作用、组分分异作用、分散混合作用。驱替作用对应注入气均匀驱替反凝析油、剩余气，注入气形成优势通道，产生气窜两种运动方式；组分分异作用对应注入气向上的重力超覆运动；分散混合作用对应相间传质(蒸发、混相)以及注入气与地层流体混相作用。

1. 平面运动规律

由于大涝坝凝析气藏西部采气井较多，累计产量相较于东部的更高，导致气藏西部地层亏空更严重。气藏不同区域的生产情况差异也造成了地层压力分布不均衡。在注气初期，各层吸气指数较高，注入气主要补充近井地带地下采出亏空，而由于气藏西部亏空较大，在不同区域地层压差的作用下，注入气倾向于向气藏西部运移，使气藏西部成为注入气优势运移方向(图 4－1－14)。而在补充亏空阶段结束后，注入气开始向井间或邻井扩散，驱替凝析油运移，在此过程中由于气藏非均质性的存在，注入气向各个方向运移的渗流阻力存在差异，主要向高渗方向突进。

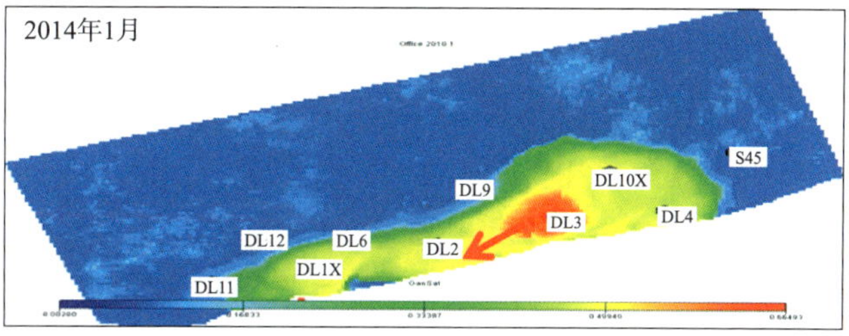

图 4－1－14　初期注入气运移示意图

2. 纵向运动规律

气藏纵向上，注入气主要受到组分分异作用的影响，运动方式以重力超覆为主，同时也受到注采位置的影响。气藏苏维依组上气层由于边部局部水侵严重，综合考虑水侵治理策略后，主要采用低注高采井网进行注气开发，注入气由位置较低的注入井进入地层后，在重力超覆作用的影响下主要贴着储层顶部向采气井运动，导致注入气波及范围较小。苏维依组下气层以反蒸发提高凝析油采收率为主，因此采用高注低采井网模式，主要是高部位注气，中低部位采气的布井方式，防止重力超覆效应，在注采井构造位置相当的情况下，注入气在储层纵向上的分布较均匀，波及范围也较大(图 4－1－15)。

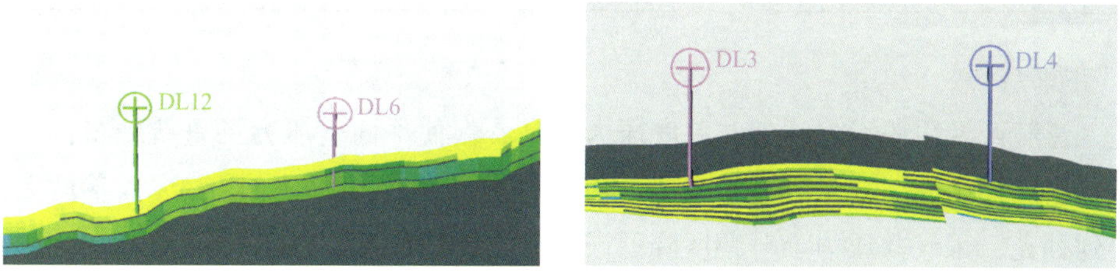

(a)大涝坝上气层剖面含气饱和度图　(b)大涝坝下气层剖面含气饱和度图

图 4－1－15　气藏剖面含气饱和度图

第二节　注气效果评价指标体系

一、单井受效评价指标体系

在大涝坝凝析气藏注气开发过程中，为了实现单井受效情况的定量评价，根据凝析气藏注气开发机理，首先结合生产动态变化特征、流体相态特征和流体组分特征，分别建立生产动态评价体系、流体相态评价体系和流体组分评价体系；然后综合这三类评价体系，建立井口压力、相图、密度、组分等 15 种参数的综合评价体系；最后这套综合评价体系可判断气驱油、气窜、反蒸发和抑制水侵四种作用对注气开发效果的影响。

(一)生产动态评价体系

生产动态评价参数，主要有井口压力、日产油量、日产气量、气油比、日产水量、含水率、水气比等 7 项参数，其中 4 项参数定量评价气驱、气窜和反蒸发作用，6 项参数定量评价抑制水侵作用，如表 4－2－1 所示。

表 4－2－1　采气井生产数据响应标准

分类		井口压力	日产油量	日产气量	气油比	日产水量	含水率	水气比
气驱	变化情况	稳－升	稳－升	上升	稳－降	—	—	—
	定量判断	3 日平均值上升 0.033～0.067MPa	月递减 <－1.2%	月递减 －34%～－10%	小于 4%	—	—	—
气窜	变化情况	上升	下降	上升	上升	—	—	—
	定量判断	3 日平均值上升 大于 0.067MPa	月递减 >20%	月递减 <－34%	升 20% 以上	—	—	—
反蒸发	变化情况	略升	稳－略降	稳－略升	略升	—	—	—
	定量判断	3 日平均值 0～0.033MPa	月递减 －1.2～20%	月递减 10%～－10%	变化 4～20%	—	—	—
抑制水侵	变化情况		稳－升	稳－升	上升	稳－降	稳－降	稳－降
	定量判断		月递减 <－10%	月递减 <－60%	升 30% 以上	0～5%	月变化 <30%	月水气比 <－10%

1. 井口压力

进入注气开发阶段后，注气井井底压力升高，促使平面上压力场重新分布，采气井压力保持一定的稳定性，并呈现上升趋势，该阶段主要为气驱作用。随着注入量增大，地层能量得到补充，采气井压力上升幅度降低或者基本保持稳定，注入气前缘发生比较明显的反蒸发作用。当采气井压力出现突然上升，且上升速度高于气驱阶段，这表明注入气已突破到采气井，发生了气窜。

大涝坝采气井压力在注气一段时间后均出现不同程度的上升，且每口井的上升斜率基本一致，没有出现斜率下降(反蒸发)和突然增加(气窜)，说明以气驱油作用为主。选取3日平均油压进行比较，油压上升的拐点出现在油压相差0.033～0.067MPa，选取这个范围为气驱油过程。将油压低于0.033MPa的阶段视为反蒸发过程，油压高于0.067MPa的阶段视为气窜过程。

2. 日产油量、日产气量和气油比

凝析气藏采用衰竭式开发方式生产，当地层压力低于露点压力时，气相中的凝析油就会在多孔介质中部分析出，并且吸附在岩石的表面，几乎不能流动，损失在地层中，这就是在凝析气藏开发中特有的反凝析现象。由于反凝析的影响，凝析油损失，表现在生产中为气井日产油量下降、生产气油比上升。

若凝析气藏出现反凝析后再采用循环注气保压的方式开采，在注气开发初期，随着天然气注入地层，对地层内前期滞留的凝析油产生驱替作用，部分凝析油溶解在凝析气中，导致采出的凝析气中凝析油质量浓度增加，表现在生产中为气井日产油量大幅上升、日产气量不变或略有上升，生产气油比下降。

随着注入气逐渐增多，一方面，注入干气进入地层与湿气混合，使地层中湿气的组分变轻，打破了注气前湿气与凝析油的相平衡状态，凝析油即反向蒸发到组分变轻的凝析气中。另一方面，由于干气的不断注入，与附着在岩石孔隙表面的油膜接触面积变大，干气与油膜接触较充分，有利于干气与凝析油的组分交换，从而使凝析油不断被蒸发采出地面。这一阶段的生产特征表现为日产油量基本稳定，日产气量稳定或略有上升，生产气油比稳定或略有上升。

随着注入气量不断增多，直至凝析气藏发生气窜后，采气井采出凝析气中伴有大量干气注入，凝析气组分变轻，凝析气中凝析油质量浓度降低。表现在生产中为日产油量大幅下降，日产气量大幅上升，生产气油比大幅上升。

大涝坝气驱过程日产油量月递减小于-1.2%，日产气量月递减介于-34%～-10%，气油比变化小于4%；气窜过程日产油量月递减大于20%，日产气量月递减小于-34%，气油比变化大于20%；反蒸发过程日产油量月递减介于-1.2%～20%，日产气量月递减介于-10%～10%，气油比变化介于4%～20%。

3. 日产水、含水率和水气比

利用除油压外的6项参数定量评价抑制水侵作用。大涝坝抑制水侵过程中日产油量月递减小于-10%，日产气量月递减小于-60%，气油比上升大于30%，日产水量变化介于0～5%，含水率月变化小于30%，月水气比小于-10%。

(二)流体相态评价体系

凝析气藏衰竭式开发过程中，当气藏发生反凝析以后，气藏露点压力不断降低，相包络线和临界点不断左移。同时由于反凝析的影响，凝析气中的凝析油被不断析出，导致凝析油质量浓度不断下降。

当凝析气藏处于循环注气驱油阶段，注入气对前期滞留在地层中的凝析油产生驱替作用，部分凝析油溶解在凝析气中，导致凝析油质量浓度大幅增加。同时，气驱替的凝析油较重，与凝析气混合之后，导致凝析气的露点压力上升，且可能远高于原始露点压力，相包络线及临界点右移。

凝析气藏进入循环注气反蒸发阶段后，凝析油反蒸发到凝析气中，使得凝析油质量浓度有所增加，同时，露点压力较注气前有所上升，相包络线及临界点略微右移或基本无偏移。

循环注气开采的凝析气藏发生气窜后，由于采气井采出凝析气中伴有大量注入干气，凝析气组分变轻，凝析气中凝析油质量浓度降低，相包络线及临界点左移。同时由于干气的存在，露点压力较注气前上升，甚至可能略高于原始露点压力。

大涝坝凝析气藏 PVT 实验结果有三种变化特征，对应气驱油、反蒸发、气窜三种相态变化。

气驱油相态特征：①包络线右偏，偏向于油藏方向，即液相中重质组分显著增加；②临界点右偏，偏向于油藏方向；③露点压力比地层压力高 10MPa 以上，液相中重质组分要大幅加压情况下才能溶解于气相中[图 4－2－1(a)左图]。最大反凝析液量较注气前高 2%，甚至高于原始地层条件下的[图 4－2－1(a)右图]，高出部分是液相产出。

反蒸发相态特征：①包络线基本无偏移；②临界点基本无偏移；③露点压力与地层压力接近，在 －2～2MPa 左右[图 4－2－1(b)左图]。注气前后最大反凝析液量无大的变化，变化范围 －2%～2%[图 4－2－1(b)右图]。

气窜相态特征：①包络线左偏，偏向于干气藏－湿气藏方向；②临界点左偏，偏向于干气藏－湿气藏方向；③露点压力比地层压力高 2～10MPa[图 4－2－1(c)左图]。最大反凝析液量降低小于 2%，类似于反凝析加重，凝析油损失增加特征[图 4－2－1(c)右图]。

注气开发过程中气驱、反蒸发、气窜等是相互转化的，DLK4 井在 2013 年底表现出包络线右偏、反凝析液量增加的气驱油特征，2014 年 10 月表现出包络线左偏、反凝析液量减小的气窜特征。

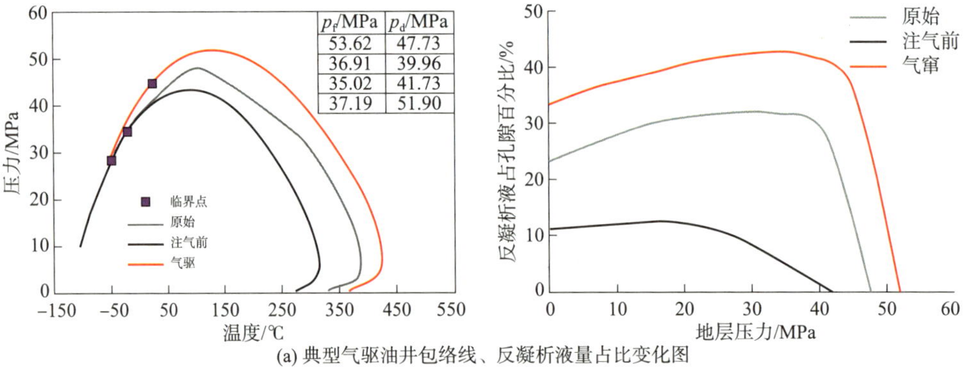

(a) 典型气驱油井包络线、反凝析液量占比变化图

图 4－2－1　典型气驱油、反蒸发、气窜井 PVT 包络线和反凝析液量占比变化图

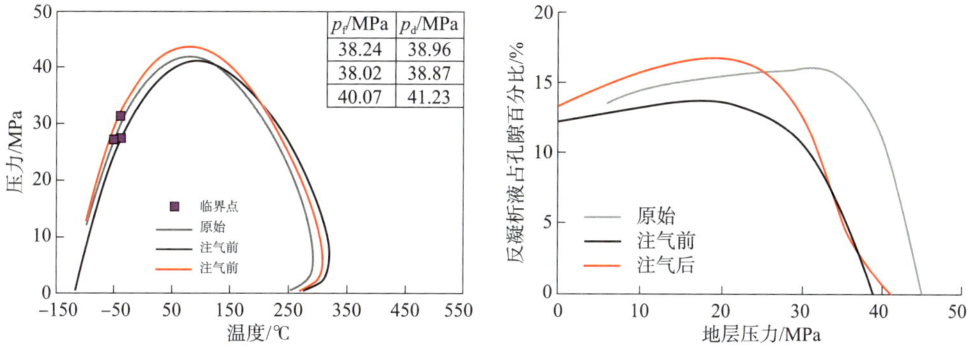

(b) 典型反蒸发井包络线、反凝析液量占比变化图

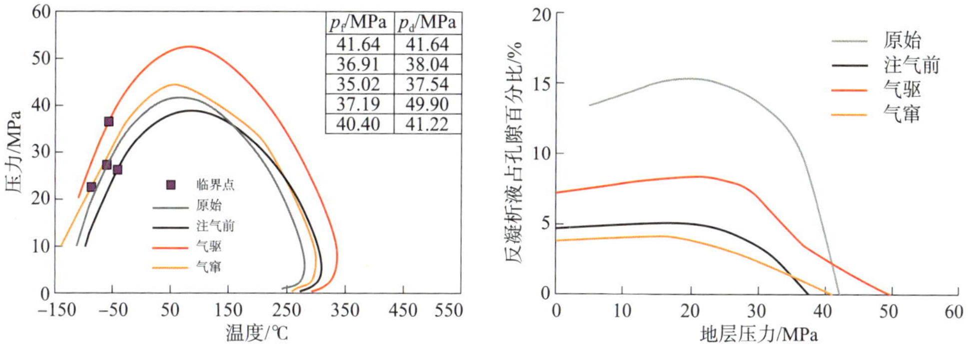

(c) 典型气窜井包络线、反凝析液量占比变化图

图 4－2－1 典型气驱油、反蒸发、气窜井 PVT 包络线和反凝析液量占比变化图(续)

(三)流体组分评价体系

地面流体组分是指气井产出流体在地面条件下的组分。地面流体组分主要包括地面产出原油密度、地面产出天然气密度、天然气 CH_4 含量等参数。

凝析气藏衰竭式开发过程中，当地层压力低于露点压力后，由于反凝析的影响，凝析气中的重质组分不断析出，滞留在地层中，地面产出原油、天然气密度不断下降、天然气中 CH_4 含量不断增加，天然气中 C_{2+} 含量不断减少。

在循环注气气驱油阶段，注入的天然气对地层内前期滞留的凝析油产生驱替作用，使得这部分凝析油随着凝析气中原有的凝析油一起产出，导致地面产出原油密度增大，而地面产出天然气密度、天然气中 CH_4 含量、天然气中 C_{2+} 含量基本保持稳定。

而在循环注气反蒸发阶段，由于注入气逐渐增多，使得凝析油反向蒸发到凝析气中，使得凝析气密度增大，导致地面产出天然气密度、天然气中 C_{2+} 含量增大，天然气中 CH_4 含量减少，而地面产出原油密度基本保持不变或略有下降。

当循环注气发生气窜，采气井采出凝析气中伴大量干气注入，使得地面产出天然气密度、天然气中 C_{2+} 含量大幅下降，天然气中 CH_4 含量大幅上升，而地面产出原油密度基本保持不变。

从大涝坝凝析气藏流体化验数据筛选出原油密度、天然气密度、C_1 含量和 C_{2+} 含量 4 项参数。气驱、气窜、反蒸发作用，各项参数变化情况如表 4－2－2 所示。

表4-2-2　采气井流体组分响应标准

分类		原油组分		天然气组分					
		原油密度	图例	天然气相对密度	图例	C_1	图例	C_{2+}	图例
气驱	变化情况	增加	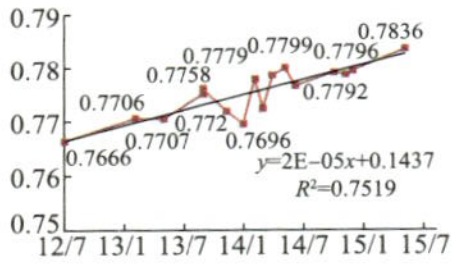	稳定	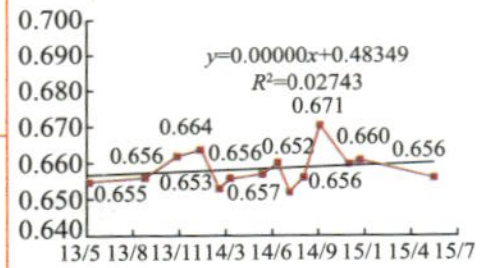	稳定	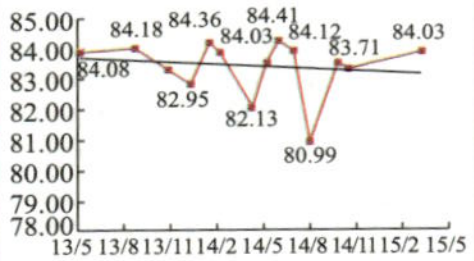	稳定	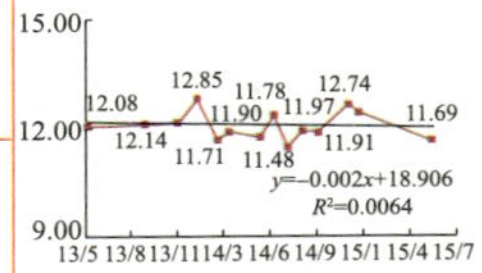
	定量判断	变化＞0.005		变化范围 -0.02～0.02		变化范围 -2%～2%		变化范围 -2%～2%	
气窜	变化情况	稳定或略升	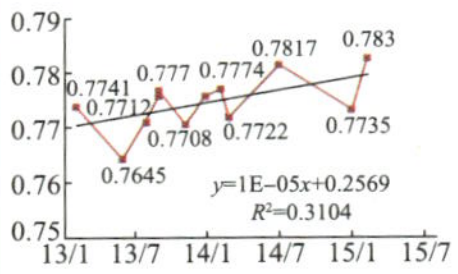	下降	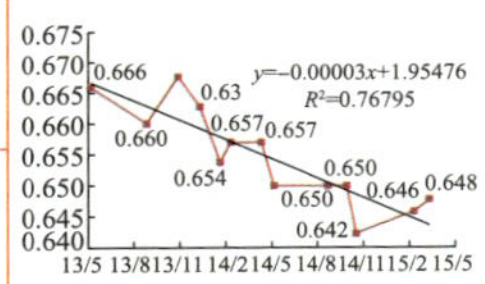	上升	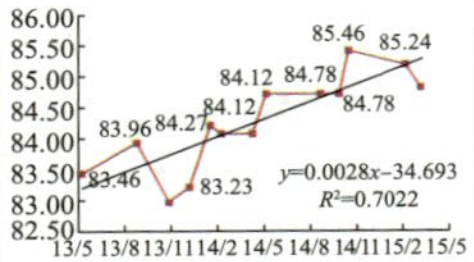	下降	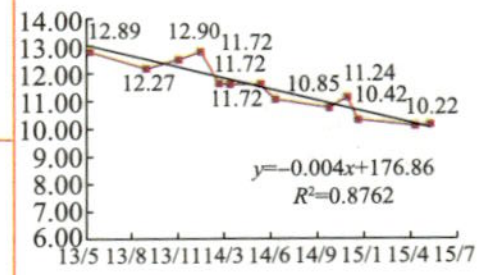
	定量判断	0～0.005		变化范围 ＜-0.02		变化范围 ＞2%		变化范围 ＜-2%	
反蒸发	变化情况	稳定或略升	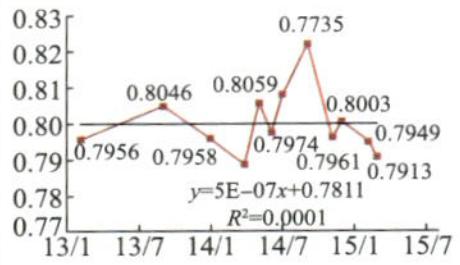	上升	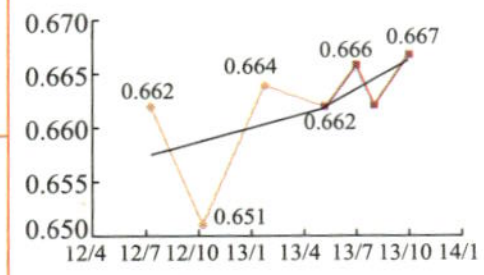	下降	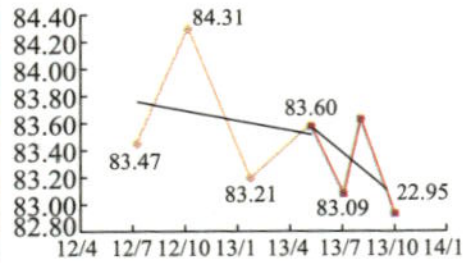	下降	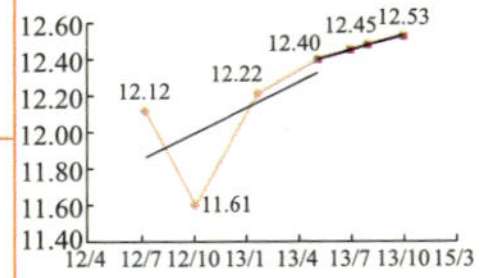
	定量判断	变化＜0		变化范围 ＞0.02		变化范围 ＜-2%		变化范围 ＞2%	

1. 原油密度

大涝坝注气后采气井原油密度均呈上升趋势。结合气油比变化情况判断，没有发生气窜，据此给出各作用下原油密度变化范围。气驱过程原油密度增加大于0.005g/cm^3，气窜过程原油密度变化介于0～0.005g/cm^3，反蒸发过程原油密度稳定或下降。

2. 天然气组分参数

大涝坝气驱过程天然气相对密度变化介于－0.02～0.02，C_1含量变化介于－2%～2%，C_{2+}含量变化介于－2%～2%；气窜过程天然气相对密度下降小于－0.02，C_1含量增加大于2%，C_{2+}含量下降小于－2%；反蒸发过程天然气相对密度上升大于0.02，C_1含量下降小于－2%，C_{2+}含量上升大于2%。

（四）气窜辅助评价指标

凝析气藏循环注气开发进入中后期，注入气窜入生产井是必然的。为了提高循环注气开发效果，延缓注入气气窜的发生是关键。实施延缓气窜的对策，首先需识别哪些生产井较早发生气窜，何时发生气窜。

目前国内外现场识别气窜的方法主要有动态分析方法和示踪剂跟踪法。对于预测干气突破的时间，国内外目前没有较好的方法预测，数值模拟预测方法是其中之一。

表4－2－3给出了凝析气藏循环注气气窜评价标准。

表4－2－3 循环注气气窜评价标准

判断方法	参数	取值	是否气窜
压力判断法	P/P_{wf}	明显上升/出现拐点	是
气油比判断法	δGOR	>20%	是
C_{5+}含量判断法	δC_{5+}	<－45%	是
物质的量分数判断法	$(C_2+C_3)/C_1$	发生突变	是
干气波及系数判断法	k	>0.1且δGOR>20% >0.36且δGOR>30%	单井气窜 井组气窜
示踪剂判别法	是否响应	响应强	是

1. 压力判断法

当注入气到达生产井时，此时注气井与生产井之间存在较好的压力传递，使得注入压力会在生产井的压力上反映出来。采气井油压明显上升，预示着该井气窜。

当注入气突破至生产井的井底时，井底流压变化会出现一个明显的拐点。在恒定的注入流量和采出量的条件下，气窜前的压降速度比气窜发生后的快。也就是说，在循环注气开发过程中，随着注气量的不断累计，注气突破后生产过程中消耗的原井能力将大幅降低。

2. 气油比判断法

在循环注气过程中，由于注入气的超覆运动，会导致气油比的快速上升。在注气实践中总结出用气油比的变化率δ判断气窜，即当前的气油比与注气前稳定气油比的差值，与注气前稳定气油比的比值：

$$\delta GOR = \frac{(GOR_{目前} - GOR_{注前})}{GOR_{注前}} \quad (4-1)$$

经过对柯克亚凝析气田众多井的数值模拟计算后，认为气油比变化率超过20%，即为单井气窜。

3. 井流物中 C_{5+} 含量变化率判断法

因为注入气向生产井突进过程中，地面产出井流物中 C_1 含量会逐渐上升，而 C_{5+} 含量会逐渐减少，所以在注气实践中总结出了采用井流物中 C_{5+} 含量的变化率 δC_{5+} 判断气窜，即注气后的 C_{5+} 含量与注气初期稳定 C_{5+} 含量的差值，与注气初期稳定 C_{5+} 含量的比值：

$$\delta C_{5+} = \frac{(C_{5+目前} - C_{5+注前})}{C_{5+注前}} \quad (4-2)$$

通过对气窜各单井井流物中 C_{5+} 含量变化的分析总结，得出井流物中 C_{5+} 含量减少45%左右，且其后井流物中 C_{5+} 含量趋于稳定状态，则说明该井已经气窜。

4. 井流物中物质的量分数变化判断法

同井流物中 C_{5+} 含量变化率判断法类似，利用发生气窜时井流物组分变化识别气窜。注入气向生产井突进过程中，地面产出井流物中 C_1 含量会逐渐上升，而 C_2+C_3 含量保持稳定，所以在注气实践中总结出了利用 $(C_2+C_3)/C_1$ 的比值，如果发生突变即判定为气窜。

5. 干气波及系数判断法

乌克兰专家伊万诺夫来华讲学介绍的凝析气田气体前缘突破时波及系数的方法为：

$$k = \frac{W_1}{W_2} \quad (4-3)$$

式中 k——波及系数；

W_1——注入气体体积，10^4m^3；

W_2——原始储量，10^4m^3。

对于柯克亚气田：当 $k>0.1$，且 $\delta GOR>20\%$ 时，表明单井气窜；当 $k>0.36$，且 $\delta GOR>30\%$ 时，表明井组全面气窜。

6. 示踪剂判别法

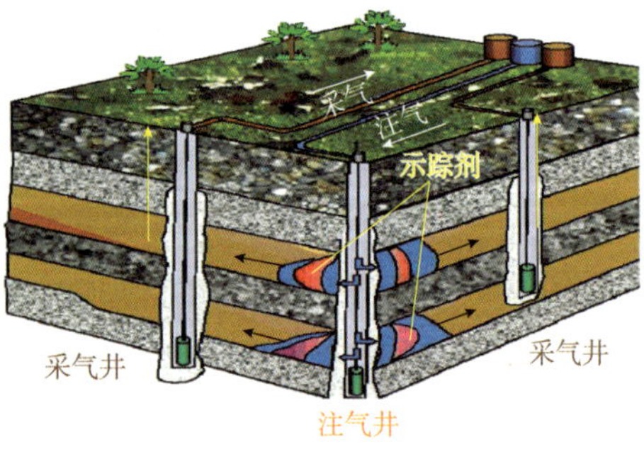

图4-2-2 井间示踪剂测试过程示意图

井间示踪剂监测技术的基本原理(图4-2-2)是参照测试井组的有关动静态资料，设计测试方案，选择、制备合适的示踪剂，在测试井组的注入井中添加示踪剂，按照制定出的取样制度，在周围的生产井中取样，然后在实验室进行示踪剂分析，获取样品中的示踪剂含量，并绘制出生产井的示踪剂采出曲线。将测试井组的示踪剂采出曲线与动静态资料等相关资料输入计算机软件拟合计算和分析，最终可得到注入气体的运动方向、推进速度、波及情况、储层非均质性等参数，从而确定出气井是否发生了气窜。

二、注气开发效果评价指标体系

针对循环注气凝析气藏注气开发效果的评价指标主要包括气窜率、注气利用率、气藏压力保持程度等 9 个(表 4－2－4)，通过将 9 个指标的标准分加权，综合进行开发管理水平量化评价。

表 4－2－4　凝析气藏循环注气开发效果指标评价表

序号	项目		类别			标准分
			一	二	三	10
1	气窜率/%		≤30	30～50	≥50	10
2	注气利用率/%		≥80	60～80	≤60	10
3	气驱控制程度/%		≥80	60～80	≤60	10
4	气驱动用储量程度/%		≥75	60～75	≤60	10
5	气油比年递增率/%		≤5	5～9	≥9	10
6	凝析油质量浓度年递减率/%		≤－15	－15～15	≥15	10
7	压力保持程度/%		≥85	70～85	≤70	10
8	注气稳产年限/a		≥5	3～5	≤3	10
9	凝析油采收率增加程度/%	高孔高渗	≥20	12～20	≤12	20
		中孔中渗	≥15	10～15	≤10	
		低孔低渗	≥12	6～12	≤6	
		特低孔特低渗	≥10	5～10	≤5	
10	综合得分		—			88

实际评价为一类者得标准分的 100%；二类者得标准分的 70%，三类者得标准分的 50%。综合评价，大涝坝气窜率 10 分，注气利用率 10 分，气驱控制程度 7 分，气驱动用储量程度 7 分，气油比年递增率 10 分，凝析油质量浓度年递减率 7 分，压力保持程度 7 分，注气稳产年限 10 分，凝析油采收率增加程度 20 分。根据各因素加权，最终计算大涝坝凝析气田为 88 分，注气开发效果较好。

(一) 气窜率

在单井动态分析中，气井的单井气窜量与单井产量的百分比称为气窜率。单井气窜量越大，产气量上升速度越快，表明气井气窜越强烈，注气效果较差，没有针对注采井实施气窜防控措施或是防控措施收效甚微。

结合牙哈凝析气藏稳定生产条件下的气窜率与凝析油产量的下降率，定义气窜率小于等于 30% 为一级，30% ～50% 为二级，大于等于 50% 为三级。

(二) 注气利用率

注气利用率定义为注入气存留在地下的体积与气藏孔隙体积的比值，通常用于表征注入气对地层压力保持，以及气窜现象的综合作用。根据有关注气利用率系数的评价方法，定义注气利用率大于或等于80%为一级，60%~80%为二级，低于或等于60%为三级。

（三）气驱控制程度

气驱控制程度是指现有井网条件下，与注气井连通的生产井射孔有效厚度与井组内生产井射开总有效厚度之比。考虑不存在高渗条带气窜的情况下，可引用SY/T 6219—1996中的分级定义，即气驱控制程度大于或等于80%为一级，60%~80%之间为二级，小于或等于60%为三级。

（四）气驱动用储量程度

考虑气体的超覆作用、纵向上的层间气窜和实际动用情况，在现有井网条件下，按年度所有测试注气井剖面资料计算，定义总吸气剖面厚度与注气井总射开连通厚度之比为气驱动用储量程度。在不考虑存在高渗条带的情况下，可引用SY/T 6219—2023中的分级定义，即气驱控制程度大于或等于75%为一级，60%~75%之间为二级，小于60%为三级。

（五）气油比年递增率

从反凝析损失方面出发，整个气藏的气油比变化率反映了整个开发过程中所有措施的有效率。气油比升高幅度增大，一方面说明反凝析损失增加，另一方面说明注入气的气窜程度加剧。

生产气油比年递增率定义为本年平均生产气油比与上一年平均生产气油比的差除以上一年平均生产气油比的百分数。定义循环注气凝析气藏生产气油比年递增率小于或等于5%为一级，5%~9%为二级，大于或等于9%为三级。

（六）凝析油质量浓度年递减率

采出气中凝析油质量浓度的递减率反映了循环注气开发过程中注气均衡驱替和保持压力方面双重作用的效果。凝析油质量浓度年递减率定义为注气前采出气中凝析油质量浓度减去某时间采出气中凝析油质量浓度的差与注气前采出气中凝析油质量浓度的比值的百分数。评价标准中定义凝析油质量浓度年递减率小于或等于-15%为一级，-15%~15%为二级，大于或等于15%为三级。

（七）压力保持程度

气藏中压力保持程度越高，凝析油反凝析损失越小，但在露点压力之上保持地层压力实际意义不大，还会造成资源的浪费、降低气藏开发的经济效益。因此定义压力保持程度=(露点压力-实际区间压力)/(露点压力+合理生产压差)。

在地层中，凝析油的反凝析损失区间为露点压力与CVD最大反凝析压力之差。因此，定义压力保持程度大于或等于85%为一级，70%~85%为二级，小于或等于70%为三级。

（八）注气稳产年限

注气稳产年限是指循环注气过程中气藏采气速度在1.0上下变化不超过0.05个百分点的稳定生产年限。定义稳产年限大于等于5年为一类，小于5年、大于等于3年为二类，小于 3 年为三类。

（九）凝析油采收率增加程度

凝析油采收率增加程度定义为循环注气凝析气藏凝析油采收率减去衰竭式开发凝析油采收率的差与衰竭式开发凝析油采收率的百分比。循环注气的目的在于提高凝析油的采收率，所以该指标是衡量凝析气藏注气开发效果的重要指标，其所占比重最高。因凝析气藏采收率受孔渗性影响，根据不同油气藏种类，给出采收率不同的分类标准参考值，对于高孔高渗储层，定义凝析油采收率增加程度大于等于 20% 为一类，小于 20%、大于 12% 为二类，小于等于 12% 为三类；中孔中渗储层凝析油采收率增加程度大于等于 15% 为一类，小于 15%、大于 10% 为二类，小于等于 10% 为三类；低孔低渗储层凝析油采收率增加程度大于等于 12% 为一类，小于 12%、大于 6% 为二类，小于等于 6% 为三类；特低孔特低渗储层凝析油采收率增加程度大于等于 10% 为一类，小于 10%、大于 5% 为二类，小于等于 5% 为三类。

三、实例分析

根据建立的注气效果评价标准，选取典型井 DL4 井的生产曲线（图 4－2－3）进行注气受效情况的详细分析。

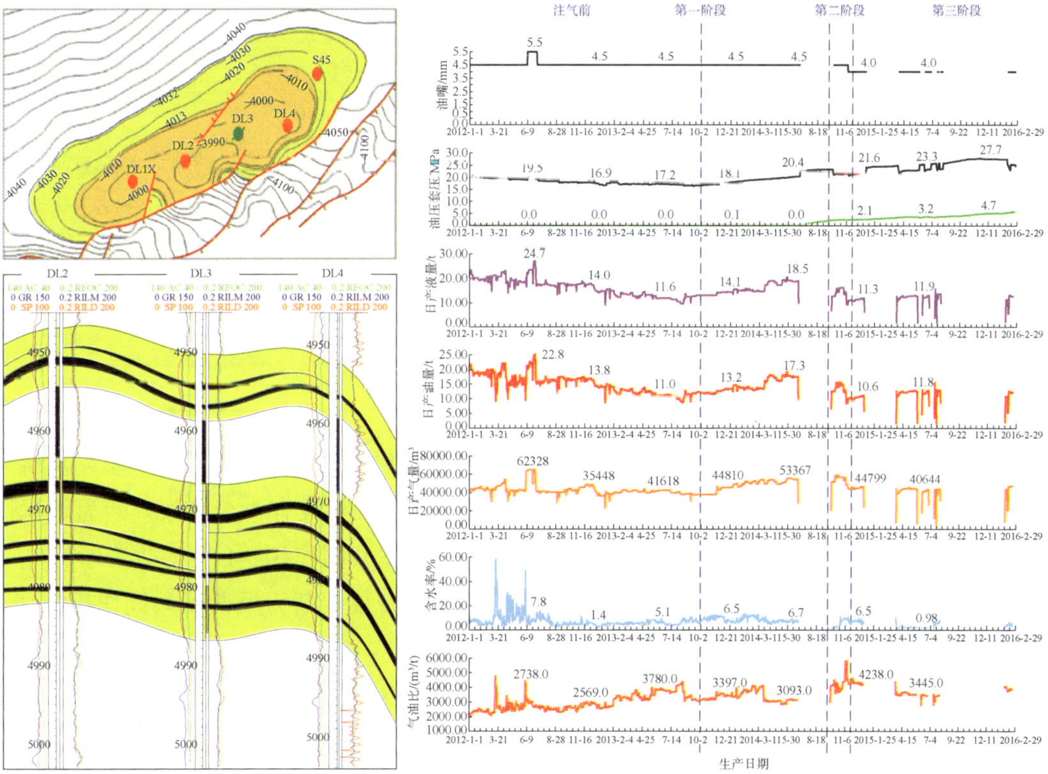

图 4－2－3　DL4 井生产曲线

DL4 井为大涝坝凝析气田上的一口生产井，与注气井 DL3 井距离 769m，未注气时该井生产平稳，注气 21d 后油压开始上升，油气产量上升。注气 1a 后日产气量增加较多，气油比出现上升，分析存在气窜迹象。改变工作制度后，气油比下降，逐渐恢复到前期水平，至目前油压稳定，油气产量稳定(图 4－2－3)。根据生产情况，将该井注气后的生产分为三个阶段，分阶段统计出各参数变化情况(表 4－2－5)。

表 4－2－5　DL4 井各阶段参数变化统计表

大类	小类	注气至 2014 年 9 月	2014 年 10 月—2014 年 11 月	2014 年 12 月至今
生产动态评价参数	日平均油压/MPa	0～0.33	0.067～1.0	0～0.33
	日产油量月递减/%	－56～2.1	－16.9～9.3	－8.8～12.1
	日产气量月递减/%	－32～9.7	－36～－17	－12～－11
	气油比变化/%	－15～10	15～29	－2.8～3.0
	日产水量月变化/%	－1～1.7	－0.38～0.47	－1～0.4
	含水率月变化/%	－4.6～5.9	－2.1～2.7	－3.8～1.5
	气水比变化/(m^3/m^3)	31～125	－54～25	－80～34
判断结果		气驱＋反蒸发	气驱＋气窜	气驱＋反蒸发
流体分析评价参数	原油密度变化/(g/cm^3)	－0.001～0.009	0.0081～0.0085	0.0089～0.0129
	天然气密度变化/%	－0.016～0.002	－0.016	－0.024～－0.018
	C_1 含量变化/%	－0.23～0.89	1.31～1.32	1.4～2.0
	C_{2+} 含量变化/%	－1.75～0.01	－2.04～－1.65	－2.67～－2.47
判断结果		气驱	气驱	气驱
PVT 评价参数	包络线形态	均匀向外移	向左偏	向右偏
	临界点位置	向左上移动	向左下移动	向右上移动
	反凝析液量变化/%	3.3	－4.3	6.5
	露点压力－地层压力/MPa	12.7	5.8	10.6
判断结果		气驱＋反蒸发	气窜	气驱
综合评价		气驱＋反蒸发	气窜	气驱

从各参数变化情况分析，该井第一阶段有 6 个参数判断为气驱作用，3 个参数判断为反蒸发作用，3 个参数判断为气驱和反蒸发共同作用；第二阶段有 4 个参数判断为气驱作用，6 个参数判断为气窜，1 个参数判断为气驱和反蒸发共同作用，1 个参数判断为气驱和气窜；第三阶段有 9 个参数判断为气驱油作用，1 个参数判断为反蒸发共同作用，1 个参数判断为气驱和反蒸发，1 个参数判断为气窜。

因注入气非均匀扩散，局部范围内天然气达到反蒸发量，发生反蒸发作用，动态上表现为气驱与反蒸发同时发生。该井距注气井较近，易发生局部范围的反蒸发作用，结果表明第一阶段以气驱作用为主，伴有反蒸发；第二阶段的生产参数与 PVT 参数均显示有气窜迹象；第三阶段经工作制度调整之后，气窜迹象消失，各参数显示主要为气驱作用。

第三节 气窜防控技术

凝析气藏采用注气开发时，由于储层非均质性的存在以及注入气体的黏度较低、油气密度差异引发的重力超覆现象的影响，注气过程中注入气会在地层中发生气窜，导致注入气的波及范围变小，开发效果变差，很大程度上影响开发的经济效益。大涝坝凝析气藏缓解气窜主要采取的手段为根据气藏地质情况，针对注气开发中的射孔方式、注采井网、注采井距、注采方式等方面进行优化，使注入气与凝析油充分接触，延缓气窜现象的过早发生，从而提高注气开发的效果。

一、注采井网设计防气窜

调整注采井网能够改变注入气在地层中的运移规律，增大注入气的波及范围，延缓气窜的发生，大涝坝凝析气藏对于注采井网的调整主要体现在采用高注低采井网、采用跨高点两翼注采井网、使用大井距生产三个方面。

(一) 高注低采井网

高注低采井网的注气井位于构造高点，采气井位于构造低部位(图4-3-1)，在进行注气开发时，注入干气在重力分异作用下向顶部聚集，并将低气油比的凝析气向低部位驱替，从而增加注入气的波及范围，延缓气窜时间。采用高注低采井网进行注气开发时，需要监督注采压差和气油比变化，及时做出优化调整。

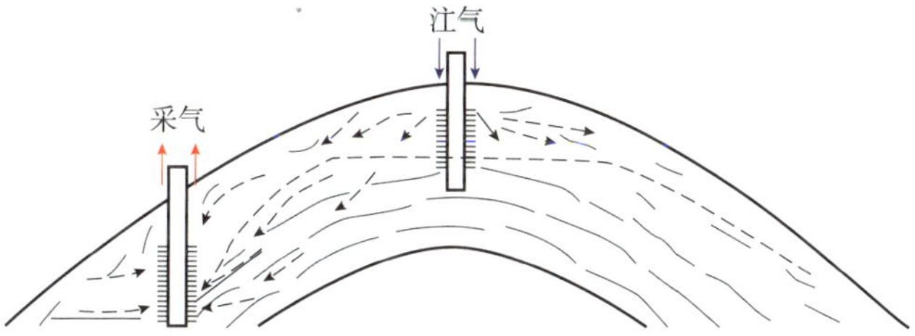

图4-3-1 高注低采井网示意图

(二) 跨高点两翼注采井网

跨高点两翼注采井网的注气井和采气井分别位于构造高点两翼(图4-3-2)，注气开发时，注入干气向构造高点扩散运移，并聚集形成“干气气鼎”，将构造高点的凝析气向下驱替，延缓气窜现象的发生。

(三) 大井距生产

当井距较小时，注入气从注入井到达采气井的途径短，更易发生气窜。大井距生产的累计产油量高于基础井距的，且生产气油比上升较缓慢。因此，注采井组在受效范围内尽量增大注采井间的井距，有助于提高注入气波及效率，具有抑制气窜的效果。

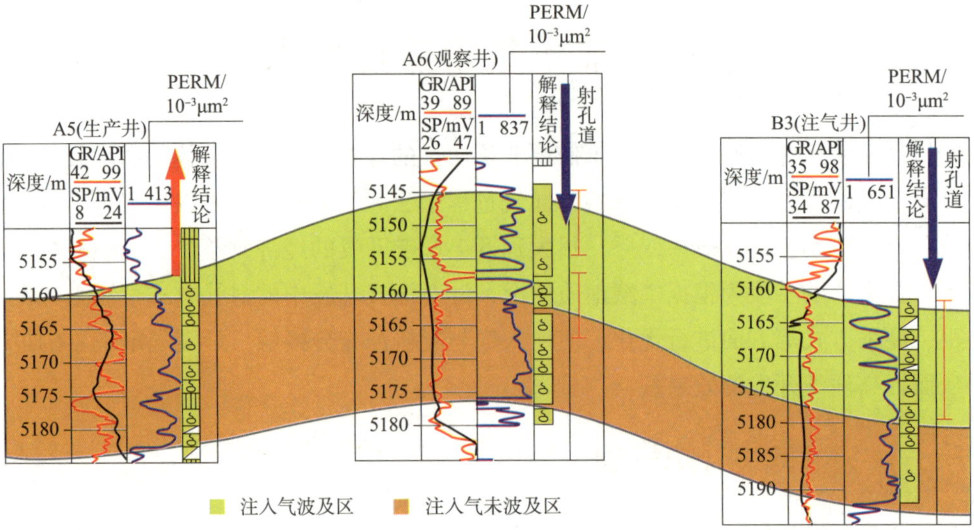

图 4-3-2 跨高点两翼注采井网示意图

二、非对应注采防气窜

注采井射孔时考虑同层单砂体间沉积韵律差异，通过注气与采气错位射孔，形成非对应的注采关系(图 4-3-3)，使注气前缘均匀推进，增加波及系数，延缓气窜过早发生，此方法在牙哈凝析气藏已取得实效。大涝坝在进行注采井网层系归位时，需对补孔改层作业的井进行注采层系的错位设计。

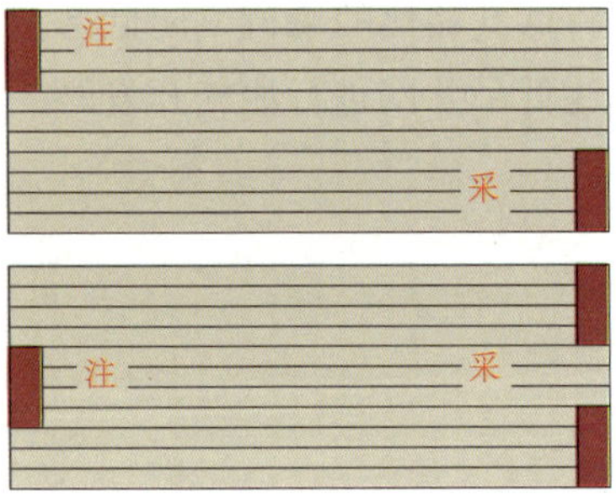

图 4-3-3 非对应射孔示意图

三、注采方式调整防气窜

注气方式的选择对凝析气藏的开发起着至关重要的作用。适合的注采方式能够增加油气接触时间、有助于压力波动的传播，从而起到延缓气窜现象的效果。

(一)注采井交替循环

当注气开发进行一段时间后，将注气井转为生产井、生产井转化注气井，之后再将注气井转化为生产井、生产井转化为注气井，如此循环(图 4-3-4)；这样能达到注入气与储层凝析油充分搅拌，增大油气接触面积，从而提高凝析油反蒸发的程度。针对目前大涝坝注气条件，目前只有 DL3、DL9、DL12 井具备注气条件，因此注采井交替循环不适合在大涝坝实施。

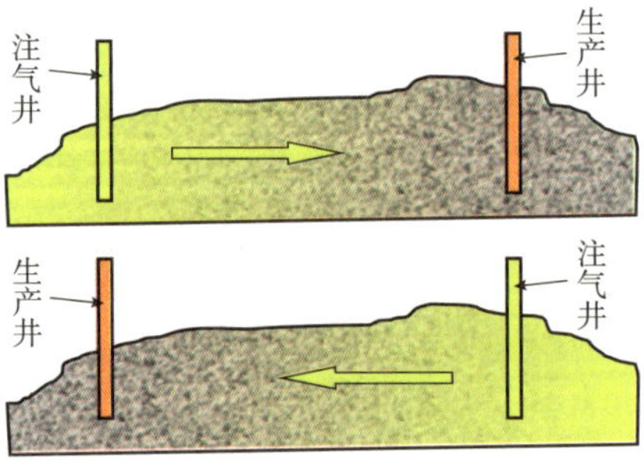

图 4-3-4 注采井交替循环示意图

(二)注采井间歇开井

注采井间歇开井则是控制注采比不变，在同一时间同时开关注气井与生产井，这样可以增加注采井间油气接触时间，使其达到相平衡，增强凝析油的反蒸发作用，提高注气效果(图4－3－5)，与改变注采井工作制度的机理有相似之处。

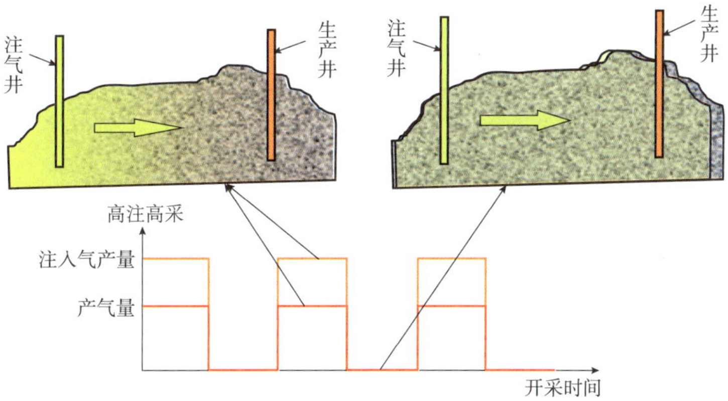

图4－3－5　注采井间歇性开井示意图

(三)脉冲注入

脉冲注入主要是通过脉冲注入气改变注气井的工作制度，使注气井和生产井间产生压力波动，这样会进而形成波动的凝析区，增加油气接触，增强反蒸发效应，提高注气效果(图4－3－6)。

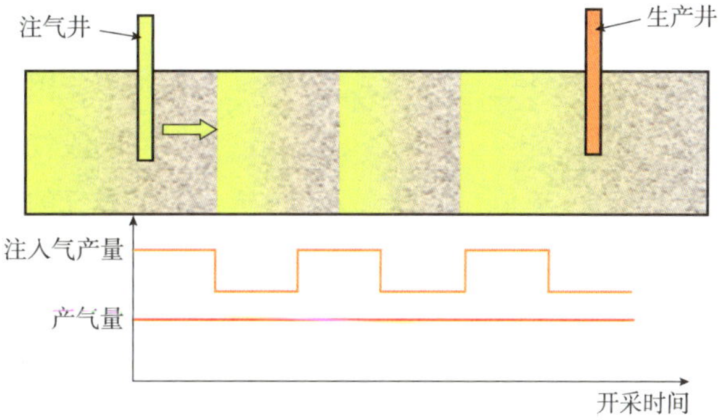

图4－3－6　脉冲注入示意图

(四)间歇停注

间歇停注通过间歇性地开关注气井，使注气井和生产井间产生压力波动，进而形成波动的凝析区，增加油气接触，增强反蒸发效应(图4－3－7)，提高注气效果。

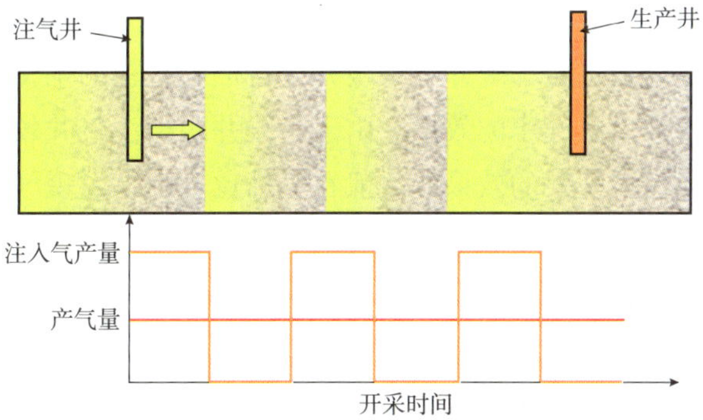

图4－3－7　间歇停注示意图

(五)单井吞吐开采

单井吞吐能够将凝析油中的重烃蒸发到气相中并带出地面，将凝析油从近井带推向地层较远处，“干燥”近井带，提高气井产能。因此在循环注气效果较差情况下，可开展单井吞吐开采试验，达到解决反凝析污染、提高采收率的效果。

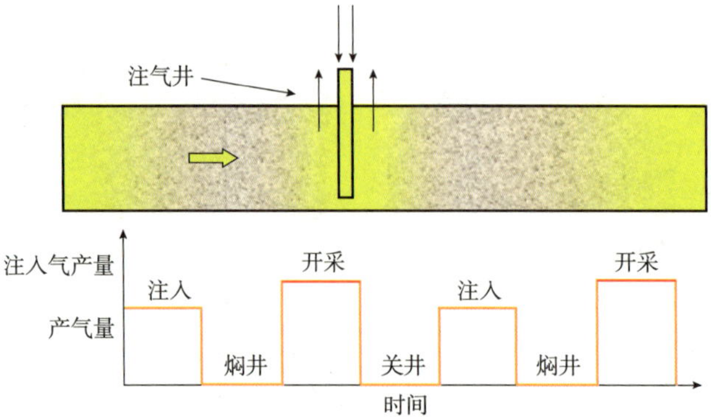

图 4-3-8　单井吞吐开采示意图

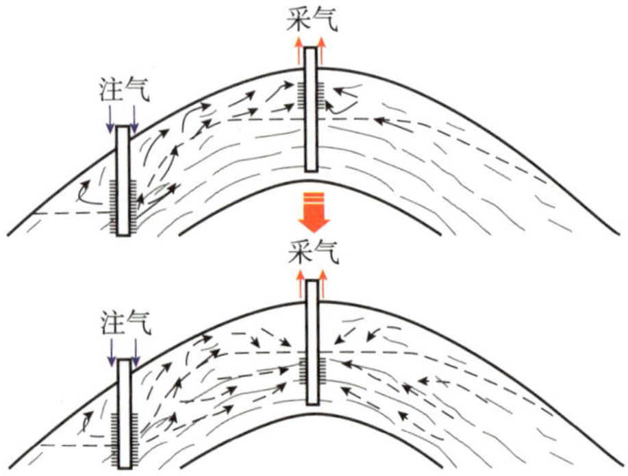

图 4-3-9　封堵上部气窜层段采下部层段

(六)封堵顶部高气油比层段

在重力分异作用下，注入干气向高部位聚集，因此储层中靠近顶部层段气油比高、底部层段气油比低。通过封堵顶部射孔段，改变注入气的运移路径，不仅能快速降低气油比，而且还能增大注气波及面积，达到控窜稳油的效果(图 4-3-9)。牙哈凝析气田存在一口生产井顶部生产层段气油比高达 30000m^3/t，而底部生产层段气油比仅为 2600m^3/t，因此于 2011 年对该井进行封堵上部生产层段的措施作业，作业前气油比为 5000m^3/t，作业后气油比降为 2600m^3/t，措施效果非常显著。

四、注采参数调整防气窜

注采参数的调整主要通过对一线井、二线井进行油嘴直径的调整，从而实现气藏的注采均衡，达到提高注气波及防气窜的效果。由于一线井距离注气井较近，在注气强度较大时容易发生气窜，影响注气开发的效果，一般在气油比升高，发现气窜迹象时采用缩嘴或关井的方式防止气窜发生。以 DL4 井的生产情况为例，在 2021 年之前气油比较为稳定，生产情况良好，之后气油比上升较快，有发生气窜的迹象。为了保障注气开发效果，增大注入气波及范围，DL4 井于 2022 年 8 月收缩油嘴，气油比下降明显(图 4-3-10)，防止了气窜现象的发生。

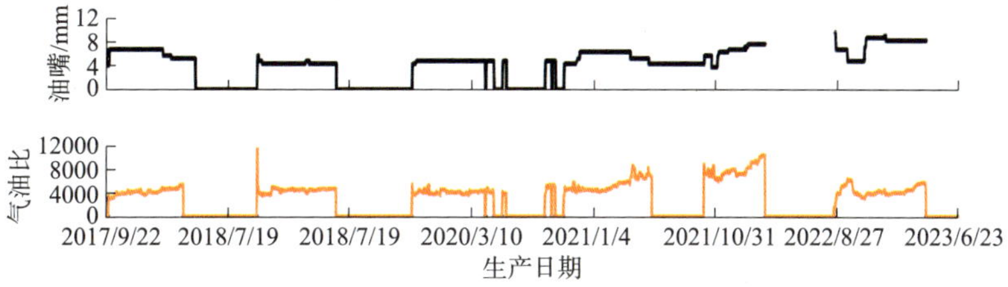

图 4－3－10 DL4 井油嘴及气油比变化图

对于距离注气井较远的二线井，注气受效情况相较于一线井较差，因此采用扩嘴措施，防止注入气仅向一线井方向运移，提高注气波及效果。以 DL10X 井为例，自 2013 年开展注气开发以来，为提高注入气波及进行了扩嘴，此后气油比出现小幅上升，总体保持稳定，未见气窜迹象(图 4－3－11)，生产状况良好。

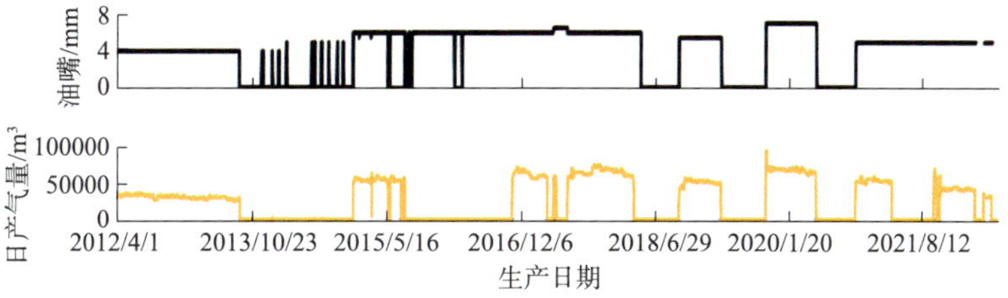

图 4－3－11 DL10X 井油嘴及气油比变化图

为了兼顾气藏合理配产、抑制水侵以及控制气窜效果，气藏在注气开发阶段的注采参数调整政策设置为：连续注气阶段，一线井采取稳产策略，二线井则是进行控产；错峰强注阶段一线井进行限产，二线井采取稳产；周期强注阶段，一线井在高峰时合理设置产能，二线井则是在高峰时放嘴释放产能。依照以上政策在不同阶段进行的合理注采参数调整，能够有效实现气藏注采均衡，防控气窜效果显著。

第五章 注气配套工艺技术

大涝坝凝析气藏地质条件复杂、埋藏深，加之相态变化较为复杂，实施注气开发后，为及时掌握采气井产能变化、注气井注气能力变化、流体性质变化和地层压力保持程度情况，了解注气前缘推进方向、推进速度和注入气体波及系数，防止气井过早出现气窜，形成了特色动态监测技术。同时，为解决大涝坝凝析气藏储气库"注得进、存得住、采得出"重大难题，高标准配套了工程设计，从钻井工程、完井工程以及地面工程进行研究设计，为大涝坝凝析气藏安全、经济、高效运行提供技术保障，并形成了大涝坝超深层边底水凝析气藏注气开发转建储气库特色技术，为国内外类似储气库建设积累经验和提供方法借鉴。

第一节 动态监测技术

大涝坝凝析气藏循环注气开发过程中生产特征比较突出，微观上表现为多相流动的流态复杂，并伴随着相态变化，由此造成难以用一个统一的物理模型与数学模型进行描述，而宏观上存在相变特征复杂、井流物组分变化大、气油比上升快、井筒积液与层间窜流、气窜等问题。建立科学、完善的循环注气动态监测体系是大涝坝凝析气田优化注气开发管理和提高采收率的一个重要环节。

一、主要的动态监测技术

(一)地层流体监测技术

凝析气藏不同于干气藏，其流体性质的变化贯穿于气藏整个开发过程，对于大涝坝循环注气开发的凝析气藏，由于凝析油质量浓度高，生产及注气的不同阶段流体性质变化较大，因此流体性质的监测尤为重要，流体物性监测主要包括原油全分析、天然气组分分析、地层水全分析、PVT高压物性分析等监测项目。

1. 地面流体监测

1)建立以卤族离子为核心的水性判别方法

采用氯离子、含水率指标将产出水划分为三类：凝析水、混合水和边底水。其中氯离子质量浓度作为主控指标，含水率作为辅助指标进行判别。凝析水的氯根质量浓度很小，一般小于10000mg/L，边底水的氯根质量浓度都较大，大于8×10^4mg/L，混合水的氯根含量介于凝析水和边底水，碘离子和溴离子在凝析水阶段基本没有，所以气数值可以作为见水前兆，根据凝析气井含水率、卤族离子总结出凝析气井产水规律，为后期注气量的调整提供依据，如表5－1－1所示。

表5－1－1 凝析气井含水分级管理规范

水型分类	主控指标	辅助指标		
	Cl^-质量浓度/(mg/L)	I^-质量浓度/(mg/L)	Br^-质量浓度/(mg/L)	含水率/%
凝析水	<10000	0	0	<40
混合水	10000～80000	0～1	0～10	10～40
边底水	>80000	>1	>10	>10

2)建立规范化的油气水组分监测制度

大涝坝循环注气开发生产过程中，不可避免地发生反凝析、气窜现象，除了通过生产气油比、产量判断，气体组分及凝析油密度等参数的变化也是最直观的指标(表5－2－2)，判断地层流体相态变化和渗流特征变化，区分注气过程中的各个阶段。

表5－2－2 大涝坝凝析气田油气水组分监测制度

分析项目	化验制度			
	某采气厂		某研究院地质实验中心	
	分析项目	频次	分析项目	频次
天然气组分分析	C_1	3天/次	组分全分析	每月
凝析油全分析	含水率、密度	3天/次	组分全分析	每月
水全分析	氯根、密度	3天/次	组分全分析	每月

(1)当井底流压高于凝析气的露点压力时，地层孔隙中的凝析气为单相，井流物为原始凝析气组成及原始凝析油密度。当井底流压降低时，气相中重烃组分在分子运动过程中，容易被孔隙介质的壁面捕获，孔隙越小，捕获概率越大，捕获后的重烃分子聚集在孔隙介质壁面，形成一层凝析油薄膜，井流物重组分减少、轻组分增多，凝析油密度减小。随着压力继续降低，孔隙介质壁面会继续吸附凝析气中的重组分，使得孔隙中的凝析油饱和度增加，井流物重组分继续减少，轻组分继续增多，凝析油密度增大，在注气前期，储层中主要发生反凝析现象，

(2)在循环注气过程中若凝析油被驱替出，则凝析油密度会大幅上升，若地层中主要发生反蒸发现象，则凝析油密度上升幅度较低，气体甲烷含量变低、密度变大。注气后期如发生气窜现象，气体甲烷含量上升，密度变小。考虑到循环注气过程中反凝析－反蒸发循环交替，油气组分监测频次为1月/次，在井口压力、产量、生产气油比等生产参数发生较大变化时，要及时加密油气组分监测，了解储层流体相态变化。

2. 高压物性监测

与地面流体监测间接评价注气效果相比，地层流体相态监测是最直观、最有说服力的反凝析评价方法。一方面不同阶段地层流体相态变化，就可以计算出滞留在地层中以及注气驱替出的反凝析油；另一方面通过加压实验，确定混相压力，指导大涝坝确定最佳开采压力，同时通过凝析气的反凝析液量、井流物的变化，评价注气效果。

针对大涝坝循环注气的特点，需建立并实施重点突出、特色鲜明的流体相态监测规范。具体做法如下：对于不同注采周期，在注气关井前以及停止注气开井后，分别进行高压物性监测，确定开井过程中反凝析，与注气后中的反蒸发，是否处于相对平衡状态，以便及时调整注气量。

1)深化注气机理

根据高压物性实验可以发现，依据 PVT 相图和参数变化可以判别注气作用机理：若注气效果以驱替为主，包络线、临界点右偏移，露点压力远高于地层压力；若注气效果以混相为主，包络线、临界点偏移小，露点压力与地层压力接近；若发生气窜，天然气以注入气为主，包络线、临界点左偏移，露点压力低于地层压力。

2)优化最佳注气压力

S45 井 PVT 加压实验结果(图 5-1-1)表明，井流物在加压过程中组分逐渐变重，单脱过程中析出的油量逐渐增加，导致气油比逐渐下降，凝析油质量浓度逐渐上升至拐点处，上升速度减缓，通过拐点确定最优压力大致在 45MPa。

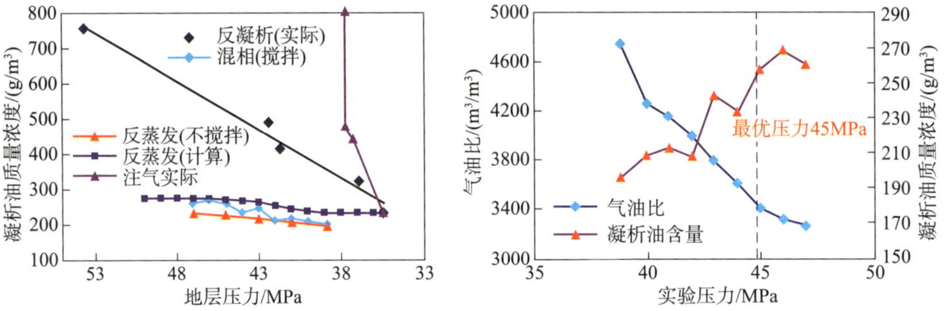

图 5-1-1　S45 井 PVT 加压实验参数对比图

3. 流体监测综合应用

DL2 井：从凝析油质量浓度、相包络线变化及流体性质判断，注气初期，首先驱替地层的凝析油，注气方式以驱替为主，强注前凝析油质量浓度为 233g/m³，但注气 1a 后凝析油质量浓度最高达到 800g/m³，表现出明显的气驱油特征，注气中后期随着滞留在地层中大量反凝析液被带出，重质组分减少，包络线左偏移，说明注气中后期以反蒸发为主，通过调整采气比，该井生产过程中反凝析和注气过程中反蒸发处于平衡状态，该井 2020 年延期关井，导致该井反凝析严重(图 5-1-2)。

DL6 井：从相包络线变化及凝析油质量浓度变化来看，DL6 井由于距离注气井比较近气驱油阶段与反蒸发阶段没有明细界限；从流体组分和高压物性看：2017 年底该井发生气窜。2019—2021 年通过提前开井或减少注气量，取得了一定的控气窜效果(图 5－1－3、图 5－1－4、图 5－1－5)。

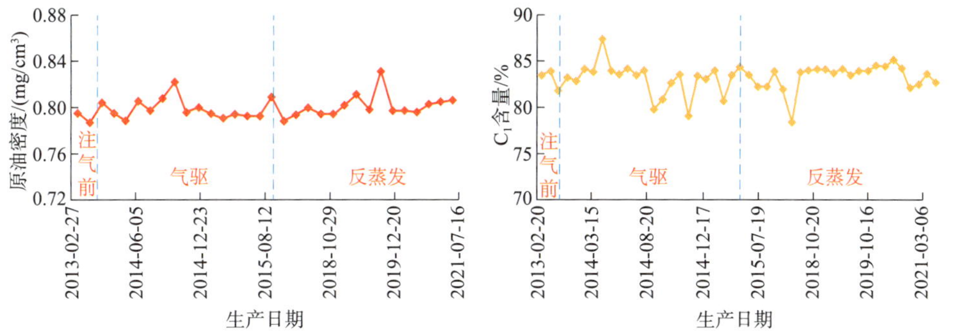

图 5－1－2　DL2 井原油密度及天然气变化曲线

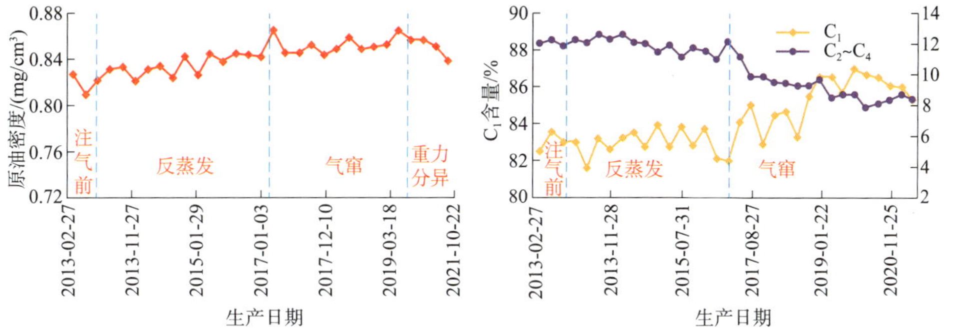

图 5－1－3　DL6 井原油密度及天然气变化曲线

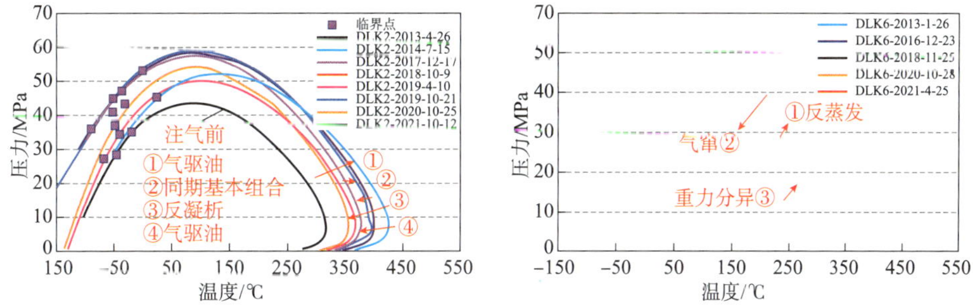

图 5－1－4　DL2、DL6 井包络线曲线

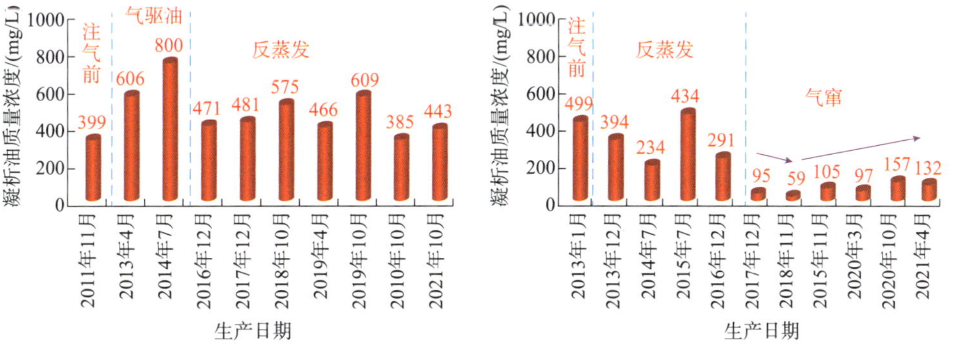

图 5－1－5　DL2、DL6 井凝析油质量浓度变化曲线

(二)地层压力监测技术

大涝坝凝析气田均具有单井产量高、地层温度高、二氧化碳分压高等特点。井下测试面临井口的动静密封、电缆钢丝的防腐性、压力计的井下适应性、井下工具串的稳定性等挑战，作业风险大。

针对大涝坝凝析气田腐蚀环境(CO_2)，综合考虑钢丝的抗氢脆断裂、点蚀穿孔和应力腐蚀断裂的性能及抗拉强度，优选 E210054 牌号防硫、防钢高抗腐蚀钢丝作为大涝坝气田入井测试的钢丝。采用石英晶体压力计，该压力计算是精度和灵敏度最高的一种压力计，测量精度为 0.02%，测点井下工作时间为 360～720h，工作温度为 150～200℃，采样速度为 3s/个。

1. 气藏压力监测

压力监测是动态监测体系中最重要的一环。流静压监测贯穿油气藏开发的全过程，它可以监测循环注气各时期及见水后凝析气藏平均压力，测算相关动态参数，评价注气效果、井间连通性，测算抑制水侵压力，并依据压力变化及时进行注入量调整，在大涝坝凝析气田循环注气开发过程中，建立了一套规范化、有特色的压力监测体系(表 5－1－3)，创造性开展多项创新成果的应用。

表 5－1－3　大涝坝凝析气田压力监测体系

监测项目	监测井	监测时机	监测频次	监测参数	监测目的
流压	生产井	正常生产	2 月/次	压力、压力梯度	井筒流型变化；结合地层压力判断生产压差
静压	停喷井	长时间关井	2 月/次	压力、压力梯度	地层压力、生产压差、井筒相态变化
	积液井	长期关井	强注期间每月一次		
不稳定试井	未见水井	错峰强注	1 年/次	井储系数、表皮系数、渗透率、边界	外推地层压力、反凝析、边界

1)流压监测

大涝坝凝析气井在循环注气开发过程中由于反凝析、水侵等影响，生产过程中井底压力会产生波动。流压资料反映生产过程中井底压力大小，结合地层压力资料、PVT 资料分析生产压差、地露压差变化，同时通过流压梯度监测气井井筒流型变化。

2)静压监测

大涝坝在关井强注期间，注入气不断向井周补充，驱替反凝析液，通过静压恢复的时间与程度，根据注气量，判断地层连通性，计算地下亏空以及抑制水侵压力。利用关井循环注气时机开展整体压力监测，分析地层压力在平面及纵向的分布。

3)不稳定试井

不稳定线井可以求取外推地层压力，比静压资料更能代表真实的地层压力，监测反凝析半径、储层物性变化、注气前缘变化，了解油、气、水边界推进速度，通过干扰试井，判断井间连通性以及响应时间、连通程度，为下步生产提供依据。

2. 利用压力监测资料深挖地层信息、划分注采阶段

1)气藏压力的整理监测，分析井间压力差异，评价注气效果

上气层：2020—2021年均为净采出，气藏地层压力持续下降(图5-1-6)，单井产油能力下降；边部DL11井水侵严重，2021年开井后高含水率、低压低产，短暂生产后停喷关井；2022年加大上气层注气量后，地层压力恢复情况好于2021年，东部边水距离有所增大，说明注气起到了抑制水侵的作用。上气层虽然注气量充足，但平面受效不均衡，东部DL10X井受效慢、压力低，西部一线井响应明显。

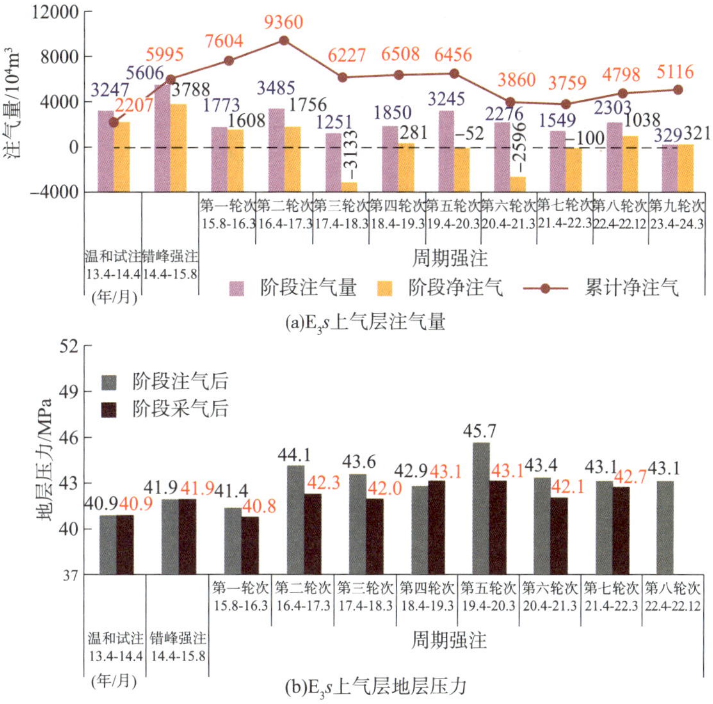

图5-1-6　大涝坝上气层静注气量与地层压力变化曲线

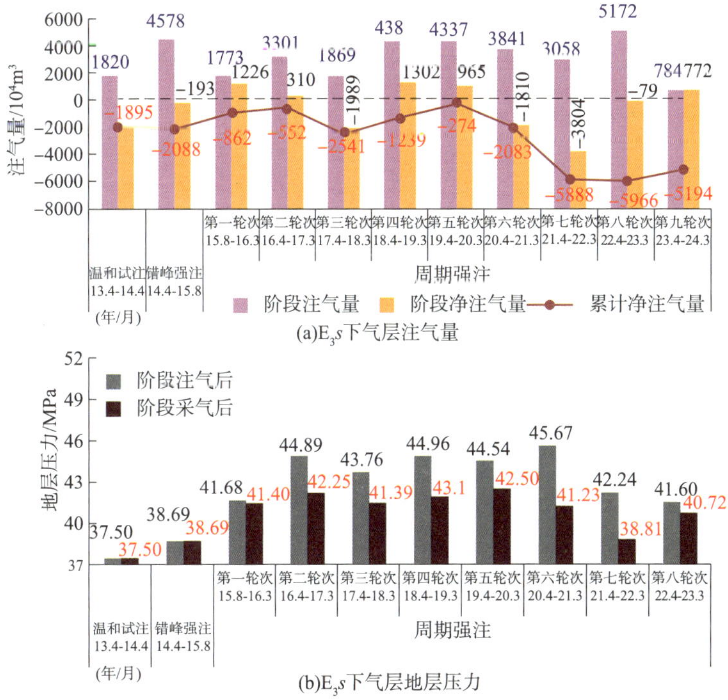

图5-1-7　大涝坝下气层静注气量与地层压力变化曲线

下气层：截至2024年上半年，下气层亏空严重，累计净注气量$-5194\times10^4m^3$，地层压力大幅下降(图5-1-7)，水侵形势严峻，2022年虽然增大注气量，阶段采气后地层压力最低下降至38MPa，导致DL2井水淹停喷，说明当时的注气量不足以将边水推远，目前强注下气层，尽快补充地下亏空。从平面地层压力分布(图5-1-8)上看，西部DL1X、DL2井地层压力比其他井高4~6MPa，主要是因注采井距较大，气驱水难度大。

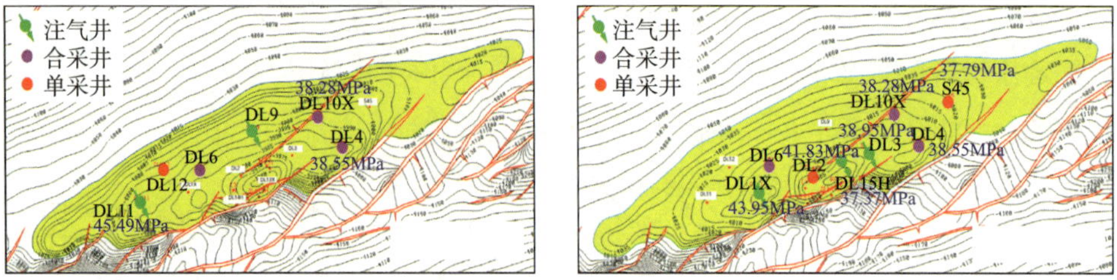

(a)上气层3注4采　　(b)下气层2注5采

图5－1－8　大涝坝上、下气层地层压力分布图

2)掌握井筒相态变化，指导气井复产

DL11 井 2017 年 4 月 9 日至 6 月 10 日进行注天然气解水锁作业，累计注入天然气量 $172\times10^4m^3$，焖井半年后于 2017 年 12 月 8 日开井生产，2018 年 1 月 11 日停喷，期间累计产油量 271t，累计产气量 $103\times10^4m^3$，综合含水率 93.3%(图 5－1－9、图 5－1－10)。

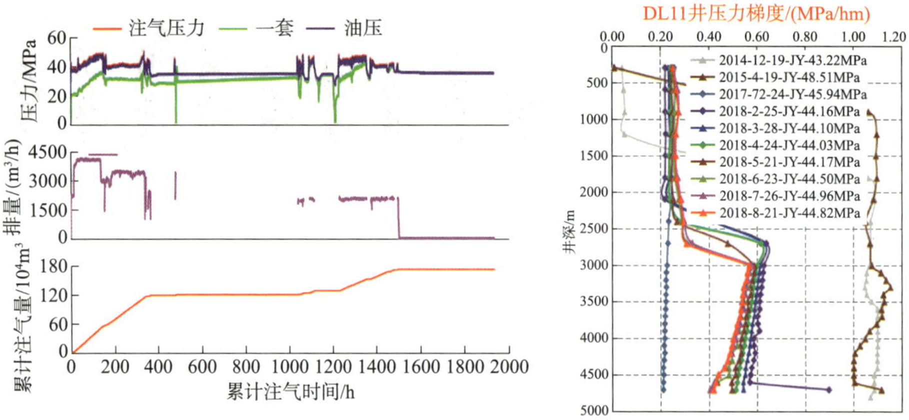

图5－1－9　DL11 井注天然气及静压梯度变化曲线

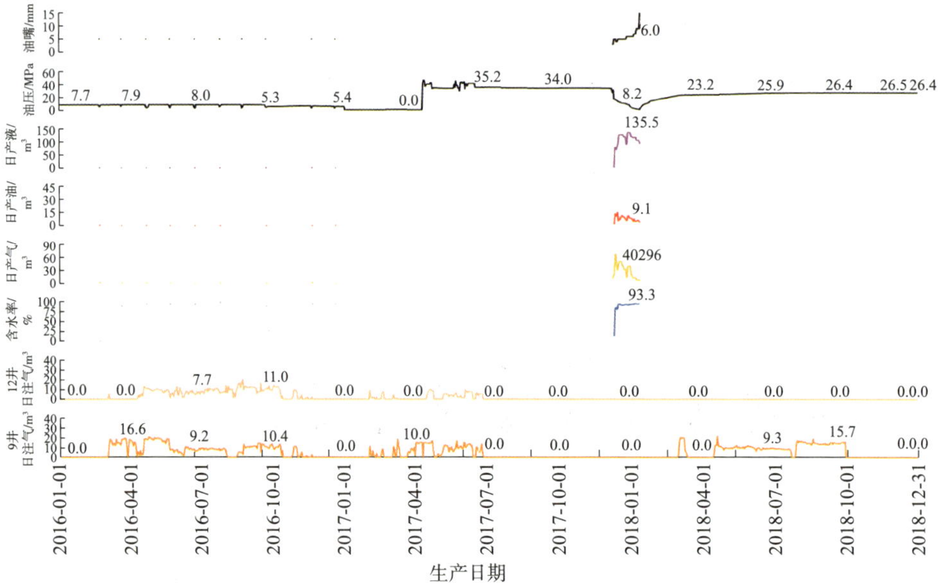

图5－1－10　DL11 井日度生产曲线

从关井后油压、液面井筒梯度变化情况分析注入的天然气有效解除该井井周水锁，改善了储层气相渗透性，水体能量是停喷的主要原因。

从该井压力梯度曲线(图 5－1－11)看出：水侵压力 45MPa 左右，DL12 井 2019 年 5 月底开始循环注气，7 月和 10 月 DL11 井两次尝试开井均失败，随着 DL12 井注气量的增加，DL11 井井底压力逐渐上升，井筒内全部变为天然气，12 月 8 日以 4.5mm 油嘴开井成功，日产液量 24.5m^3，日产气量 $1.4 \times 10^4 m^3$，含水率 98%，说明 DL12 井注气效果显著，DL11 井抑制水侵压力在 48MPa 左右。

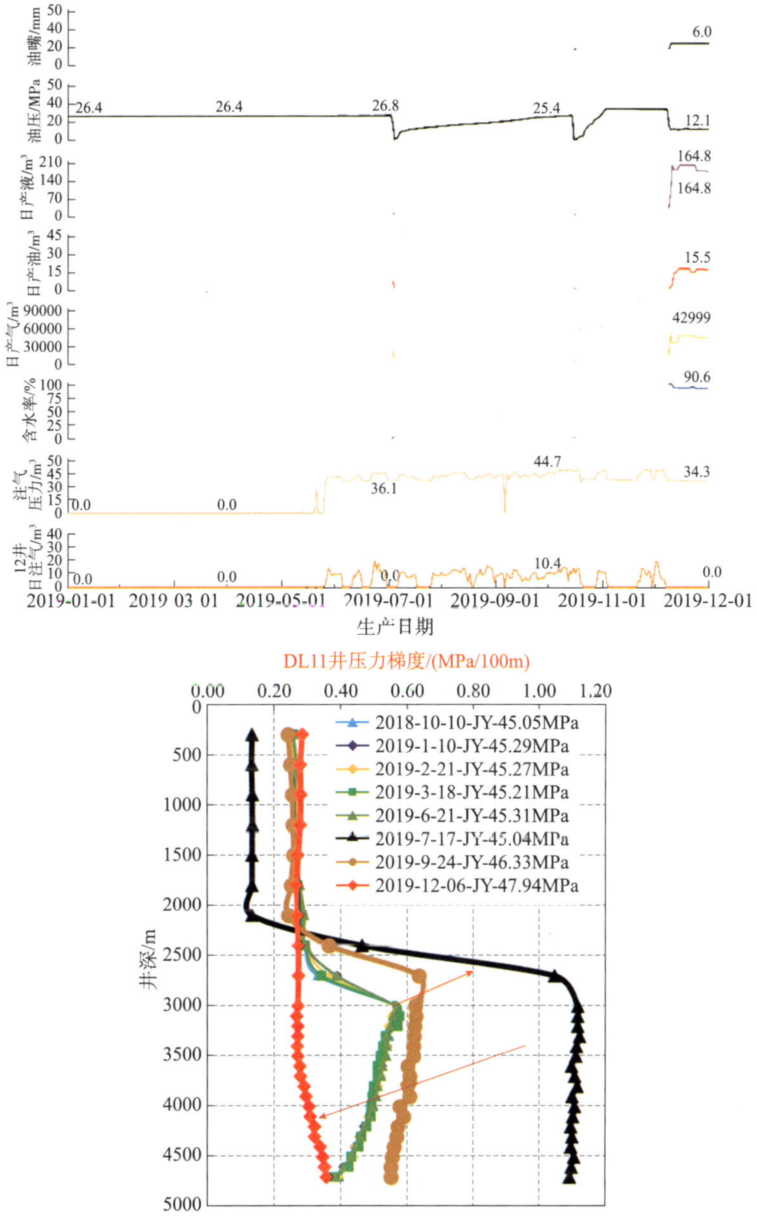

图 5－1－11　DL11 井压力、井筒梯度变化曲线以及 DL12 井注气曲线

3）利用试井资料评价井间连通性

上气层：2019 年 6 月在保持 DL9 井注气量的前提下，通过 DL12 井开始注气、停注，以及 DL12 井停注后增大 DL9 注气量监测 DL6、DL11 井压力响应信号。

DL6 井压力响应（图 5 – 1 – 12）：DL12 井开始注气后，DL6 井压力曲线没有明显上升，未探到明显的相应信号，无法确定 DL6 和 DL12 两井间是否连通；在 DL12 井停止注气的情况下，DL9 注逐渐增大注气量，在 5.52h 后 DL6 井压力曲线开始上翘，判断 DL6 和 DL9 两井间连通性非常好。

DL11 井压力响应：从压力曲线（图 5 – 1 – 12）上看，DL12 井开始注气后的 13.75h，DL11 井后压力曲线开始上翘，DL12 井停止注气后的 25.72h 后，DL11 井实测压力曲线发生明显转折，即可以判断 DL11 和 DL12 井井间连通性好；DL9 井增大注气量后，实测压力曲线无明显拐点，无法判断 DL11 和 DL9 两井间是否存在连通关系。

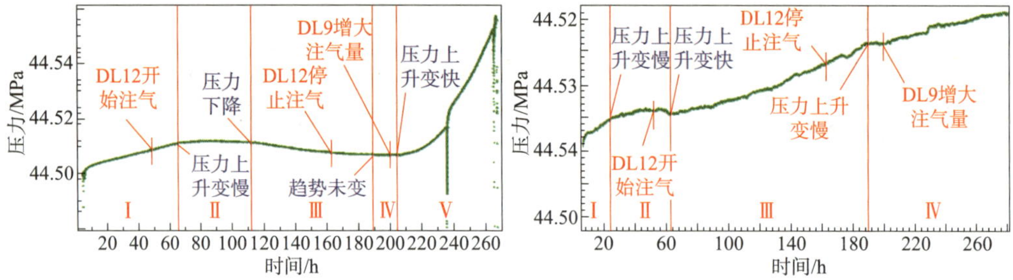

(a)DL6井干扰试井实测井底压力曲线　　(b)DL11井干扰试井实测井底压力曲线

图 5 – 1 – 12　DL6、DL11 井干扰试井实测井底压力曲线

下气层：2019 年 4 月进行第五轮错峰强注关井时，对 DL2、DL1X 进行干扰试井、DL4、S45 进行压力恢复 + 干扰试井。

在 DL3 井开始注气后，DL1X 井压力到测试结束前无明显变化；DL2 井在 5.7h 后压力出现明显上升（图 5 – 1 – 13）；DL4 井通过与 2018 年压力恢复曲线进行对比，DL3 井注气 0.5h 后，双对数曲线（图 5 – 1 – 13）斜率变大出现拐点，S45 井 2017 年压力恢复曲线未探到边界反映，本次测试在 DL3 井注气 35.1h 后，双对数曲线（图 5 – 1 – 14）上翘，各井的连通情况如表 5 – 1 – 4 所示。

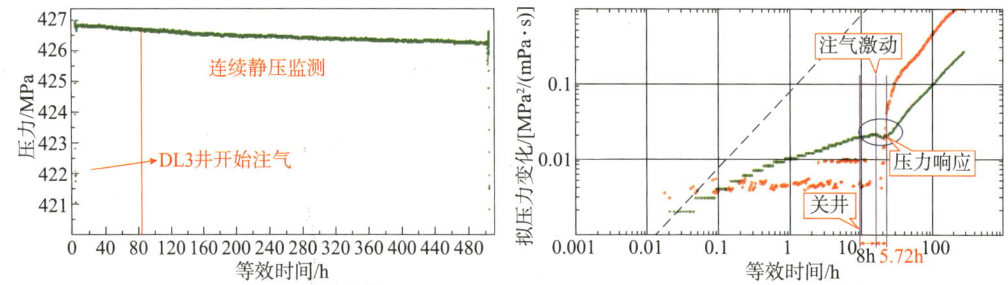

(a)DL1X井压力变化曲线　　(b)DL2井压力变化曲线

图 5 – 1 – 13　DL1X、DL2 井压力变化曲线

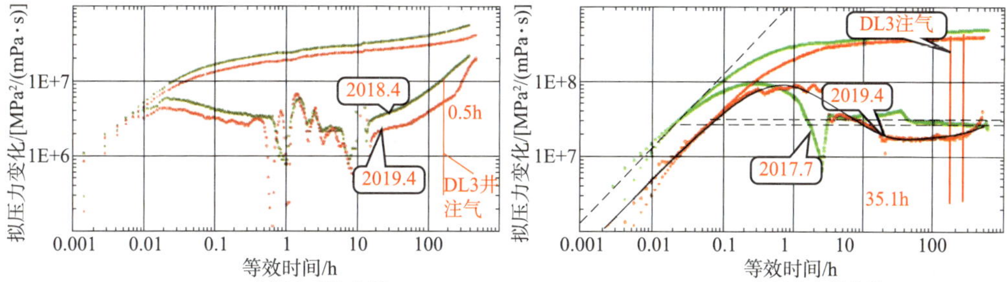

(a)DL4井压力变化曲线　　(b)S45井压力变化曲线

图 5－1－14　DL4、S45 井压力变化曲线

表 5－1－4　上下气层压力相应情况

注气井	采气井	井距/m	动态响应	干扰试井响应时间/h	注气井	采气井	井距/m	动态响应	干扰试井响应时间/h
DL3	DL4	769	明显	0. 5	DL12	DL11	558	明显	14. 3
	DL2	855	明显	5. 7		DL6	615	不明显	未测到
	S45	1380	明显	35. 1	DL9	DL6	939	明显	5. 5
	DL1X	1707	明显	无响应		DL11	1994	不明显	未测到

4）试井资料拓展为识别水侵的手段

在不稳定试井过程中，压力导数后期上翘是边水推进在双对数曲线上的流动特征反映，边水离气井越近，边水压力传导到井筒的时间越短，压力导数上翘时间越早。因此，通过不同时期的试井资料，分析压力导数出现上翘的时间便可计算不同时期边水推进的距离。

试井曲线水侵识别应用时，首先分析压力导数上翘时间，如果提前，则基本能确定边水推进距离；其次对比不同时期压力导数上翘趋势特征，如果上翘趋势平缓且不同时期上翘的压力导数曲线平行，则预示边水通过孔隙介质均匀推进；如果上翘趋势出现“分岔”现象，即后期压力导数曲线上翘更明显，则预示气井已被侵入的水包围。

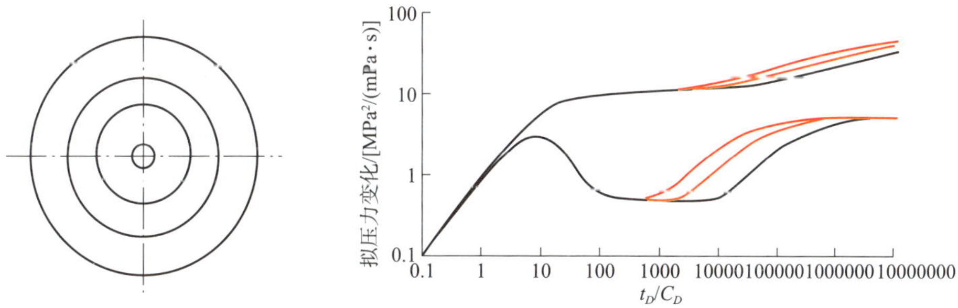

(a)复合边水驱凝析气藏渗流物理模型　　(b)复合边水驱凝析气藏压力及压力导数曲线示意图

图 5－1－15　复合边水驱凝析气藏渗流物理模型、压力及压力导数曲线示意图

DL10X 井是上气层定点监测井，从动态响应（图 5－1－16）上看上气层对该井注气受效不明显，但从该井井底流压曲线上看，压力缓慢提升，说明 DL9 井注气对该井有一定效果，可能受断裂影响压力传导慢。从三次的压力恢复结果上看，复合半径（反凝析半径）均

无明显变化，说明注气对内区效果缓慢，该井处于气驱油阶段。从边界距离变化上看，2021 年水侵边界距离 168m，主要受注气量低影响，2022 年增大注气量后，边水距离推至 302m(表 5－1－5)。

表 5－1－5　DL10X、DL15H 井压力恢复测试结果

参数	2018 年压力恢复	2021 年压力恢复	2022 年压力恢复	参数	压力恢复解释结果	单位
井储系数	2.06	1.75	2.21	解释模型	井储＋表皮＋均质＋平行断层＋恒压边界	
表皮系数	－2.88	－3.09	－0.238	井储系数	0.3723	m^3/MPa
内区渗透率	0.396	0.901	0.917	表皮系数	6.1828	—
外区渗透率	2.82	1.8	5.01	地层系数	229.050	$10^{-3}\mu m^2 \cdot m$
流度比	0.32	0.29	0.2	渗透率	18.6220	$10^{-3}\mu m^2$
复合半径	56.3	55.8	59.2	边界 1 距离	17.08	m
断层距离 1	207	168	217	边界 2 距离	331.56	m
断层距离 2	340	208	302	边界 3 距离	18.67	m

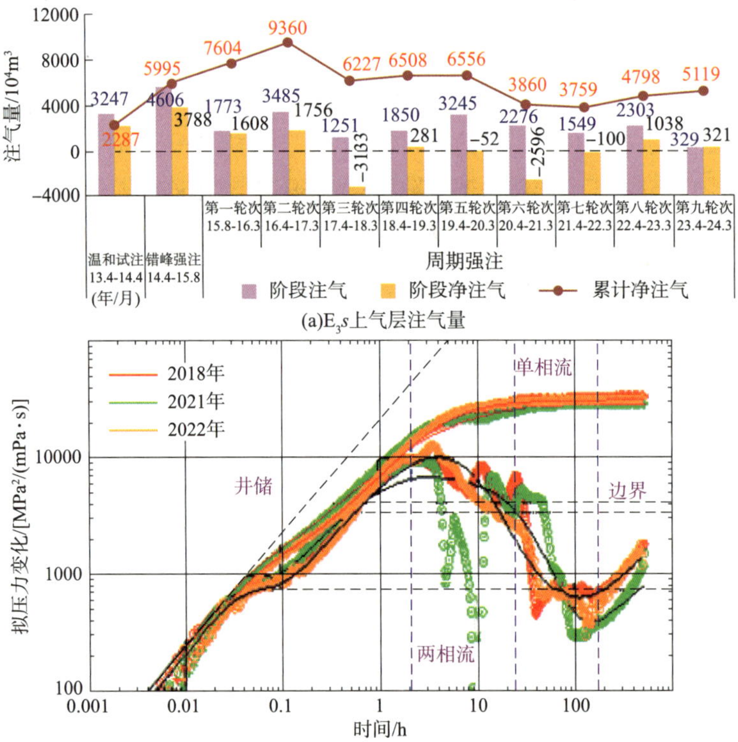

(a)E_3s上气层注气量

(b)DL10X井双对数曲线

图 5－1－16　上气层注气量变化及 DL10X 井双对数曲线

DL15H 井于 2023 年 1 月投产，为了解储层参数，4 月进行压力恢复测试，结果(图 5－1－17)显示：早期出现反映井筒储集效应的单位斜率线，接着双对数曲线存在多

处下掉及缺失，通过 dp/dt 曲线分析，判断为井筒内流体分异、相分离、相变导致，之后导数曲线较前期明显上翘，评价是断层响应；导数曲线后期持续下掉，分析认为为水体供给影响，结合邻井生产情况，DL2 井水淹停喷，判断恒压水体为西南方向。

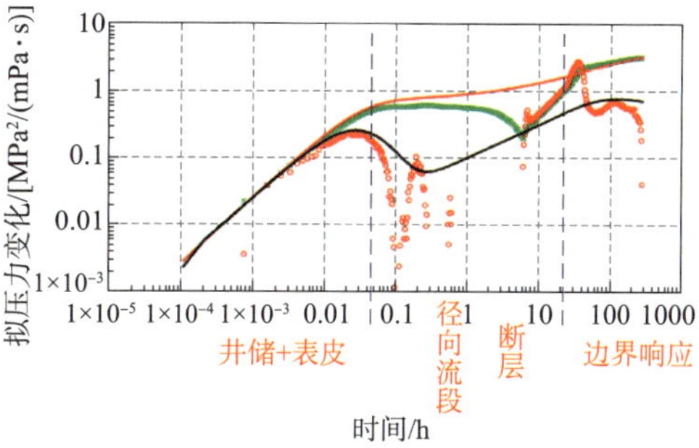

图 5-1-17　DL5H 井双对数压力恢复曲线

5）拓展应用，深化认识，识别注气开发的各个阶段

苏维依组下气层 DL4 井在注气前、后分别进行压力恢复试井，注气前由于反凝析液阻碍液体的流动，形成反凝析渗流屏障。2014 年以后双对数无明显的内外区特征，因此认为地层主要发生反凝析作用，导致储层渗流状况逐渐得到改善（图 5-1-18），2018 年与 2019 年双对数曲线（图 5-1-19）井储和径向流段基本重合，边界段距离逐渐变小，主要是注气的优势通道逐渐形成的结果。

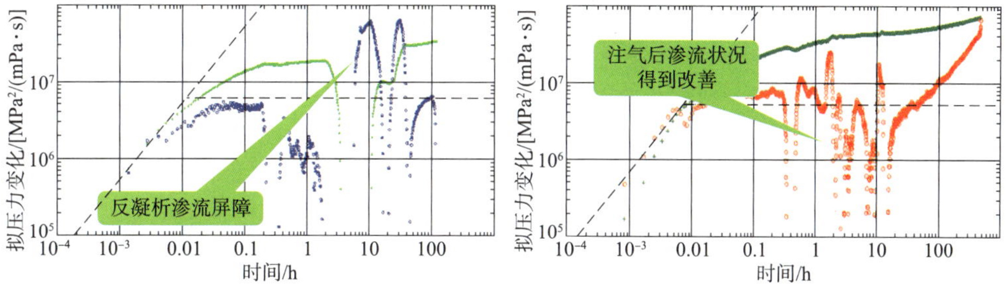

(a) DL4井双对数曲线2011年　　(b) DL4井双对数曲线2014年

图 5-1-18　DL4 井双对数曲线 1

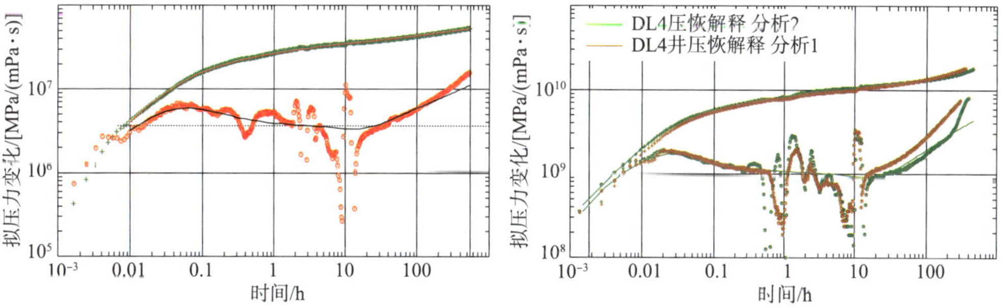

(a) DL4井双对数曲线2018年　　(b) DL4井双对数曲线2019年

图 5-1-19　DL4 井双对数曲线 2

S45 井是下气层定点监测井，复合半径（反凝析半径）变化主要受注气量影响，从地层中苏维依组下气层注气量曲线（图 5-1-20）上看：近两轮下气层注少采多，累计净注气量持续减少至 $-5978\times10^4\mathrm{m}^3$，地层亏空严重，2023 年压力恢复测试未探到边界（表 5-1-6），说明前期测试的边界不是水侵边界，而本次测试是在 DL3 井注气前，因此认为前期的边界为气驱和优势通道距离，由于净注气量持续减少，原来的注气和优势通道被反凝析液占据。

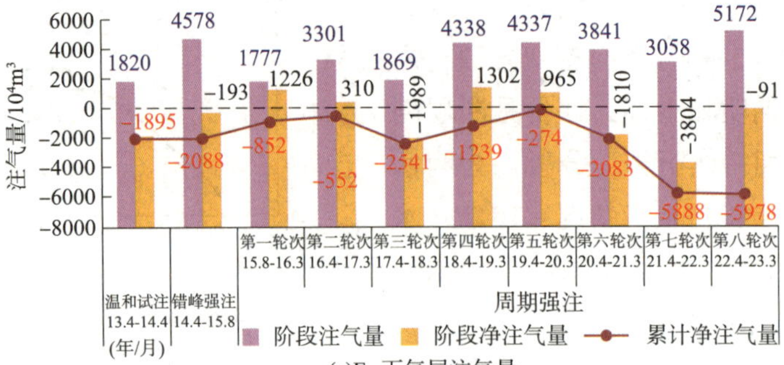

(a)E_3s下气层注气量

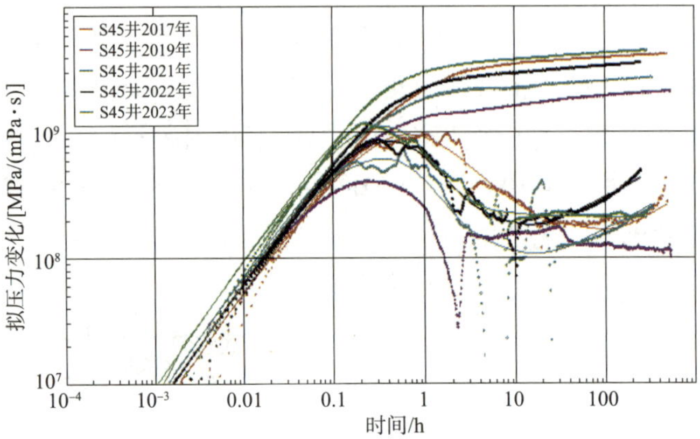

(b)S45井历次压力恢复曲线

图 5-1-20　下气层注气量变化曲线与 S45 井历次压力恢复曲线

表 5-1-6　S45 井历次压力恢复结果对比

测试时间	2023 年	2022 年	2021 年	2019 年	2017 年	单位
	注气前测试	注气过程中测试	注气过程中测试	注气过程中测试	注气过程中测试	
解释模型	井储 + 表皮 + 均质 + 无限大	井储 + 表皮 + 均质 + 两条断层	井储 + 表皮 + 径向复合 + 两条断层	井储 + 表皮 + 径向复合 + 两条断层	井储 + 表皮 + 径向复合 + 无限大	
井储系数	0.35	0.364	0.458	0.364	0.46	m^3/MPa
表皮系数	3.1	0.762	0.12	-1.26	1.32	—
地层系数	13	6.44	17.3	5.18	21.8	$10^{-3}\mu m^2 \cdot m$
渗透率	1.63	0.805	0.8	2.1	2.07	$10^{-3}\mu m^2$
复合半径	—		41.5	20.2	44.3	
边界距离	—	51.2/62.8	88/154	95/167		
地质上边界距离	420/470/570					m

(三)生产测井技术

目前，生产测井主要包括生产动态测井、储层评价测井、工程技术测井三大类，其中生产动态测井包括产出剖面测井、注入剖面测井；储层评价测井主要包括电法测井、核测井，电法测井主要是过套管电阻率测井(CHFR、ECOS 等)，核测井包括中子寿命测井、

PNN 测井、TNIS 测井、RMT 测井、碳氧比测井等多种测井技术；工程技术测井包括油(套)管质量检查、酸压评价、胶结面评价 3 小类。

1. 储层评价测井

在开发中后期气田面临的主要问题是如何最大限度地提高油气采收率。在大涝坝循环注气过程中，剩余油气的量化和分布显得尤为重要，主要通过饱和度测井技术监测剩余油富集区、油气水界面变化情况，在反凝析较严重的情况下，通过剩余油的分布指导注气井网的调整，根据大涝坝凝析气藏特殊的地质特征及生产动态，综合对比评价各监测技术的适应性、先进性、可靠性，通过近几年技术攻关、引进及现场试验，优选 PNN 及 TNIS 作为大涝坝凝析气田的套管井剩余油气饱和度监测技术。

2. 产注剖面测井

大涝坝凝析气田循环注气开发过程中单井储层的产吸状况、出水层位也是影响气藏循环注气开发效果的关键因素之一。目前产注剖面测井是监测气藏储量动用情况的最直接手段。

3. 深化地质认识，指导大涝坝小层划分

2016 年结合 DL1X、S45 井剩余油饱和度曲线(图 5－1－21)，重新对苏维依组进行小层划分，结果(图 5－1－22)显示：上气层前期划分无隔夹层，重新划分后存在 1 套隔层，1 ~2 套夹层；划分出 3 ~4 个韵律层。下气层前期有 1 套隔层，部分井 1 套夹层，重新划分出隔层 2 套，夹层 3 ~6 套，数量较多；划分出 6 ~9 个韵律层。

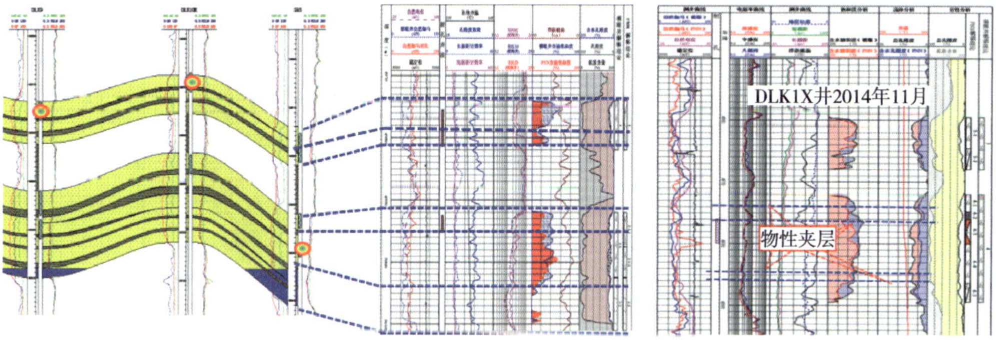

图 5－1－21　S45 与 DL1X 井饱和度曲线

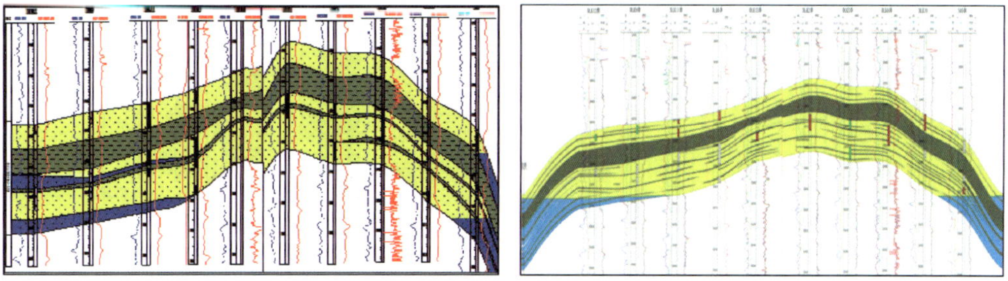

图 5－1－22　大涝坝气藏苏维依组小层对比图

4. 利用生产测井资料相互验证，研判水侵规律和剩余油分布

DL6 井 2022 年补孔苏维依组下气层调整注采井网，与上气层合采，修井过程中 TNIS 显示原射孔段 4963.5 ~ 4968m 热中子成像幅度相对较高，显示了较好的含气性，解释为气层。4968.0 ~ 4972.0m、4979.0 ~ 4985.0m 热中子成像幅度较高，显示了一定的含气性和较差的物性，解释为差气层，4987.0 ~ 4998.0m 热中子成像幅度较低，显示了较差的含油性，且伽马值明显增大，解释为中 - 强水淹层。下气层 4987.0 ~ 4998.0m 含水饱和度偏高，主要是因为处于构造高处的邻井 DL1X、DL2 井水淹停喷，下气层气水界面抬升。原射孔段仍解释为气层，与近几年上气层回注率较高、地层压力下降变缓有关。

该井补射 4968.0 ~ 4972.0m、4979.0 ~ 4985.0m、4987.0 ~ 4998.0m 后，取样含水率 64%，后期的产液剖面结果（图 5 - 1 - 23）显示，主产层为 4963.5 ~ 4972.0m（上气层），次产层为 4979.0 ~ 4985.0m（下气层），纯产水段 4987.0 ~ 4998.0（下气层），井口取样含水 63%（地层水），与饱和度测试结果基本一致。

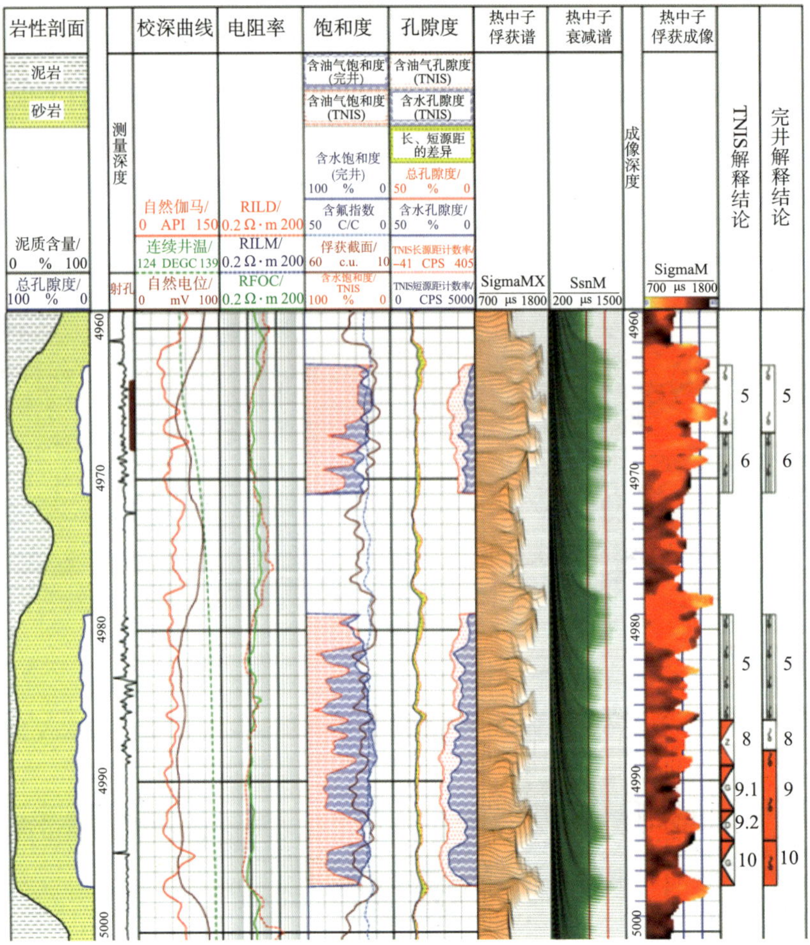

图 5 - 1 - 23　DL6 井饱和度与产液剖面曲线

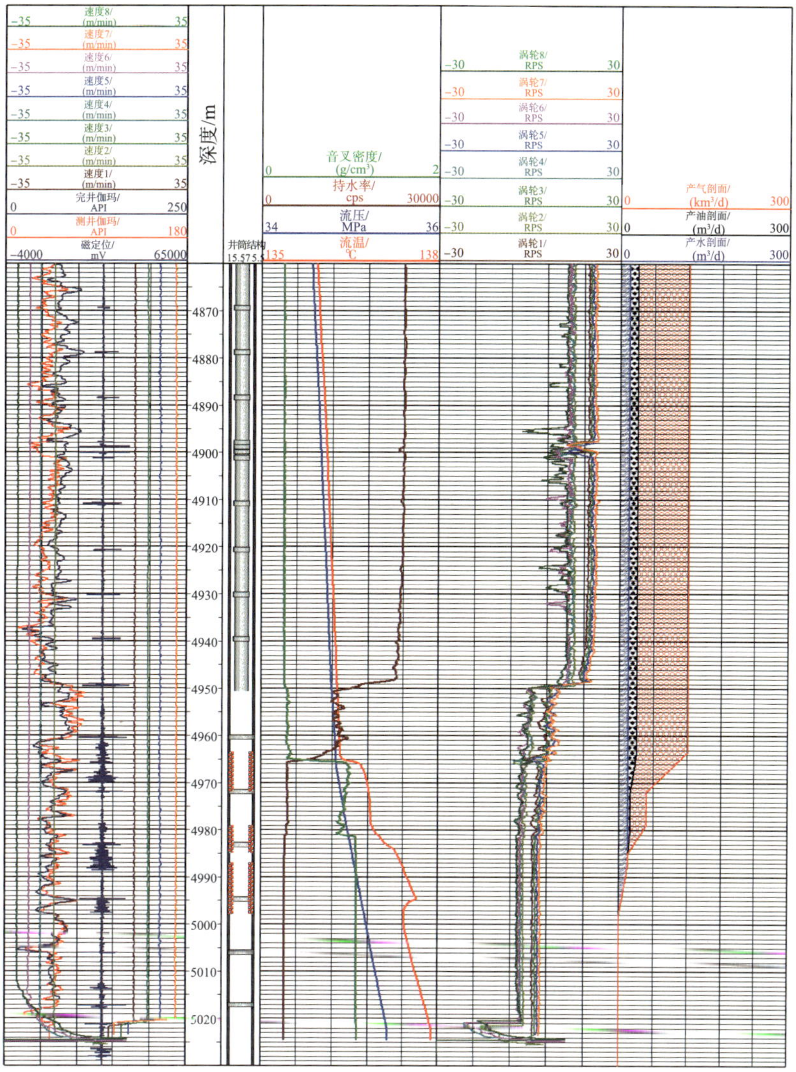

(b)

图 5-1-23 DL6 井饱和度与产液剖面曲线(续)

从生产情况上分析地层水的来水方为西南(DL1X、DL2 井),目前 DL1X、DL2 井下气层水淹停喷。由于 DL6 井处于构造低部位,下气层顶部 4979.0~4985.0m 见水风险高,下步计划增大下气层注气量,抑制水侵,含水发生突变时,加测产液剖面测井。解释采用加拿大的 Emeraude 软件中油气水三相的 Artep 模型(考虑滑脱现象)。从表 5-1-7 对比结果上看,考虑滑脱现象时,与地面产量误差率少。

表 5-1-7 DL6 井不同解释模型结果对比

地面产量		日产油量/t	日产水量/m³	日产气量/m³	气油比	含水率/%
实际计量		8.98	15.82	9.8	10913	64.0
产剖测试折算	考虑滑脱	9.1	16.25	9.6	10549	64.1
	不考虑滑脱	7.2	10.5	9.6	13333	59.3

(四)示踪剂监测技术

注入气运移监测主要采用示踪剂监测技术。从理论及实际意义上讲，示踪剂监测是油田开发动态监测的一种实用方法，能够解决70m、500m乃至1000m以上开发井距的井间连通性问题。所获得的信息是注采井间对应的生产动态信息，而不仅仅是单井筒内的生产动态信息。因此，较其他监测手段而言，示踪监测更具有实际应用意义，施工前最主要是参照测试井组的有关动静态资料，选择适用的化学合成药品作示踪剂(一般选用地层中没有且稳定的物质)，然后利用相关公式计算出气体示踪剂的具体用量，并乘以误差系数(一般取2)。

2013年4月大涝坝开始进行试注气，8月底在上、下气层分别完成R－12和SF6两种示踪剂加注并正式开展示踪剂监测工作(图5－1－24)。气体示踪剂监测的产出突破，一般根据经验选取本底样品值的2～3倍，或由产出曲线拟合趋势基线的2～3倍，从监测结果上，DL4井在2013年12月初，产出明显，12月15日取得突破。DL1X、DL2井监测结果在前期波动大，中后期基本无明显显示，故综合判断为未有产出，其他井未监测到示踪剂。

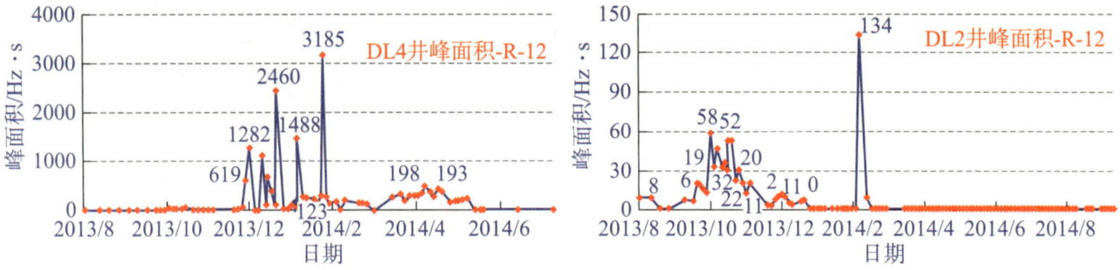

图5－1－24　大涝坝气田DL4、DL2井示踪剂峰面积监测曲线

DL2、DL1X、DL10X井均无明显突破响应，注气受效程度差。分析认为DL2与DL3井之间的断层可能较目前的认识向西南方向延展更远，造成DL2、DL1X井与注气井间断层遮挡，两口监测井未见示踪剂响应。

从示踪剂推进速度反演图(图5－1－25)看，注气初期见效井单一，注入气体首先占据高部位，在压力的推动下逐渐往低部位驱替，即逐渐向DL4井运移突破。

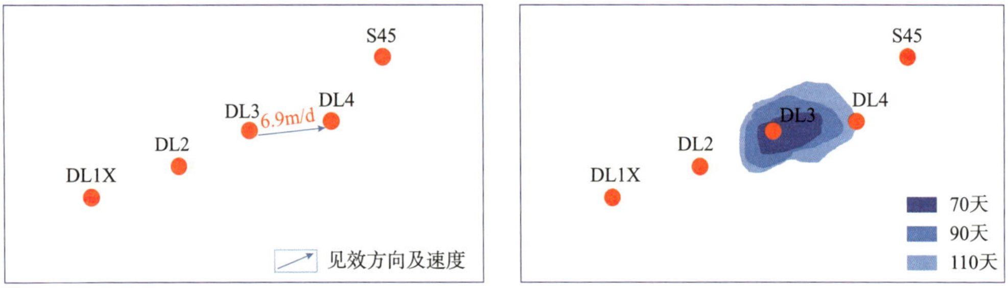

(a)示踪剂推进速度图　　(b)示踪剂推进反演图

图5－1－25　示踪剂推进速度、反演图

从图5－1－25看DL3与DL4井存在良好的连通，注入气优势驱替方向为西东方向；DL4井示踪剂推进速度仅有6.9m/d，速度较慢，主要与该井累计产油量高、压力低、地层亏空大有关。

根据示踪剂反演图、推进速度图及地质概况(图 5－1－26)分析，DL3 监测井组的高速流动区和主渗区较小、驱替效果较差、驱替方向单一，造成了波及区的范围也较小。

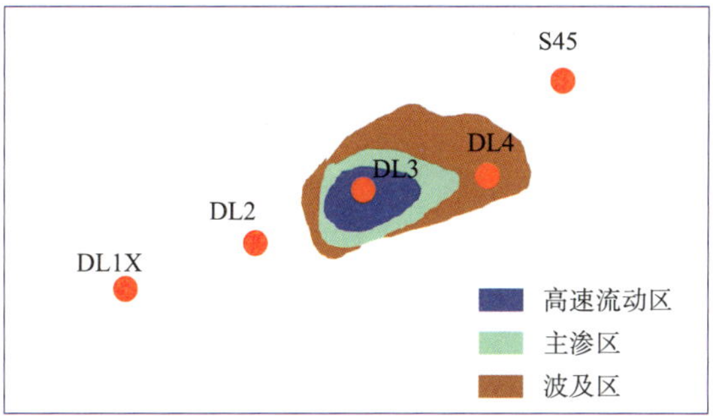

流动单元划分图

图 5－1－26 示踪剂流动单元划分图与测试过程示意图

二、循环注气动态监测体系

(一)注气井动态监测内容及录取要求

1. 注气驱油阶段(初期)

1)流压、流温

每季度监测流压、流温及梯度 1 次，注气异常或注气量调整时应加密监测。

2)静压、静温

每半年监测静压、静温及梯度 1 次，注气异常时加密监测。

3)压降试井

每半年进行压降试井 1 次，注气异常时加密监测。

4)吸气剖面

对新投注的注气井注气初期均进行吸气剖面，正常注气后对多层射开井每半年进行吸气剖面。

5)注入气组分

每月监测注入气组分 1 次，组分发生明显变化时及时加密。

2. 反蒸发混相阶段(中期)

1)流压、流温

每季度监测流压、流温及梯度 1 次，注气异常或注气量调整时应加密监测。

2)静压、静温

每半年监测静压、静温及梯度 1 次，注气异常时加密监测。

3)压降试井

每半年进行压降试井 1 次，注气异常时加密监测。

4)吸气剖面

对新投注的注气井注气初期均进行吸气剖面，正常注气后对多层射开井每半年进行吸气剖面。

5)注入气流体组分

每月监测注入气组分1次，组分变化异常时加密。

3. 气窜阶段(后期)

1)流压、流温

每季度监测流压、流温及梯度1次，注气异常或注气量调整时应加密监测。

2)静压、静温

每年监测静压、静温及梯度1次，注气异常时加密监测。

3)压降试井

每年进行压降试井1次，注气异常时加密监测。

4)吸气剖面

对新投注的注气井注气初期均进行吸气剖面，正常注气后对多层射开井每半年进行吸气剖面。

5)注入气流体组分

每月监测注入气组分1次，组分变化异常时加密。

(二)采气井动态监测内容及录取要求

1. 注气驱油阶段(初期)

1)流压

每季度监测流压、流温及梯度1次，生产异常时应加密监测。

2)静压

新井投产时监测静压、静温及梯度1次；选择具有代表性的气井作为定点监测井，每月监测静压、静温及梯度1次，生产异常时应加密监测，也可进行不稳定试井获取地层压力；对生产井数小于5口的注采井网，建议全部井每半年进行静压测试。

3)不稳定试井

选择具有代表性的注气受效气井作为定点监测井，每半年安排不稳定试井1次，生产动态变化大时，及时加密监测。

4)原油、天然气组分

每2个月安排原油、天然气组分分析1次，生产动态变化大时，及时加密监测。

5)PVT分析

注气开发前后应选择具有代表性的气井进行PVT分析；每个气藏至少选取一口定点监测井每年进行一次PVT分析；对生产井数小于5口的注采井网，建议全部井每年安排一次PVT分析，当生产气油比变化较明显时应及时加密监测。

6)饱和度测井

每年1次。

2. 反蒸发混相阶段(中期)

1)流压

每月监测流压、流温及梯度 1 次，生产异常时应加密监测。

2)静压

新井投产时监测静压、静温及梯度 1 次；选择具有代表性的气井作为定点监测井，每月监测静压、静温及梯度 1 次，生产异常时应加密监测，也可进行不稳定试井获取地层压力；对生产井数小于 5 口的注采井网，建议全部井每季度进行静压测试；强注关井期间安排全部井每月监测静压、静温及梯度 1 次。

3)不稳定试井

选择具有代表性的注气受效气井作为定点监测井，每年安排不稳定试井 1 次，生产动态变化大时，及时加密监测；利用强注关井时机每年安排不稳定试井 1 次，异常时加密。

4)原油、天然气组分

每月安排原油、天然气组分分析 1 次，生产动态变化大时，及时加密监测。

5)PVT 分析

注气开发前后应选择具有代表性的气井进行 PVT 分析；原则上每个气藏至少选取一口定点监测井每半年进行一次 PVT 分析，异常时加密；对生产井数小于 5 口的注采井网，建议全部井每半年安排一次 PVT 分析，当生产气油比变化较明显时应及时加密监测。

6)饱和度测井

每年 1 次。

3. 气窜阶段(后期)

1)流压

每季度监测流压、流温及梯度 1 次，生产异常时应加密监测。

2)静压

新井投产时监测静压、静温及梯度 1 次；选择具有代表性的气井作为定点监测井，每季度监测静压、静温及梯度 1 次，生产异常时应加密监测，也可进行不稳定试井获取地层压力；对生产井数小于 5 口的注采井网，建议全部井每年进行静压测试；强注关井期间安排全部井每月监测静压、静温及梯度 1 次。

3)不稳定试井

选择具有代表性的注气受效气井作为定点监测井，每年安排不稳定试井 1 次，生产动态变化大时，及时加密监测；利用强注关井时机每年安排不稳定试井 1 井次。

4)原油、天然气组分

每季度安排原油、天然气组分分析 1 次，生产动态变化大时，及时加密监测。

5)PVT 分析

注气开发前后应选择具有代表性的气井进行 PVT 分析；原则上每个气藏至少选取一口定点监测井，每年进行一次 PVT 分析，当生产气油比变化较明显时应及时加密监测。

(三)井间动态监测内容及录取要求

1. 注气驱油阶段(初期)

1)井间示踪监测

注采井组井间示踪监测周期视一线注采井组受效情况确定，一般为1~2年。

2)干扰试井

选择具有代表性的一线注采井组每年安排干扰试井1次，生产异常时可考虑加密监测。

2. 反蒸发混相阶段(中期)

1)井间示踪监测

注采井组井间示踪监测周期视二线注采井组受效情况确定，一般为1~2年。

2)干扰试井

选择具有代表性的一线、二线注采井组每年安排干扰试井1次，生产异常时可考虑加密监测。

3. 气窜阶段(后期)

1)井间示踪监测

根据需要开展监测周期较短的井间示踪监测。

2)干扰试井

根据需要考虑开展干扰试井。

具体设计标准如表5-1-8所示。

三、储气库完整性动态监测

地下储气库的监测内容主要包括内部运行动态监测、井筒完整性监测、圈闭密封性监测三大方面(表5-1-9)，为储气库运行管理、安全评价及动态分析等提供依据。

1. 内部运行动态监测

主要包括注采动态、内部温压和流体性质、储层状况监测、注采井产能、井间连通性分析，目的是了解单井注采气能力、储层性质、流体分布及变化等，指导气库扩容达产、优化配产配注及井工作制度调整。

2. 井筒完整性监测

主要包括油管的井径及壁厚监测、套管固井质量监测，目的是了解油管与接箍损伤、腐蚀、内径变化、射孔质量和管柱结构等井下技术状况，对固井质量差的井及部位要进行重点监测。

3. 圈闭密封性监测

主要对盖层、断裂系统、溢出点、周边储层及上覆渗透层和浅层水域进行监测，确保注入储气库的天然气能够存得住，并对天然气通过地层漏失实施预警。

表 5－1－8　凝析气藏循环注气动态监测设计标准

井别	项目	目的	初期－注气驱油阶段	中期－反蒸发混相阶段	后期－气窜阶段
采气井	流压	掌握地层压力、生产压差变化	每季度 1 次，异常时加密	每月 1 次	每季度 1 次，异常时加密
	静压		定点井：每月 1 次； 生产井数小于 5 口的注采井网： 全部井每半年 1 次	定点井：每月 1 次，异常时加密； 生产井数小于 5 口的注采井网： 全部井每季度 1 次； 强注关井期间的采气井：每月 1 次	新井投产：1 次； 定点井：每季度 1 次，异常时加密； 强注关井期间的采气井：每月 1 次
	不稳定试井	掌握储层参数及变化情况	定点井：每半年 1 次，异常时加密	定点井：每年 1 次，异常时加密； 强注关井期间的采气井： 每年 1 次，异常时加密	定点井：每年 1 次，异常时加密； 强注关井期间的采气井：每年 1 次
	PVT 分析	掌握流体相态特征及变化	注气开发前：有代表性的气井； 定点井：每半年 1 次，异常时加密； 生产井数小于 5 口的注采井网： 全部井每年 1 次，异常时加密	注气开发前：有代表性的气井； 定点井：每半年 1 次，异常时加密； 生产井数小于 5 口的注采井网： 全部井每年 1 次，异常时加密	注气开发前：有代表性的气井； 定点井：每年 1 次，异常时加密
	原油全分析 天然气全分析	监测流体组分变化	每 2 个月 1 次，异常时加密	每月 1 次，异常时加密	每季度 1 次，异常时加密
	饱和度测井	剩余油分布监测	每年 1 次	每年 1 次	
注气井	流压、流温	掌握地层压力、注入压差变化	每季度 1 次，异常时加密	每季度 1 次，异常时加密	每季度 1 次，异常时加密
	静压、静温		定点井：每半年 1 次，异常时加密	定点井：每半年 1 次，异常时加密	定点井：每年 1 次，异常时加密
	压降试井	掌握储层参数及变化情况	定点井：每半年 1 次，异常时加密	定点井：每半年 1 次，异常时加密	定点井：每年 1 次
	吸气剖面	了解注气射开层段的吸入情况	新投注气井初期监测吸气剖面； 多层注气井：每半年 1 次，异常时加密	新投注气井初期监测吸气剖面； 多层注气井：每半年 1 次，异常时加密	新投注气井初期监测吸气剖面； 多层注气井：每半年 1 次，异常时加密
	注入气全分析	监测流体组分变化	每月 1 次，异常时加密	每月 1 次，异常时加密	每月 1 次，异常时加密
	工程测井	电磁探伤	每年 1 次	每年 1 次	每年 1 次
井间	井间示踪监测	监测注气前缘推进情况	注采井组监测时间视一线、二线注采井组受效情况确定		根据需要开展短期监测
	干扰试井	确定注采井间连通性、储层参数	代表性的一线注采井组：每年 1 次， 生产异常时可考虑加密监测	代表性的一线、二线注采井组： 每年 1 次，生产异常时可考虑加密监测	根据需要开展

表 5-1-9　储气库完整性动态监测

监测项目		监测目的	监测内容	监测方法	监测井	监测频率	备注
圈闭密封性监测	盖层气密性监测	监测盖层可能存在的天然气漏失	压力温度、地层水烃类含量以及示踪剂监测	通过钢丝 / 电缆下入存储式压力计 井口取样化验 井内注入示踪剂	无		
	断裂系统气密性监测	监测断裂系统可能存在的天然气漏失	压力温度、地层水烃类含量		无		
	上覆浅水层监测	监测井筒各级胶贴面可能产生的工程漏失，避免污染上覆浅水层	压力温度、地层水烃类含量		无		
	周边及溢出点监测	监测圈闭溢出点可能存在的气体漏失	压力温度、示踪剂监测、流体性质及组分分析		无		
井筒完整性监测	管柱内完整性监测	了解油管和套管的腐蚀状况	井径、油套管壁厚	多臂井径测井仪、电磁探伤、漏磁检测仪（MFL）、EM Pipe Scanner 套管电磁扫描仪、井温测井、能谱噪声测井	DL6、DL4 井	5 年	注气期末各测一次含气饱和度，发生异常情况加密测
	管柱外完整性监测	了解固井质量变化	固井质量	CBL、VDL、扇区水泥胶结测井仪（SBT）、水泥评价仪（CET）、超声波成像测井仪（USIT）	上修井	10 年	
内部运行动态监测	注采井生产动态监测	了解生产动态变化	时间、油套压、产量（注气量）、温度、含水率、含砂、高压物性	日常通检、取样 PVT 分析	所有注采井 PVT 分析：S45、DL12、DL13X 井	每天 每年	
	内部温压和流体性质监测	分析库容变化以及采气井油气组分的变化	压力温度、油气组分	通过钢丝 / 电缆下入存储式压力计 井口取样化验	所有注采井	每季度	工作度调整后加密测
	储层状况监测	了解油气运移变化	监测压力前缘移动，气液界面及流体分布运移气以及储层含油饱和度监测	TNIS、PNN、PND、RMT、过套管电阻率	气液界面：三个井组 饱和度测井：DL12、S45	3 年 1 年	
	注采井产能监测	了解储层的地质参数及各层的产出和吸入变化	单井产能、有效渗透率、地层压力及地层边界性质 各层段的产出和吸入量	系统试井和不稳定试井、产注剖面测井	试井：DL12、S45 产气剖面：DL4、DL6、DL10X 注气剖面：DL3	每年	产量（注气量）发生异常变化时加密测量
	井间连通性监测	判断注入气的注入方向	地层连通型	井内注入示踪剂、干扰试井	DL1X、.DL3、DL15H 井	3 年	

第二节　井下作业工艺技术

高压注气不同于注水，不存在静液柱的平衡，其延程摩擦损失也远小于注水过程的，注气井套管特别是井口附近的套管将承受异常高压，因此必须在井口装置、井身结构、完井工艺等内容进行优化设计，避免注气过程中的套管气窜问题，尽量采用无套压生产方式，延长气井寿命，满足长期不动管柱，以保证安全注气和采气，并应尽量减少井下作业工作，实现长期效益注气。

一、井身结构

(一)井型

大涝坝储气库注采井主要有直井和定向井两类，定向井包括斜井和水平井两类。直井均采用508mm导管+339.7mm表层套管+244.5mm技术套管+177.8mm油层套管的三级井身结构(图5-2-1)，定向井均采用508mm导管+339.7mm表层套管+244.5mm技术套管+177.8mm和139.7mm组合油层套管的三级井身结构(图5-2-2)。

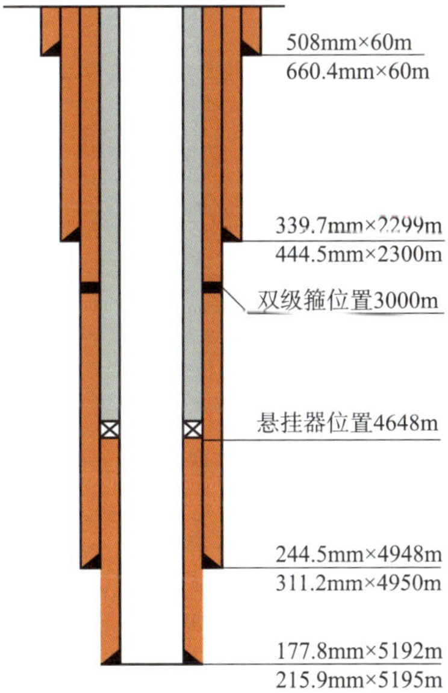

图5-2-1　直井井身结构图

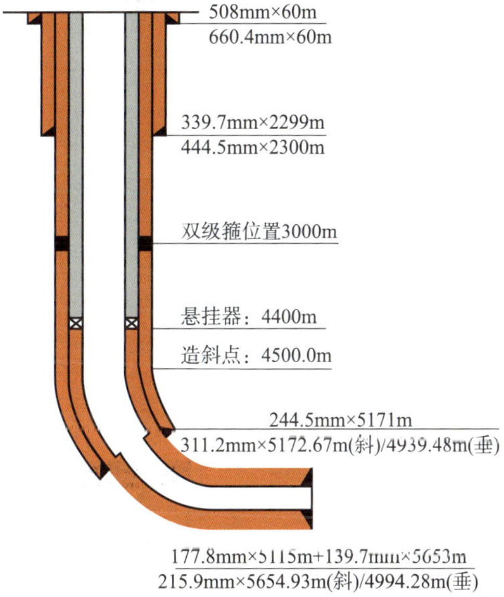

图5-2-2　定向井井身结构图

(二)套管柱

储气库运行周期长，一般30~50年，注采井要求强注强采，并且周期循环，由此产生的交变应力极易使生产套管的螺纹发生渗漏，影响其气密封性能。为此，大涝坝储气库注采井生产套管扣型选择金属气密封，螺纹采用金属与金属的密封，增强其抗渗漏能力，同时回接点以上生产套管选用P110S钢级，回接点以下生产套管选用13Cr110钢级，增强其对硫化氢、二氧化碳等腐蚀性气体的耐受性。入井套管扣逐根进行了气密封检测，以确保管柱整体的密封性、完整性。另外，技术套管也选用气密封扣，防止生产过程中发生窜流，确保井筒完整性。

二、完井管柱

(一)完井方式及管柱结构

大涝坝凝析气藏注采井前期主要采用油管传输射采一体化完井、先钻杆传输射孔后完井两种完井方式。

油管传输射采一体化完井管柱结构一般为：气密封扣油管＋井下安全阀＋气密封扣油管＋封隔器＋座放短节(根据需求可去除)＋筛管＋丢枪装置(根据需求可去除)＋射孔枪(图5－2－3)。完井管柱最下端为射孔枪，不满足后期产液剖面、吸气剖面等动态监测的需求，部分注采井因预留口袋不足无法使用丢枪装置，且使用丢枪装置会产生井下落物，不满足井筒完整性要求，因此大涝坝储气库建设过程中，注采井均采用先钻杆传输射孔后完井的方式，完井管柱结构优化为：气密封扣油管＋井下安全阀＋循环滑套＋封隔器＋座放短节＋筛管＋喇叭口(图5－2－4)。

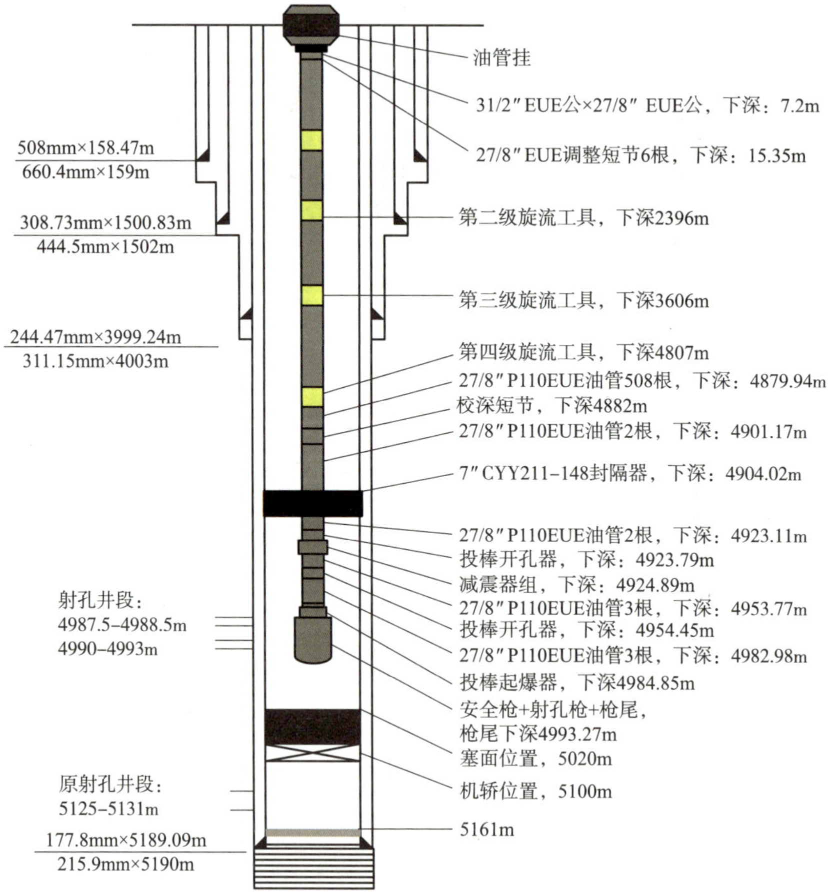

图5－2－3　油管传输射采一体化完井管柱

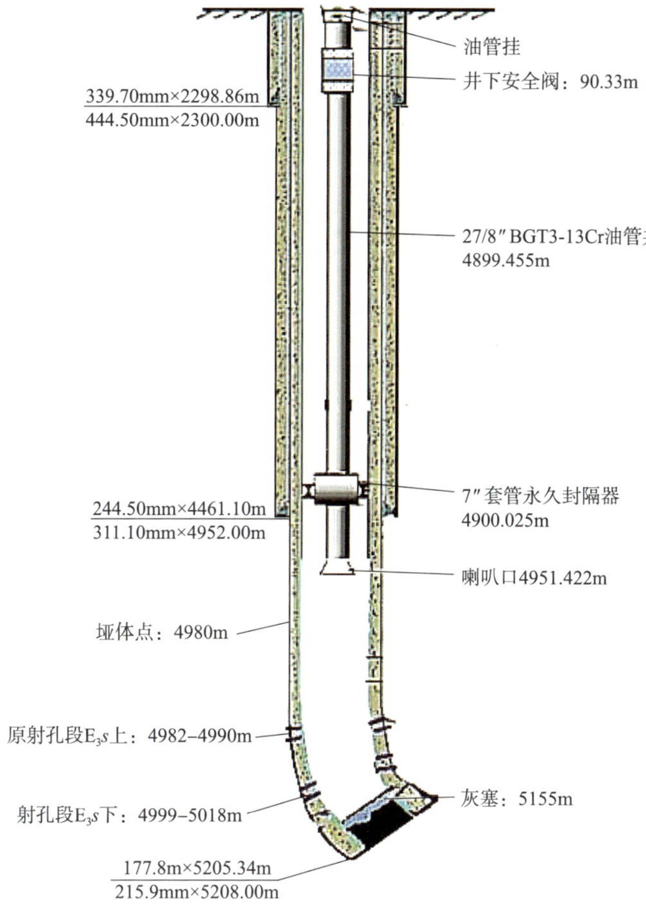

图5－24 先钻杆传输射孔后完井优化管柱

(二)油管尺寸

储气库注采井与常规油气生产井相比，其最大特点是单井产能大、安全性能好、同一井内实现注气和采气且注采井免修期长等。结合大涝坝储气库气藏特点，选择注采井的油管尺寸主要考虑以下因素。

(1)与地层产能相协调，满足单井注采气量要求。

(2)单井注采气量条件下具有平稳的井筒压力损失。

(3)防止发生气体冲蚀现象，满足储气库长期安全运行要求。

(4)满足携液采气要求。

(5)所选尺寸的油管具有技术成熟、应用广泛的配套井下工具。

(6)经济合理可行。

依据产能方程，选取井底为节点，建立注气、采气模型，根据大涝坝储气库注采运行需求，选取不同规格的油管分别进行气井产能、注气能力、抗冲蚀能力、携液能力、低摩阻能力分析，最终优选外径 Φ88.9mm 的油管作为注气井油管，可满足配注气量(17～60)×

$10^4m^3/d$ 的运行需求，优选外径 Φ73mm 的油管作为采气井油管，可满足配产气量$(10\sim42)\times10^4m^3/d$ 的运行需求，且均不会发生冲蚀损坏(图 5-2-5 ~ 图 5-2-8)。

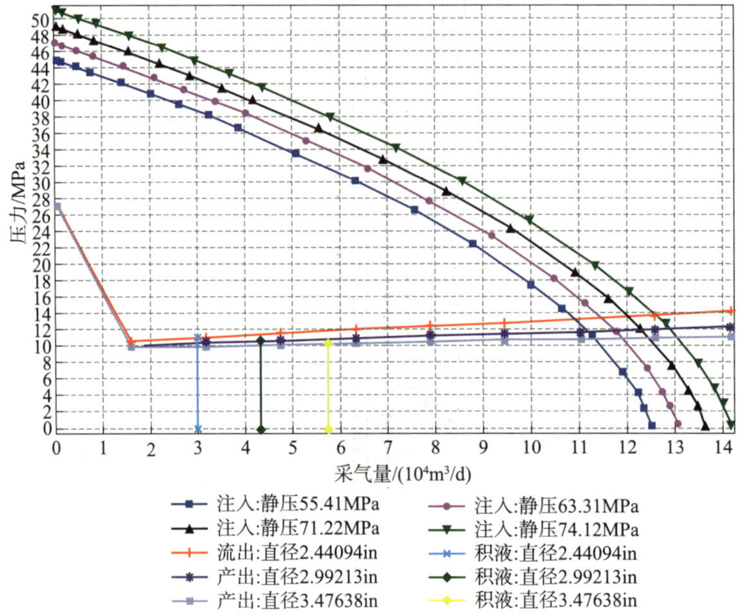

图 5-2-5　采气井不同管径与不同地层压力的流入流出曲线

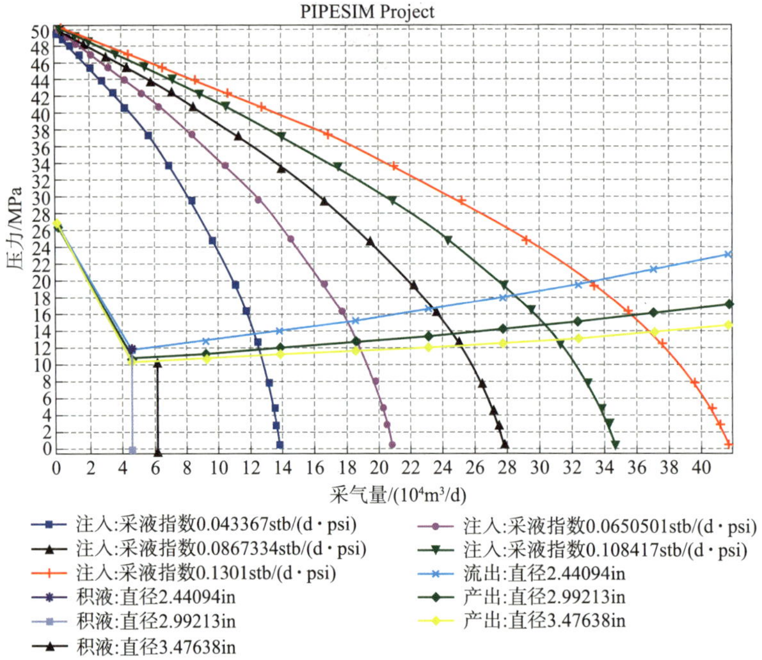

图 5-2-6　采气井不同管径与不同产液指数的流入流出曲线

注：1stb = 0.159m^3；1psi = 0.0689476MPa

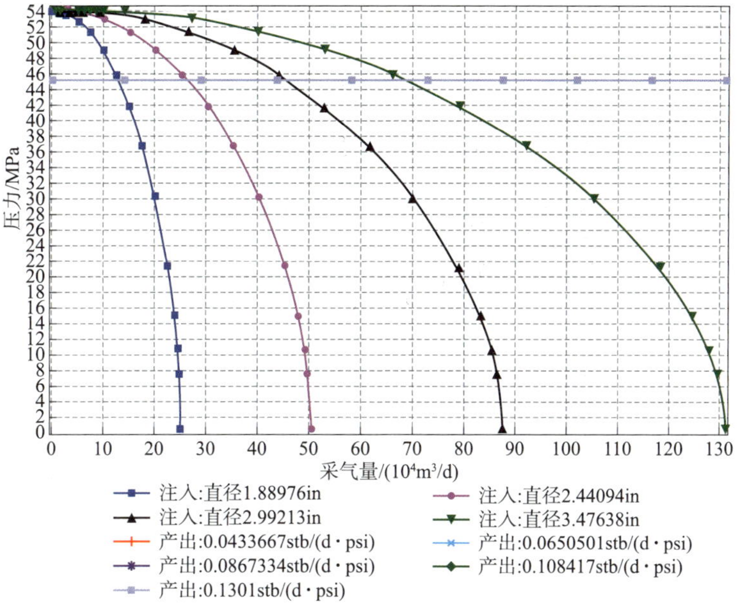

图 5-2-7　注气井不同管径流入流出曲线

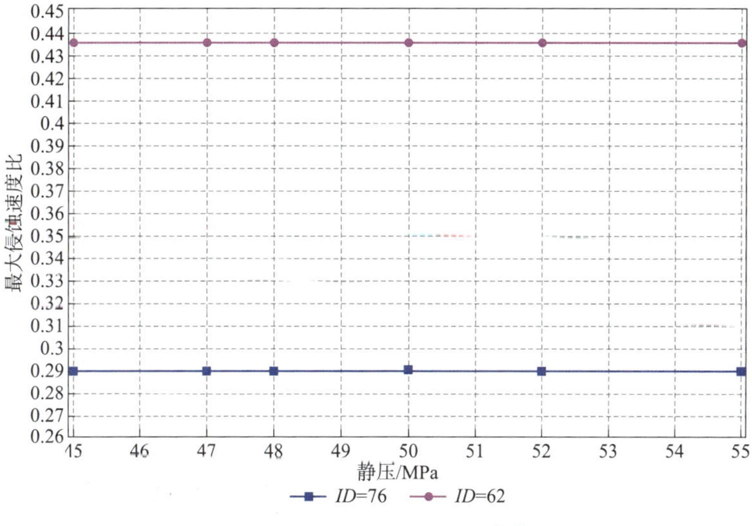

图 5-2-8　井口压力 10MPa，产气量 $42\times10^4m^3/d$ 时临界冲蚀速度比

(三)油管扣型

储气库注采井的生产管柱既要注入天然气，又要采出天然气及凝析油，注入、采出的温度和压力不断变化，由此产生的交变应力，极易造成生产管柱的密封性失效。因此大涝坝储气库优选气密封压力高、连接强度大、抗过扭能力强的 BGT3 扣型(图 5-2-9)，通过金属对金属的气密封丝扣，外螺纹末端与内螺纹形成一个径向或轴向环形的金属接触面，可以隔开油流和螺纹油，保持油管的密封性，克服 API 普通油管接头圆扣连接在抗交变负荷能力差的局限性，大大提高抗漏失性能，延长油管的密封寿命。同时入井前在井口

逐扣进行气密封检测，以保证完井管柱的整体密封性，满足储气库注采管柱气密封要求。

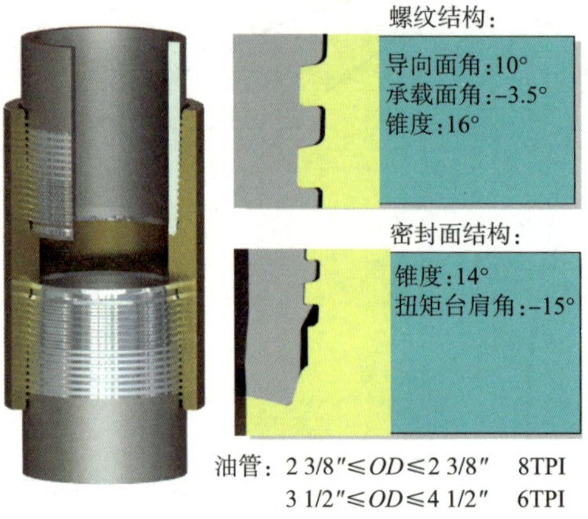

图 5-2-9　BGT3 扣型油管

(四)井下配套工具

大涝坝储气库注采井的井下配套工具包括井下安全阀、永久式封隔器、坐放短节等。

1. 井下安全阀

选用油管起下、地面控制的自平衡式井下安全阀(图 5-2-10)。井下安全阀安装在井口以下80～100m，在采气树被毁坏时或地面出现火灾等异常情况时可实现自动或人为关闭，实现井下控制，保证储气库注采井的安全。井下安全阀上下各安装一个流动短节，防止流体流动对安全阀的冲击。井下安全阀的材质为 S13Cr，满足抗二氧化碳和硫化氢腐蚀的需求，扣型为与生产油管配套的 BGT2 气密扣。

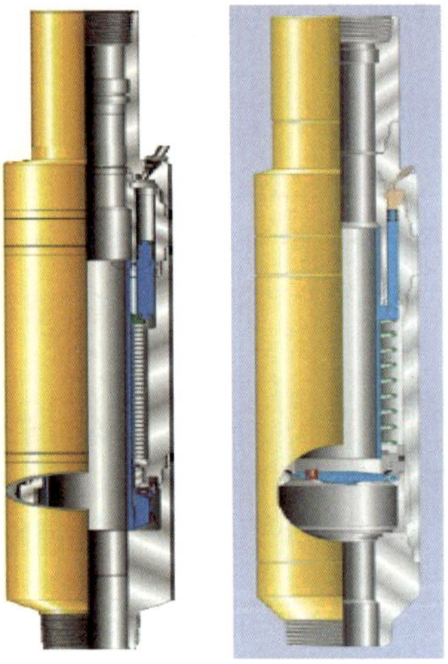

图 5-2-10　自平衡式井下安全阀

2. 永久式封隔器

选用液压坐封的永久式封隔器(图 5-2-11)，一旦坐封，封隔可靠，不易解封，可有效封隔注采管和生产套管环空，避免气体腐蚀套管和阻止气体压力变化对套管产生的交变应力，保护套管，延长注采井寿命。永久式封隔器的扣型为 BGT3，材质为 13Cr，满足二抗氧化碳腐蚀需求，耐压级为 70MPa，满足抗压力需求。

图 5-2-11　永久式封隔器

对于直井注采井，封隔器下入位置在产层段以上 50～100m，有利于保护环空套管不受气体腐蚀和交变应力影响。对于水平井，封隔器下入位置在直井段且尽可能靠近产层段，有利于封隔器的有效坐封，保障注采井长效稳定生产。

3. 坐放短节

可通过钢丝作业将堵塞器(图 5－2－12)坐落在座放短节(图 5－2－13)，实现管柱上下隔绝，完成油管密封试压及不压井更换井口作业；用钢丝作业将储存式温度压力计悬挂于坐放短节上，可实现对注储气库压力、温度的阶段性监测。

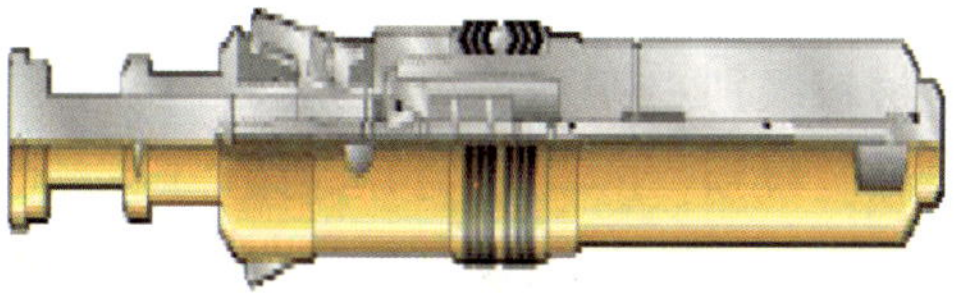

图 5－2－12　堵塞器示意图

图 5－2－13　坐放短节示意图

三、井口装置及配套

(一)井口采气树

根据大涝坝储气库注采井的压力温度特点和注采气量，设计采用十字形双翼双阀采气树结构，生产运行中便于不停产更换闸阀。

大涝坝储气库最高井口压力 52MPa，最高井口温度 70℃，最低井口温度 －21℃(极限环境温度)，温度级别选择 P－U 级，即 －29～121℃。

大涝坝储气库地层压力运行上限不超过 55MPa，井口最大注气压力不超过 52MPa，酸化改造作业井口压力不超过 55MPa，因此采用 70MPa 采气井口。

根据大涝坝储气库腐蚀环境分析，井口装置工作过程中接触水和含 CO_2 的天然气以及措施时的腐蚀性介质(CO_2 分压 0.16～0.36MPa，H_2S 分压 0.34～0.63kPa)，故井口及采油树处于酸性环境中。根据 API 井口选材标准(表 5－2－1)，井口材料选择不锈钢材质，材料级别为 FF 级。

表 5－2－1　API 井口选材标准

API 标准对材料的要求				
材料级别		材料最低要求		
		本体、盖和法兰	压力控制件、阀杆和心轴式悬挂器	
EE－酸性工况		碳钢和低合金钢	不锈钢	
FF－酸性工况		不锈钢	不锈钢	
HH－酸性工况		抗腐蚀合金	抗腐蚀合金	
API 对材料腐蚀性的有关规定				
滞留液体	相应的腐蚀性	H_2S 分压/psi	CO_2 分压/psi	$Cl^-/10^{-6}$
EE－酸性工况	轻微腐蚀	＞0.05	＞7～30	＜20000
FF－酸性工况	中到高程度腐蚀	＞0.05	＞30	＜20000
HH－酸性工况	高程度腐蚀	＞0.05	＞30	＞20000

采气树主通径与完井油管通径一致，油管挂与油管头四通的主密封为金属对金属的密封，并能够整体穿越安全阀控制管线。

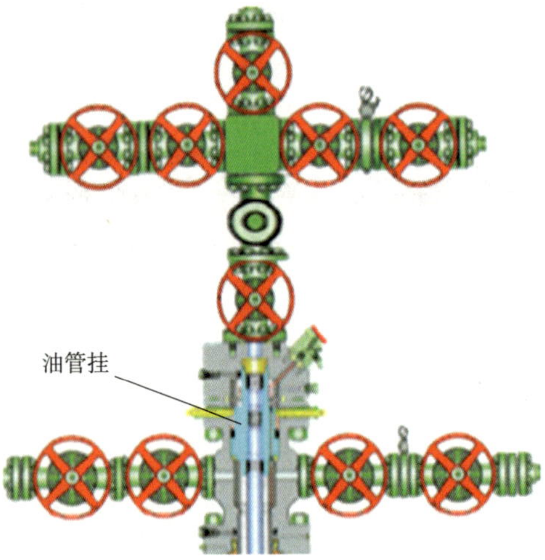

图 5-2-14　采气树示意图

依据大涝坝储气库设计指标及自然环境指标，通过以上计算，注气井口及采气树主要技术指标如下。

材料级别：FF 级；

温度级别：P-U(-29~121℃)；

产品规范级别：PSL-3G；

配套 3½″油管采气树主通径：3⅛″；

井口装置额定压力为 68.9MPa(10000psi)；

采气树采用法兰式连接、双翼双阀结构，生产阀门为双阀门设计，生产翼配套地面安全阀(图 5-2-14)。

(二)油管头

1. 四通

油管四通上法兰规格 7-1/16″×10000psi-BX156，内孔带油管挂的座挂和密封台阶，法兰外缘带顶丝，用于固定试压塞、防磨套和油管挂，顶丝处可换装试压接头，以便对试油防喷器的全封闸板试压；下法兰规格为 11″×-10000psi-BX158，采用金属密封，下法兰外缘带试压孔，配密封脂注入阀卸压螺帽；垂直主通径为 160mm。油管四通和油管悬挂器采用金属对金属的密封方式。油管四通本体两侧旁通连接规格为 2-9/16″×10000psi-BX153 摘丝法兰，内孔带 2-1/2″-6 TPI-Stud ACME 螺纹，以便使用 VR 堵，带压维修和更换内侧阀门。材料级别 FF 级，温度等级 PU，产品规范级别 PSL3，性能要求级别 PR1。

2. 油管悬挂器

油管悬挂器公称外径为 7″，上端采用全金属密封，下部悬挂内螺纹为 3-1/2″FOX 扣，上部提升内螺纹为 3-1/2″EUE，内孔带 3″BPV 螺纹，预留 1 条 1/4″(6.35mm)井下安全阀控制管线连续穿越孔，并配备耐压丝堵。材料级别 FF 级，温度等级 PU，产品规范级别 PSL3，性能要求级别 PR1。

3. 四通侧翼

四通每翼为两只 2-9/16″×10000Psi 手动闸板阀和一只 2-9/16″×10000Psi-2-7/8″ NU 丝扣法兰及丝堵，其中右翼两阀之间带仪表法兰，装截止阀、压力表。钢圈为 BX-153。阀门的阀座和阀体之间，以及阀座和阀板之间为金属密封，阀体、阀盖必须为锻件，阀门为全通径，双向密封阀门，可以实现换向安装；不带尾杆，可以实现现场带压更换阀杆密封。阀门结构设计合理，易于操作，阀门的断开扭距(最大压差情况)不得大于 160N·

M。材料级别 FF 级，温度等级 PU，产品规范级别 PSL3，性能要求级别 PR1。

（三）套管头

（1）套管头的压力级别选择为 69MPa。

（2）套管头配合尺寸选择 $13\frac{3}{8}'' \times 9\frac{5}{8}'' \times 7''$，采用整体式气密封套管头。

（3）套管头各种阀体，闸门的材料级别应与本体一致。

（4）采气树与套管头统一采购，确保与采气树的连接、尺寸配合与二次密封，以避免产生配合问题。

（四）井口安全控制系统

大涝坝储气库注采井的井口安全控制系统（图 5-2-15），该控制系统主要由井下设备和地面设备组成，井下设备由井下安全阀和封隔器配套形成井下防线，地面设备由地面安全阀、采集压力信号的高低压传感器以及单井控制盘和井组总控制盘组成。具有以下功能：①发生火灾情况下，可以自动关井；②井口压力异常时，可以自动关井；③采气树遭到人为毁坏和外界破坏时，可以自动关井；④发生以上意外，自动关井没有实现时，或者其他原因需要关井时，可以在近程或远程实现人工关井；⑤能够有序关井，保护井下安全阀。

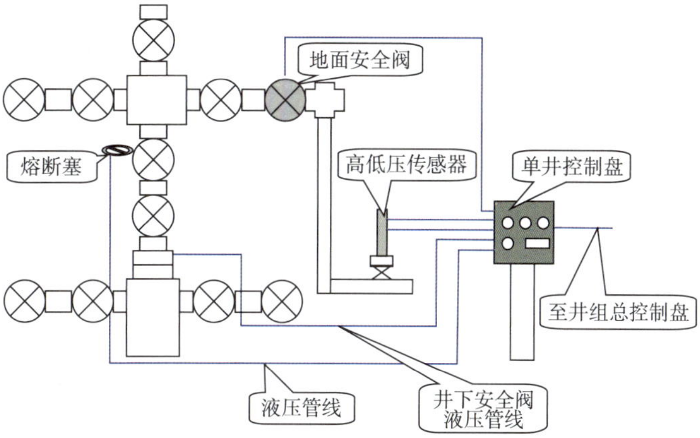

图 5-2-15　安全控制系统示意图

四、射孔工艺

（一）射孔方式

大涝坝气藏目前已逐步转向枯竭状态，在钻井、完井过程中可能存在较严重的地层污染，射孔应最大程度地避免地层污染。射孔过程中井筒内液体进入地层，可能会对地层造成二次污染，所有聚能射孔弹都可能在孔道内部形成孔壁压实带，射孔应尽量减少对地层的二次伤害。根据大涝坝储气库注采井的完井方式，射孔方式采用钻杆传输射孔。

（二）射孔枪和射孔弹

大涝坝储气库注采井 7″套管内射孔一般采用外径 127mm 射孔枪，枪套间隙 12.75mm/13.89mm，$5\frac{1}{2}$in 套管内射孔一般采用外径 89mm 射孔枪，枪套间隙 15.78mm，在该间隙下，既能充分发挥射孔枪的性能，实现深穿透和大孔径，又能保证射孔过程中的安全。

大涝坝凝析气藏巴什基奇克组砂层储层埋藏深度在 5141m 左右，地层平均温度为 140℃（按地温梯度折算），根据射孔弹装药类型与井下滞留时间的关系（图 5-2-16），

HMX射孔弹在有枪身140℃下有效滞留时间约200h，满足钻杆传输射孔所需时间，同时在同等弹药量的情况下，HMX射孔弹的射孔穿深和成孔性能是HNS和PYX射孔弹的3倍，因此大涝坝储气库注采井均采用HMX射孔弹。

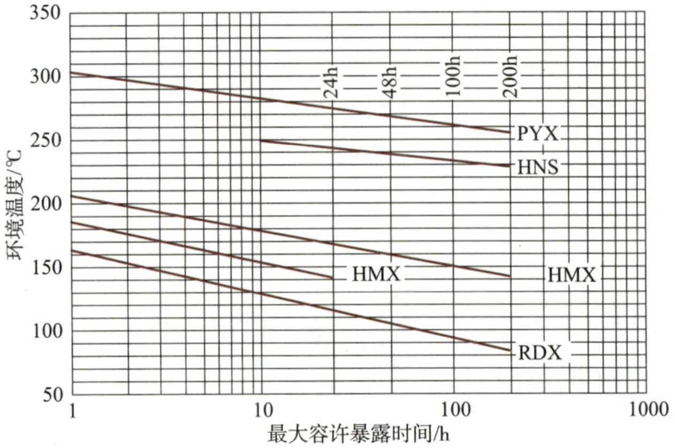

图5-2-16　射孔弹装药类型与井下滞留时间关系图

(三)射孔器

大涝坝储气库注采井射孔采用的是后效射孔器，是将后效应载体(简称后效体)装于射孔弹口部，构成后效射孔弹，并采用特制弹架组合与射孔枪组装而成(图5-2-17)。射孔点火后，聚能射孔弹的金属射流在挤压地层形成孔道的同时，超高速射流尾部形成的涡流场引力将后效粒子曳入孔道内，这些被云雾化的高能粒子在孔道内相互摩擦、撞击，引起局部灼热点火，从爆燃转至螺旋爆轰，实现二次孔内做功，并产生裂缝，消除孔道末端杵堵，瓦解孔壁压实层，大幅度地提高近井地带油层的渗流能力。

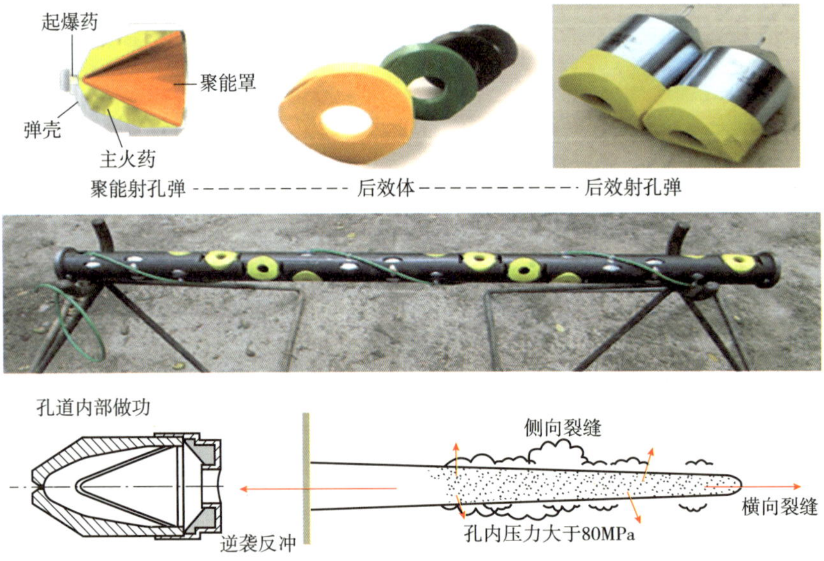

图5-2-17　后效射孔工艺原理图

(四)射孔参数

射孔参数不仅受射孔枪和射孔弹的规格限制，而且穿透深度、孔径、孔眼密度等参数之间相互抑制，只有合理地权衡设计相关参数，才能达到最好的射孔效果。结合大涝坝气藏储层的实际情况，选择相位、孔眼密度两项影响射孔产率比的参数进行优化。

1. 直井射孔参数优化

根据直井射孔相位和孔眼密度对产率比的影响分析图(图5－2－18)，90°相位比60°相位射孔产率比更高，孔眼密度16孔/m比13孔/m的产率比更高，两种孔眼密度和相位下对应的套管强度系数降低值都在工程安全要求范围(2%)之内(表5－2－2)，但90°相位角两发射孔弹之间导爆索的距离比60°相位角的长，不利于减小弹间干扰，所以直井射孔参数优化为相位60°、孔眼密度16孔/m。

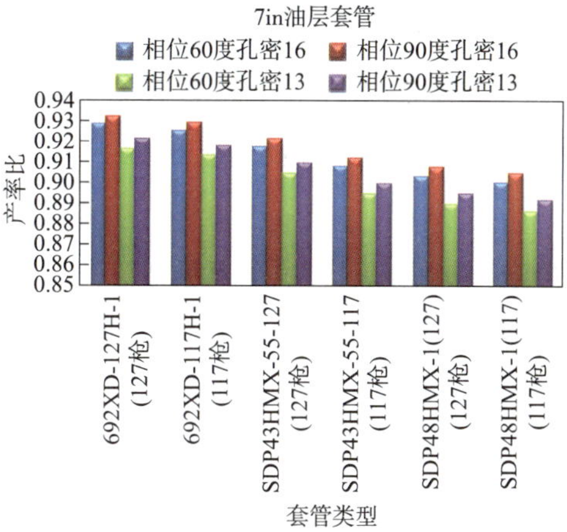

图5－2－18 7in套管不防砂射孔完井时优选射孔弹产率比对比分析图

表5－2－2 套管强度降低系数表

射孔相位/(°)	孔眼密度/(孔/m)	套管强度降低系数/%
60	13	1.47
	16	1.80
	20	1.50
90	13	1.47
	16	1.87
45	26	3.10

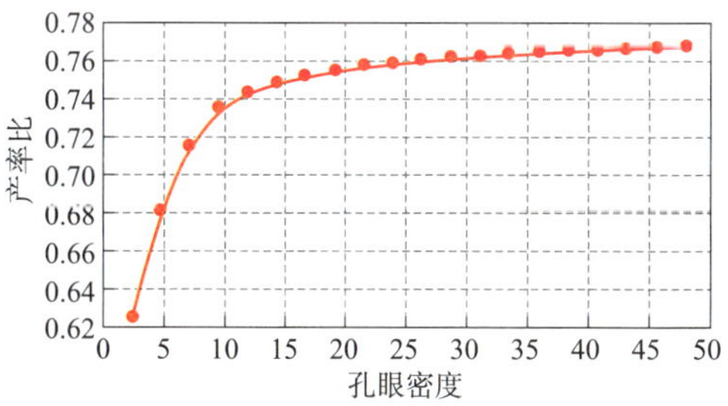

图5－2－19 孔眼密度对气井产率比的影响

2. 水平井射孔参数优化

根据孔眼密度对气井产率比的影响(图5－2－19)，孔眼密度低于16孔/m时，增加孔眼密度气井产能大幅增加，孔眼密度高于16孔/m后，气井产能随孔眼密度增加变化幅度有限。因此最优孔眼密度为16孔/m。

根据相位角对气井产率比的影响，水平井在相位60°～100°时得到的产能相对较高，但考虑对套管强度降低的影响，最优相位角为60°。

五、完井工作液

（一）压井液体系

大涝坝储气库注采井修井过程中采用氯化钙清洁盐水作为压井液，压井液滞留时间段对储层无固相颗粒污染，密度在 1.03～1.35g/cm^3 之间可调。

（二）储层保护液

为防止修井过程中压井液大量漏失，大涝坝储气库注采井修井过程中采用暂堵型储层保护液，其原理是利用强吸水高分子材料控制修井液中的自由水，正压差下进入孔眼，滤失形成封堵层，并利用井下高温（≥120℃）引起化学反应，使暂堵层形成胶质的人工井壁，有效止漏。现场应用压井液漏失降低 82% 以上，确保了作业期间井筒稳定性，起到了下护储层、上保井控的双重作用。同时 －5MPa 压差下封堵层自动脱落返排，不影响修井后产能恢复。

（三）完井液体系

大涝坝储气库注采井射孔完井时采用的是 HTAFLOW 隐形酸完井液体系。其中的 CA－101高效缓蚀剂由多种有机胺、无机盐等混合物组成，利用协同增效原理，使分子吸附作用在金属表面上形成分子定向排列的保护膜，防止金属被腐蚀。该体系在 13Cr 钢材上很好的成膜性，能有效防止氧气、二氧化碳、硫化氢对完井管材的腐蚀，同时还兼有杀菌作用。50～120℃腐蚀速率＜0.076mm/a。HTAFLOW 隐形酸完井液体系有以下 5 个特点。

（1）助剂 100% 水溶，复配 KCl/甲酸盐加重，高比重可达 1.5。

（2）溶解率高：pH 值 3～5 隐形酸，主动解除前期不配伍导致的堵塞。

（3）黏土稳定性好：胺类阳离子，抑制黏土膨胀和黏土微粒运移。

（4）配伍性强：螯合剂，防止高价金属离子二次沉淀。

（5）无须返排：7h 以后成中性流体状态。

（四）环空保护液

大涝坝凝析气藏原始地层压力 54～56MPa，地层温度 134～143℃，硫化氢的质量浓度 4～90mg/m^3，CO_2 含量 0.64%～1.4%，CO_2 分压 0.16～0.36MPa，H_2S 分压 0.00034～0.00063MPa，属于高含 CO_2、低含 H_2S 的高温酸性气藏，完井管柱长期应用存在酸性气体腐蚀风险。为了保证大涝坝储气库的高效开发与应用，完井管柱采用抗 CO_2 腐蚀的 13Cr 材质，同时在油套环形空间注入环空保护液，一方面可平衡油套环空压力，保护管柱与封隔器；另一方面可防止酸性气体渗漏，延长油套管柱和井下工具服役周期。

该环空保护液是西北油田分公司自主研发的广普型耐高温环空保护液体系，具备以下特点。

（1）高温稳定性好，耐酸性气体腐蚀，200℃ 饱和 CO_2 条件下，碳钢材质腐蚀速率

0.05mm/a，满足油田油套管应用标准0.076mm/a，无局部腐蚀和应力开裂风险。

(2)密度在1.01～1.53g/cm^3 范围内可调，适应性广，可用现场井场水配制，操作简单，施工方便。

其评价结果如表5－2－3所示。

表5－2－3　广普型耐高温环空保护液室内评价结果(200℃、168h、2MPa CO_2、0.1MPa H_2S)

水基	挂片材质	失重质量/g	腐蚀速率/(mm/a)
井场水	P110	0.00035	0.0094
	P110S	0.00025	0.0035
油田水	P110	0.00455	0.0627
	P110S	0.00365	0.0547

六、注气井维护管理

(一)注气井环空允许最大持续压力

根据API RP90(Annular Casing Pressure Management for Onshore Wells)标准，计算最大允许环空带压值。允许的最大环空压力值是根据管柱强度的最小值(比如套管/油管的抗内压和抗挤强度)和套管鞋所在的地层应力计算出来的。由于环空带压安全风险较大，有必要设立一个上限值，一旦超出该限值，就必须采取相应的补救措施，甚至弃井。一般情况下，需要对每口高压气井开展井口环空带压安全评价。井口允许最大带压值是针对某一特定环空的最大允许工作压力值，反映环空能够承受的压力级别。

确定原则：各层环空最大许可压力在取值时应取该层环空中最薄弱段的强度值。如果各环空之间有窜通的情况，应把窜通的环空视为同一环空。

1. 油套环空最大许可压力

环空最大许可压力值的确定是取以下各项中的最小者：

①生产套管抗内压强度的50%；

②技术套管抗内压强度的80%；

③油管抗挤毁强度的75%；

④生产套管的套管头强度的60%；

⑤考虑完井封隔器处生产套管抗内压强度的75%；

⑥考虑完井封隔器处油管抗挤毁强度的70%。

2. 中间环空最大许可压力

中间环空最大许可压力为以下各项中的最小者：

①环空外层套管抗内压强度的50%；

②环空内层套管抗挤毁强度的75%；

③该层环空套管头强度的60%。

3. 表层环空最大许可压力

表层环空最大许可压力值为以下各项中的最小者：

①表层套管抗内压强度的30%；

②外层技术套管抗挤毁强度的75%；

③表层套管头强度的60%。

(二)注气井维护作业周期

单元注气井维护作业周期按以下条件执行：

(1)注气前按照长期注气要求设计管串，未设计需进行维护作业。

(2)注气管串有封隔器井，发现套管异常起压应作业排除故障。

(3)实施井下腐蚀监测和管材防护的井，应依据挂片或铁离子检测结果确定检管时间。

(三)注气管柱检管原则

(1)下入永久式封隔器的注气管柱，管柱抗腐蚀及密封良好情况下，原则上注气生产10a以内不动管柱，不进行检管。

(2)下入非永久式封隔器的注气管柱，管柱抗腐蚀及密封良好情况下，原则上注气生产5a以内不动管柱，不进行检管。

(3)下入封隔器的注气管柱，一旦发现封隔器失封或油管腐蚀穿孔等问题，立即进行检管、更换生产管柱。

七、循环注气增注对策

循环注气开发过程中，随着注气井注入气的不断增多，注入井井底压力不断增大，或注入气中存在较多杂质等情况，会出现注入压力持续上升、注气井吸气能力大幅下降等情况。当发生注气井注气困难时，需通过适当的增注工艺，恢复注气井的吸气能力，以确保循环注气的持续平稳运行。

通过统计大涝坝凝析气田循环注气过程中出现的注气困难现象，将导致其发生的因素分为三大类八小项，并总结出相应的增注措施(表5－2－4)，以恢复注气井的正常注气。

表5－2－4 “114”增注工作表

“114”	类型	影响因素	表现形式	增注措施	关键点
1	井口因素	水合物冻堵	注气压力突然升高，注不进气	合理注气量	注气量高于水合物形成最低注气量
1	井筒因素	地层出砂	注气压力迅速升高不降，注不进气，吸气指数为0	连续油管解堵	首先判断是否井筒砂桥堵塞
		井筒结垢	注气压力逐渐增高，注气量逐渐降低，甚至注不进气	连续油管解堵	首先判断是否井筒结垢
		油管腐蚀	油管丝扣渗漏、油套窜通	检管作业	套压升高值是否影响井控安全

续表

114	类型	影响因素	表现形式	增注措施	关键点
4	地层因素	水敏	注气量不变，注气压力有所上升，吸气指数降低	激动	提高井底压力，形成脉冲，解除轻度堵塞
		水锁	注气量不变，注气压力上升明显，吸气指数降低幅度大	温和返排	控制缓慢放喷，放喷压差不宜过大，应低于区块临界出砂压差
		间隙注气	注气压力升高、注气量降低，吸气指数严重降低	稳定连续注气	稳定连续注气
		胶结物、固体颗粒污染地层	注气压力较高，注气量低甚至为0，吸气指数极低	酸化	根本性解除堵塞，提高注气能力

第三节 地面配套工艺

基于新疆牙哈油田高压(52MPa)注天然气的经验，对于同等压力等级和相似注气形式的注气地面流程设计，在技术上较成熟。大涝坝凝析气藏经过类比和精细测算，地面压缩机注气运行压力均低于52MPa，地面配套按照高压标准设计。以建设投产的大涝坝集气处理站为中心，2011年开始新建注气站和注气联络管线，2013年建成并投用。2022年按照储气库建设要求，以效益最优为原则，对原有注气站进行了扩建。通过注气地面工艺的设计和配套，以及工厂化预制和模块化施工，建成了现有的大涝坝注气开发提高采收率兼顾储气调峰地面工程，为国内同类气藏注气开发或储气库建设提供了经验。

一、注气工艺流程设计

(一)地面工程现状

1. 大涝坝集气处理站

大涝坝集气处理站2005年建成，设计天然气处理量$25\times10^4m^3/d$，凝析油处理量240t/d，液化气产量22t/d，轻烃产量29t/d，主要工艺生产装置包括：凝析油稳定单元，天然气增压、脱水和分子筛再生系统，轻烃回收、分馏系统。

集气系统采用一级布站方式，单井就近接入大涝坝集气处理站处理，天然气处理采用膨胀制冷工艺回收天然气中C_3以上组分，满足天然气烃露点的要求，采用分子筛脱水以满足天然气水露点及制冷工艺对气体含水量的要求。凝析油稳定系统采用高温正压精馏的原油稳定工艺如图5－3－1所示。

处理合格的天然气压力为2.0～2.4MPa，处理合格的天然气不增压直接通过705管道—大涝坝管道外输进雅库线至库车门站，天然气外输压力为1.6～2.0MPa。

2013年建成注气开发流程，夏季调峰注气以恢复地层压力，冬季多产增销。注气站位于大涝坝集气处理站辅助生产厂房北侧，设有2台燃气驱注气压缩机，进口压力2.0MPa，出口压力52MPa，单台注气$20\times10^4m^3/d$，已建注气井有DL3、DL9、DL12共计三口。

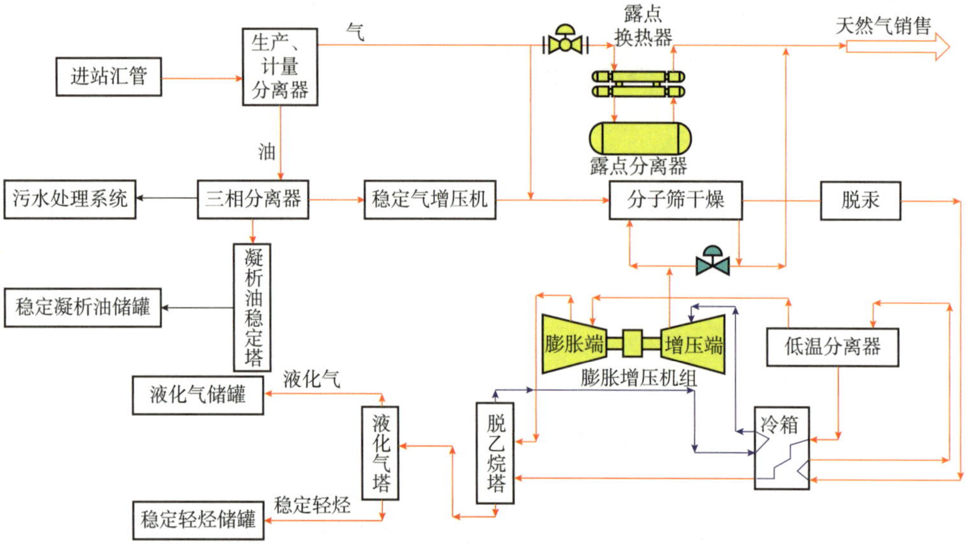

图5-3-1　大涝坝集气处理站工艺流程示意图

2. 雅克拉集气处理站

雅克拉集气处理站于2005年建成投产，天然气处理能力为$260\times10^4m^3/d$，凝析油处理量为515t/d，主要工艺生产装置包括：凝析油稳定单元，天然气增压、脱水和分子筛再生系统，处理后的天然气进入雅库管线或接入英伦线进入西气东输系统进行外销。

雅克拉集气处理站采用凝析油稳定、分子筛脱水、膨胀制冷+DHX凝液回收工艺，工艺流程如图5-3-2所示。

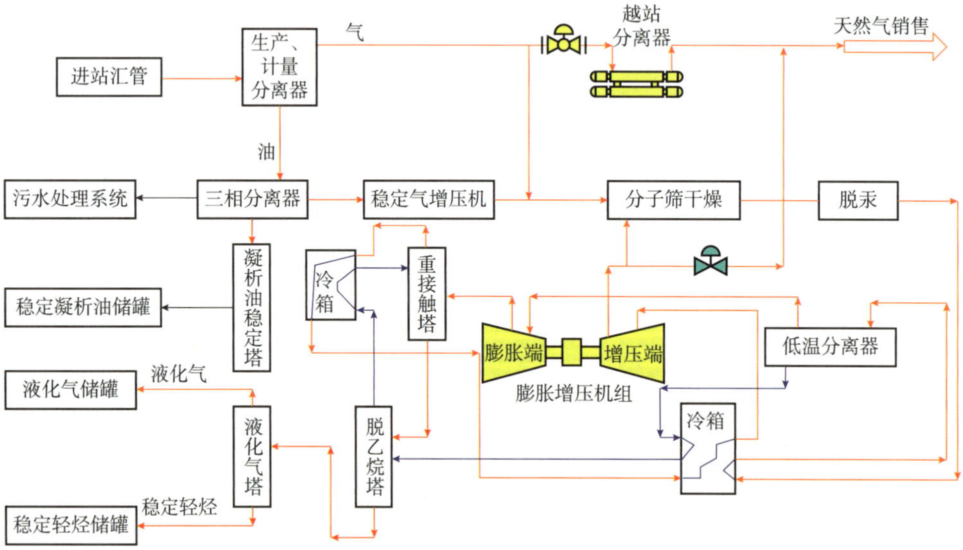

图5-3-2　雅克拉集气处理站工艺流程示意图

雅克拉集气处理站内目前有西气东输压缩机 5 台(未投入使用)，排量 $64\times10^4m^3/d$，进出压力 2.4/8.4MPa，设计增压能力 $11.2\times10^8m^3/a$，用于规划中的雅集－轮南输气管线建成后增压使用，最大年输量 $11.2\times10^8m^3$。

(二)储气库周边管线

1. 气源线

大涝坝凝析气藏储气库毗邻大涝坝集气处理站建设，区域位置优越，周边有数条中国石化、中国石油等天然气管道通过，注气或储气气源可以与周边管网相联。

1)雅库管线

管线的设计压力为 3.0MPa，管线的规格为 $\Phi457mm\times7.1mm$，采用螺旋缝埋弧焊钢管(SAW)，管线材质为 *L*290MB。外输气管线最大供气能力 $280\times10^4m^3/d$。

2)705 管道－大涝坝输气管道

705 管道－大涝坝输气管道于 2005 年投运，管道起于 705 配气站，终于大涝坝集气处理站，线路长度 10.9km。设计压力 4.0MPa，管径 $\Phi219mm\times6mm$，设计输量 $25\times10^4m^3/d$，工作压力 1.6～2.0MPa。

3)顺北五号联－沙雅－雅集管线

该管线分为两段，即五号联－沙雅段和沙雅－雅集段。其中五号联－沙雅段年设计输量 $20\times10^8m^3$，92km，*DN*500，10MPa，阀室 4 座，末站 1 座；沙雅－雅集段年设计输量 $10\times10^8m^3$，90km，*DN*400，9.5MPa，阀室 3 座。管线主要承担顺北天然气的外输工作(图 5－3－3)。

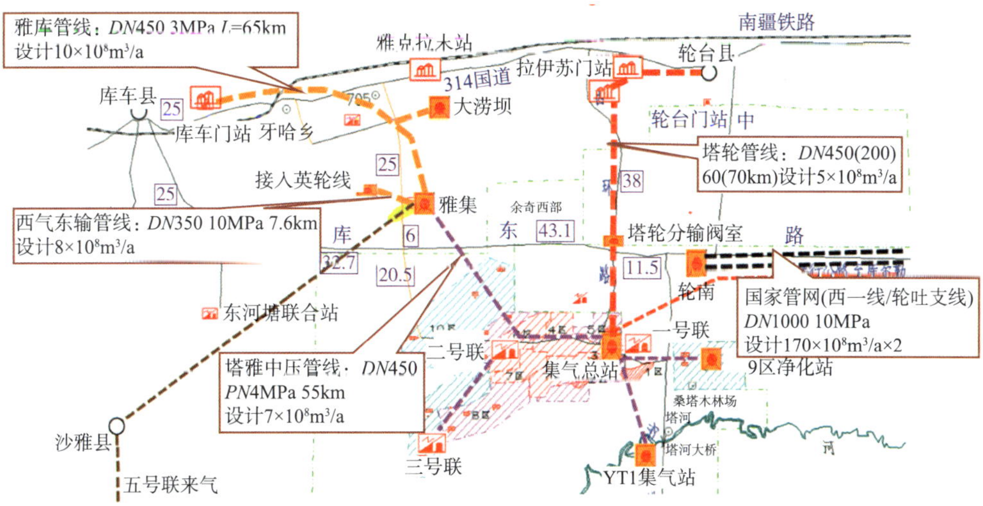

图 5－3－3　大涝坝气田周边天然气管网示意图

4)雅集－轮南输气管线

雅集－轮南输气管线，设计年输气能力 $15\times10^8m^3$(最大输气能力 $19\times10^8m^3$)，管道起点为雅克拉集气处理站，终点为管网公司轮南首站，线路长度 63km，设计压力 10MPa，

*DN*500，天然气在轮南首站增压后进入国家基干管道外输(图 5 -3 -4)。

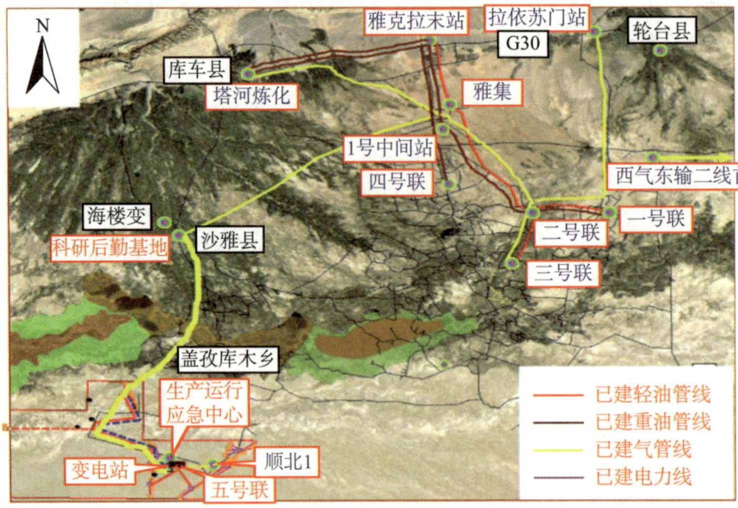

图 5 -3 -4　顺北天然气外输系统图

5)国家基干管道

国家基干管道：西气东输一线管道、轮库(轮南 - 库尔勒)输气管道、轮吐(轮南 - 吐鲁番)支干线，境内里程 851km，年输气能力 $365 \times 10^8 m^3$。管道起点均为轮南首站，是国家西气东输管道系统的重要组成部分。

6)雅克拉 - 英买力输气管道

雅克拉 - 英买力输气管道于 1998 年投运，设计年输气能力 $8 \times 10^8 m^3$，管道起于英买力阀室，终于雅克拉集气处理站，线路长度 7.6km，设计压力 10MPa，*DN*350，材质高频直缝焊钢管 *L*415MB。

7)塔河集气总站 - 雅克拉输气管道

塔河集气总站 - 雅克拉集气处理站输气管道于 2008 年投运，设计年输气能力 $7 \times 10^8 m^3$，管道起于塔河油田集气总站，终于雅克拉集气处理站，线路长度 55.4km，工作压力 4MPa，规格为 *DN*450，材质螺旋缝埋弧焊钢管 *L*290MB。

8)雅克拉 - 大涝坝气液混输管线

2020 年"大涝坝气田储运系统优化调整工程"新建一条 *DN*200 管线将大涝坝集气处理站油气混输至雅克拉集气处理站中处理，目前该管线已投入运行。

雅克拉 - 大涝坝输气管道，材质为玻璃钢，*DN*200，线路长度 26.3km，气液混输，设计输量天然气 $53 \times 10^4 m^3/d$，液 180t/d。

2. 输气能力核算

1)雅库管线能力核算

雅库管线主要承担塔河地区、雅克拉及大涝坝地区的天然气输送，在雅克拉集气处理站与塔雅中压线(*DN*450，设计年输量 $7 \times 10^8 m^3$)联通，主要向库车、轮台及沿线用户供气。目前塔河总产品气量约 $12.7\times10^8m^3/a(386\times10^4m^3/d)$，主要销售方向：库车 6.27 亿、轮台 1.5 亿、沙雅 1.65 亿，处于产销平衡状态，且塔河地区天然气未来产量增长缓慢，如表 5-3-1、表 5-3-2 所示。其平衡核算图如图 5-3-5 所示。

表 5-3-1 塔河油田气量平衡核算表 10^4m^3

产气		销气	
集气地	数量	外销点	数量
输气首站	58	轮台拉依苏	46
集气总站	26	库车门站	190
雅集	233	沙雅	50
三号联	55	炭黑厂+泰鑫	42
大涝坝	14	四运+发电一厂	6
		瑞祥电厂	26
		自用	26
合计	386		386

表 5-3-2 塔河地区天然气产能预测 10^8m^3

年份	2021	2022	2023	2024	2025
气层气	11.33	11.21	11.29	11.30	11.33
溶解气	3.70	3.77	3.77	3.77	3.77
合计	15.03	14.98	15.06	15.07	15.10

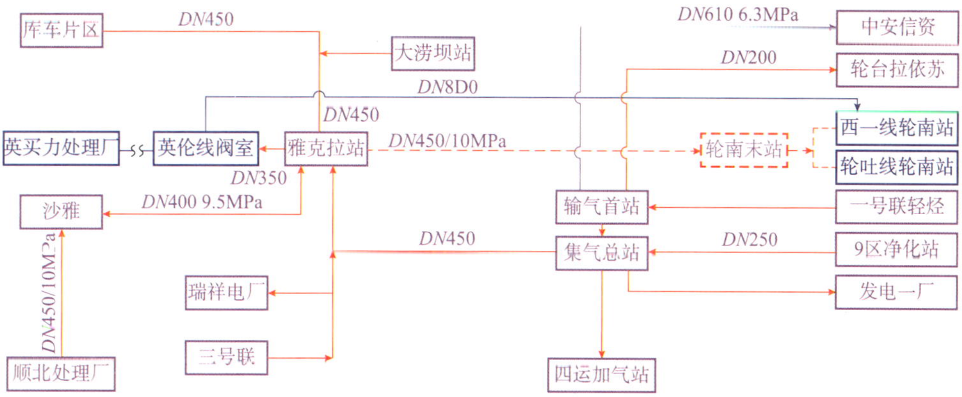

图 5-3-5 塔河油田气量平衡核算图

雅库线的设计输量为 $10\times10^8m^3/a(280\times10^4m^3/d)$，其中库车门站用气量为 $190\times10^4m^3/d$，同时规划建设的塔河炼化 200×10^4t 轻油炼化装置，用气量约为 $90\times10^4m^3/d$，届时雅库管道将满负荷运行，无法满足储气库用气需求，因此塔库线无法作为储气库的气源管线。

2)五号联－沙雅－雅集管线能力核算

已建设的五号联－沙雅－雅集天然气外输管道，五号联－沙雅段DN500 10MPa设计输量$20\times10^8m^3/a$，雅集－沙雅段DN400 9.5MPa设计输量$10\times10^8m^3/a$；在五号联外输6.5MPa情况下，可向雅集输送$10\times10^8m^3/a$的干气。

顺北区块是西北油田分公司天然气未来重要生产基地，目前顺北天然气约$3.2\times10^8m^3/a$，以湿气的形式销售给5家地方企业，产销平衡。顺北五号联投运后，为沙雅供气$(1.5\sim3.0)\times10^8m^3/a$，剩气量输送至雅克拉集气站。

根据顺北产能规划，顺北区块天然气未来将实现高速增长，顺北天然气产能预测如表5－3－3所示。

表5－3－3　顺北区块天然气产量预测

年份	2020	2021	2022	2023	2024	2025
产量/10^8m^3	3.6	4.5	17	24	25	50
日均量/($10^4m^3/d$)	103	129	486	686	714	1428

从表5－3－3可以看出，自2022年开始，顺北天然气产量得到快速增长，气能够满足储气库注气气源的要求，因此储气库注气气源选择依托五号联－沙雅－雅集管线，下气点设在雅克拉集气处理站。

五号联－沙雅－雅集管线作为顺北地区天然气的外输管线，能够承担储气库的注气气源功能，却无法承担储气库采气外输功能。

3)雅集－轮南管线能力核算

规划中的雅集至轮南管线，输气量$15\times10^8m^3/a$，规格DN500、设计压力10MPa、管线长度63km，其最大年输气能力可以达到$19\times10^8m^3$。目前雅克拉集气处理站配备5台西气东输压缩机，总排量为$200\times10^4m^3/d$。

根据顺北规划，2024年底前顺北二区天然气可以依托已建的顺北五号联－雅克拉集气处理站进行外输；2022年底需要建成五号联外输升压压缩机，将五号联外输天然气压力提升至9.5MPa。启动建设雅集至轮南天然气外输管道，天然气进入雅集后可销售至轮南。2025年起，二区需要建设单独的天然气外输管线进行天然气外输。

大涝坝凝析气藏储气库建成后，目标市场是南疆天然气的调峰，同时满足油田自身冬季用气增长、周边城市冬季采暖用气的激增，可以接入国家管网。补充储气库设计采气量为$165\times10^4m^3/d$，在采气期需要依托雅集－轮南管线进行采出气的外输，完成调峰或进入国家骨干管网。

(三)注采工艺流程确定

1. 工艺方案原则

注采原则：注采独立、双向计量、加热节流、干气集输。

注气：气源取自雅克拉干气管线→大涝坝增压站(计量、旋风、过滤、增压)→单井注气管线→单井

采气：脱水→原采气工艺→高压集输至雅克拉→雅克拉处理站(脱烃)→干气外输

2. 注采工艺流程

注气：联络线输至集注站，经旋风分离器、过滤分离器除去粉尘和杂质，贸易计量后由注气压缩机增压至52MPa，空冷器冷却至65℃，注气阀组分配至各单井注气管线注入目标地层储存。

采气：井场计量、加热节流后管输至雅克拉，站内分离、分子筛脱水、低温脱烃、贸易计量后，商品气外输。

具体注采工艺流程示意如图5－3－6所示。

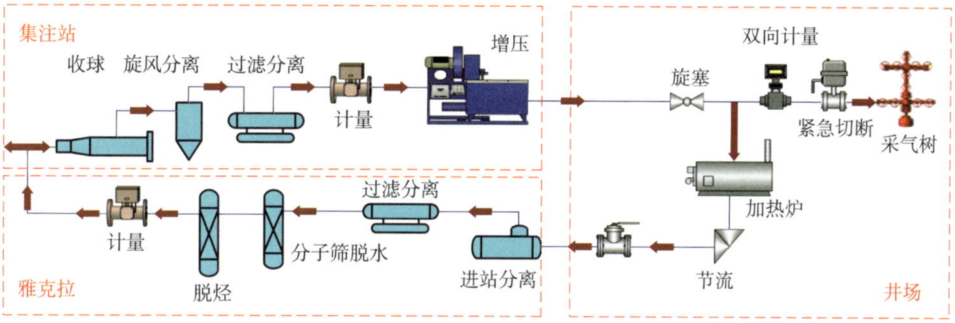

图5－3－6 注采工艺流程示意图

3. 注气工艺

1)管线来气、注气压力

雅克拉集气处理站外输压力2.3～2.5MPa，根据大涝坝储气库地质和气藏方案气库下限压力为45MPa、上限压力为55MPa，根据近年实际注气过程中注入压力较地层压力低5MPa左右，节点分析试算上限压力对应的压缩机工作压力为50MPa左右。

2)注气气量

根据气藏方案，集注站的注气能力$177\times10^4m^3/d$，单井注气范围$(5\sim60)\times10^4m^3/d$，集注站通过高压注气管线输送天然气到流量分配阀组分配至注气井口。

3)注气流程

注气期，从雅克拉集气处理站来管道气经联络线输至集注站，进站天然气经旋风分离器、过滤分离器除去粉尘和杂质，贸易计量后由注气压缩机增压至52MPa(根据地层压力变化确定压缩机出口压力)，进空冷器冷却至55℃后，通过集注站注气阀组分配至各单井注气管线注入目标地层储存，达到利用地下空间储气的目的。大涝坝凝析气藏储气库注气工艺流程如图5－3－7所示。

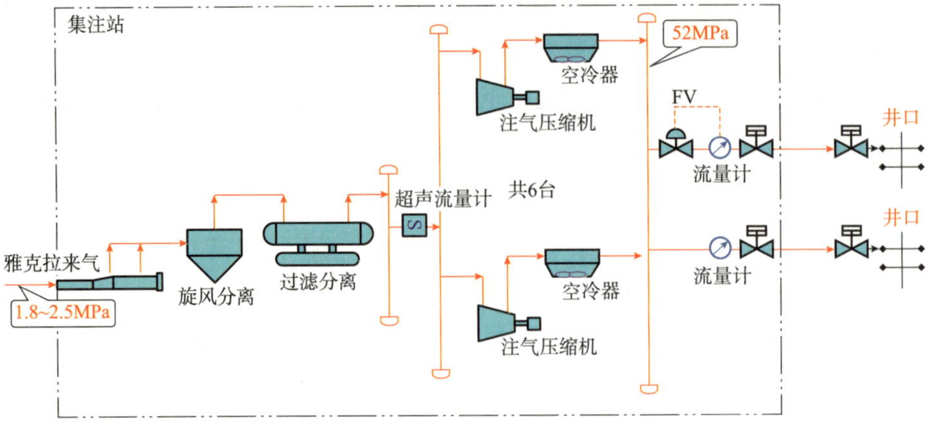

图5-3-7　注气工艺流程示意图

4. 采气工艺

1)井口工艺

气井产出的湿天然气在适宜温度条件下易形成水合物，水合物容易在管道系统的弯道、阀件、管件等处形成并积聚造成冻堵，给天然气井的平稳、安全生产带来隐患。根据(GB 50349)《气田集输设计规范》4.5.1条的规定，天然气集输温度应高于水合物形成温度3℃以上。

根据HYSYS模拟计算，得到本项目井口天然气在不同压力条件下，井口天然气在不同压力下水合物形成温度如表5-3-4所示(按照原始气藏气组成计算)。

表5-3-4　水合物形成条件表

		输送压力/MPa														
		6	7	8	9	10	11	12	13	15	18	20	25	30	32	35
温度/℃	水合物	16.7	17.6	18.4	19.0	19.6	20.0	20.4	20.8	21.5	22.3	22.8	24.0	25.0	25.4	26.0
	输送	20	21	22	22	23	23	24	24	25	26	26	27	28	29	29

大涝坝储气库是由枯竭凝析气藏改建的，其井口压力较高，由于井口井流物中含饱和水，易形成水合物冻堵气嘴。

为防止在集输过程中产生水化物，井口流程一般采用以下几种方式。

(1)井口加热节流工艺。适用于井口压力较高、温度较低的气井，为保证井流物在井口及集输过程中不产生水化物，在井口设加热炉。当井口温度较高时可以采用先节流后加热方式，以保证较低的炉管设计压力。井口加热节流方式的优点是单井集输管线设计压力较低、管线投资费用较少。缺点是井口设施投资高、工艺流程复杂。

(2)井口不加热高压集输工艺。适用于井口压力不太高，而温度较高的气井。井流物不经加热高压集输至处理站，各单井井流物在处理站进行节流。高压集输流程优点是充分利用了地层压力能，但单井集输管线设计压力较高、管线投资费用较高。该法适用于井口与处理站相距较近的场合。

(3)井口节流注防冻剂不加热工艺。

适用于井口压力较高、温度较高的气井。优点是单井集输管线设计压力较低、管线投资费用较少、操作简便、投资省。缺点是防冻剂运行消耗量较大，增加了防冻剂的运输管理难度。由于采气井含一定量游离的采出水，并且含盐量高，需要大量加注防冻剂，并回收防冻剂困难。

根据大涝坝集气处理站运行实际情况，井口运行压力较高，为降低单井集输管线设计压力和加热炉管的设计压力，井口采用加热、节流的输送方式。

2)单井计量方式

进站设自动选井计量阀组，多通阀选井阀组与计量装置均设于计量阀组，单井至计量阀组敷设单井管线。

计量装置采用撬装自动计量装置，分别检测气相和液相流量并上传，在液相出口管线设置含水分析仪，检测单井来液含水量。

3)水露点控制

在储气库整体工艺上，大涝坝储气库采出气依托雅克拉集气处理站进行脱烃处理后外输，由于集注站距离雅克拉集气处理站远，管线长度达到27.6km，为降低工程投资，储气库的注气气源管线和采气外输管线采用同一条管线，采出气在集注站的处理不仅要满足管输的要求，也要避免注气时管线内的采出天然气含水率对注气流程的影响，另外由于本工程区块地层水高矿化度、氯化钙型，含有游离水对管材要求较高，所以本工程采出天然气脱水后外输。

本工程注气压力高，为52MPa，对应水合物生成温度为27℃，注气天然气经压缩至52MPa后经注气集输管线注入注气井。对于注气流程而言，为避免高压注气过程中形成水合物，需要控制天然气的水露点不高于0℃和52MPa。

在储气库运行初期，采出气气质更接近原始气藏气的性质，随着储气库注采轮次增加，天然气的组分也会发生变化，采出气重烃含量逐步降低。

4)天然气脱水工艺选择

本工程采气工艺进行脱水工艺选择。天然气脱水工艺目前常用的有固体干燥剂吸附法、溶剂吸收法、低温分离法。

(1)溶剂吸收法。湿天然气进入吸收塔，与吸水性很强的溶液相遇，溶液对湿天然气中的水分进行吸收，从而达到降低天然气水露点，溶剂再生后重复使用。

(2)固体吸附法。天然气通过固体吸附物将其含有的水分吸附在吸附物空隙内，从而达到降低水露点的目的，固体吸附物需要定期再生充分使用。

(3)低温分离法。在湿天然气中注入甲醇、乙二醇等水合物抑制剂，降低水溶液冰点防止冻堵，然后利用节流降温、丙烷等辅助制冷降低温度，进行低温分离，从而达到降低天然气水露点的目的，水合物抑制剂再生重复使用(水合物抑制剂量少除外)。

由于本工程采出气输送至雅克拉集气处理站深度处理，雅克拉集气处理站采用膨胀制冷＋DHX凝液回收工艺，低温分离温度为－77.8℃（2.38MPa绝压），溶剂吸收法和低温分离法不能满足后续处理工艺的要求，同时储气库的采气量变化范围较大，所以本工程选择固体吸附脱水工艺，选取分子筛作为吸附剂，操作灵活，能够满足采气处理要求。

5）采气脱水工艺流程

来自储气库采气井的湿天然气压力8MPa，温度25～40℃，经过采气管线进入自动选井计量阀组进行单井计量，再经三相分离器分离出天然气、凝析油和污水，天然气经聚结分离器进一步分离掉其中的游离水及机械杂质后，进入分子筛脱水装置。

为减少单塔吸附剂装填量，降低设备投资及加热和冷却负荷，减少再生加热能耗，本工程选取3塔等压再生分子筛脱水流程。

5. 集输工艺

根据雅克拉处理站处理参数，采气返输压力：5.5～6.5MPa，注气期供气压力：2.0～2.5MPa，兼顾二者。

供气压力低、输量高，采气压力高、输量低，气源线兼顾供气时输量需求和采气压力要求。

塔河油田和顺北油田已建和规划天然气管道设计压力为10MPa。气源线路作为产品天然气管网的一部分，考虑后期顺北达产，可作为顺北天然气外输管网的一部分，供气压力会随顺北产量而提高。气源线设计压力定为10MPa。

气源线设置清管装置，防止积盐腐蚀和轻烃积液。

二、注采管网优化

（一）气源线路

1. 选线原则

根据设计标准以及管道所经地区的地形、地貌、交通、工程地质等条件，结合本工程特点，确定以下选线原则。

（1）遵守国家的法律、法规、标准、规范和地方政府的有关规定。

（2）线路应选择合理走向，尽可能顺直，缩短线路长度，局部走向根据现场情况作局部调整。

（3）线路在可能的情况下尽量靠近和利用现有的公路等，以便运输、施工和生产维护管理。

（4）选择有利地形，尽量避开施工难度较大和不良工程地质段，以方便施工，减少线路保护工程量，确保管道长期、安全、可靠运行。

（5）线路走向应与所经地区的农田、水利、交通等工程规划一致，避开沿线不宜穿越区域。

(6)线路应尽量减少与天然和人工障碍物的交叉，当必须交叉时，宜垂直交叉。

(7)线路走向尽量避开城镇、工矿企业和人口稠密区。并尽可能避开灌木林地，同时考虑塔河油田主体区块内设施的情况。

2. 方案选择

方案对比如表5-3-5所示。

表5-3-5　方案对比表

序号	气源管线	采出气输送管线	优点	缺点
方案1	新建气源管线1条 DN350，PN3.0 满足Ⅰ、Ⅱ总注气要求 气源取自雅克拉外输主管	新建采气管线1条 DN300，PN5.0 满足Ⅰ、Ⅱ总注气要求 进口采气后汇管输送至雅克拉	独立运行	投资费用高
方案2	利旧大涝坝至705基地 DN200 管线，满足Ⅰ期注气。 新建气源管线1条 DN250，PN3.0，满足Ⅰ、Ⅱ期总注气要求	新建采气管线1条 DN300，PN5.0 满足Ⅰ、Ⅱ总注气要求 进口采气后汇管输送至雅克拉	投资相对低	切换工艺复杂
方案3	利旧大涝坝至705基地 DN200 管线，满足Ⅰ期注气。 利旧雅-大新建玻璃钢 DN200 管线，满足Ⅱ注气。(改造为干气管线)	新建采气管线1条 DN300，PN5.0 满足Ⅰ、Ⅱ总注气要求 进口采气后汇管输送至雅克拉	不用新增建气源管线	改造工艺较为复杂，需考虑气源增压
方案4	新建1条气源气注采共用线 DN300，PN5.0 满足Ⅰ、Ⅱ总注采气要求 进口采气后汇管输送至雅克拉	与气源气共用	解决注采投资低问题	存在积盐腐蚀的风险

根据对比，采用气源管线与集输管线共用，解决投资与Ⅰ、Ⅱ期设计问题，气源气共用方案存在积盐腐蚀的风险，故采取干气集输、站内脱烃工艺。

3. 线路走向

根据本工程起点大涝坝集气处理站位置、终点雅克拉集气处理站位置，结合现有公路、农田，拟定西线、中线和东线三套路由。三种管线路由走向示意如图5-3-8所示。

联络线的西线、中线、东线路由各有其优缺点，具体比较结果如表5-3-6所示。

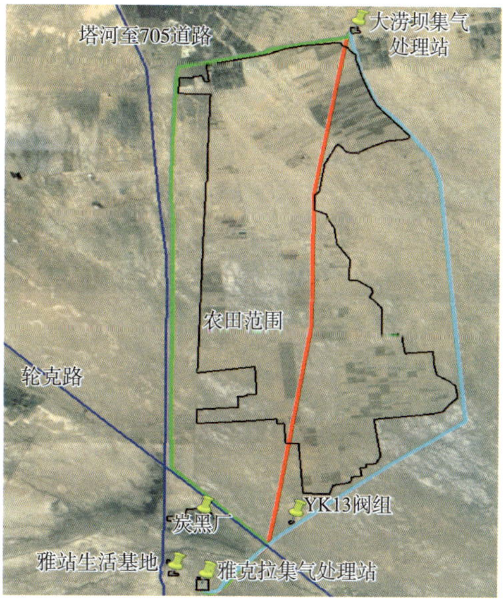

图5-3-8　联络线三种管线路由走向示意图

表 5-3-6 管线路由对比

方案	投资	优点	缺点
西线路由	4300 万元	①路由避开农田，征地容易，沿线为红柳地； ②征地及赔偿费较低； ③管线路由与已有油区道路并行，施工、巡检、抢(维)修便利	①已建油气管线多，不利于本次管线的施工； ②距离长(30.5km)，管线投资最高； ③管线路由不能兼顾雅东区块低压气进入
中线路由	4646 万元	①管线最短(22.5km)，管线投资低； ②该路由无已建管线	①管线穿越农田 15.8km，征地难度大，征地及赔偿费用高(605.39 万元)； ②管线在农田内安全运行潜在风险点； ③沿线道路依托差
东线路由	4265 万元	①路由避开农田，征地较容易； ②2020 年同路由建成 1 条 *DN*200 玻璃钢管线，可统一巡检	①管线相对较长(27.6km)； ②沿线道路依托差

从表 5-3-6 可以看出，西线路由线路长度最长、工程投资最高。中线路由大部分在农田，绝大部分为棉花地及林地，征地十分困难，临时用地赔偿费、占用税及复垦费最高[林地的临时用地赔偿标准为 1500 元/亩(1 亩 =666.7m^2)、棉花地的临时用地赔偿标准为 2250 元/亩；耕地占用税 20 元/m^2；土地复垦费 8050 元/亩]。东线路由完全避开农田，沿线大部分为未利用的荒漠，临时用地赔偿费、占用税及复垦费最低(未利用地的临时用地赔偿标准为 20 元/亩)，路由相对较短，因此，统筹考虑各方面因素，推荐东线路由为项目实施方案。

(二)集输管线

1. 注气管道

6 口注气井：DL11、DL16(新井)、DL1X、DL3、DL15H(新井)、DL14H。

1)管材选型

(1)设计参数。

注气介质：干气；

操作压力：39~52MPa；

压缩机排压：52MPa；

设计压力：55MPa。

(2)材质选择。

基于注气气质为干气，同时参照胜利油田注 CO_2 驱油(近两年陆续在投运)实际运行情况(设计压力 42MPa)，本次推荐采用 API 5L-X60Q PSL2(表 5-3-7)。

注气气源为干气，且管线设置保温，注气条件下无水相析出，无腐蚀性，无缝钢管可以满足工况；投资明显较低，推荐选用 X60Q 无缝钢管。

表 5-3-7　注气管材选型对比表

材质	外径×壁厚/mm×mm	重量/(t/km)	工程费/(万元/km)	缺点	优点
无缝钢管 API 5L-X60Q PSL2	88.9×15.24	27.68	71	抗腐蚀能力相对较差	①属于普通管材，投资低、制造时间短；②单一材质管道焊接要求低
双金属复合管 X65/316L	88.9×(12+3)	27.24	142	①投资高；②双层钢，焊接要求高	①在大涝坝有平稳运行经验；②抗腐蚀能力较强

2)管径选型

由表 5-3-8 可见，1 口已建注气井配套注气管线可以满足要求，其他 5 口目前没有注气管线需要新建。其中 DL15H 由于注气量大，根据计算，如果选用 *DN*80 管道，无法满足注气要求，选用 *DN*100 管道，其他井为 *DN*80 管道。

表 5-3-8　注气管径计算表

井号	注气量/($10^4 Nm^3$/d)	注气管道/mm	注气管线直径/mm×mm	注气管线长度/m	注气起终点压力/MPa
DL11	17	DN80	API 5L-X60Q PSL2 88.9×15.24	2650	46.2/45
DL16	30	DN80	API 5L-X60Q PSL2 88.9×15.24	2600	48.6/45
DL1X	30	DN80	API 5L-X60Q PSL2 88.9×15.24	2600	48.6/45
DL3	35	DN65	76×(10+3)X65/316L API 5LD(已建利旧)	565	48.3/45
DL15H	60	DN100	API 5L-X60Q PSL2 114.3×19	1100	48.1/45 53.7/45(DN80)
DL14H	5	DN80	API 5L-X60Q PSL2 88.9×15.24	2000	45.6/45

2. 采气管道

8 口采气井：DL12(注转采)、DL2、S45、DL4、DL9、DL10X、DL6、DL13。

1)管材选型

(1)设计参数。

注气介质：井口油气水

井口节流后压力：10～15MPa

加热炉出口压力：9～10 MPa

设计压力：16MPa

(2)材质选择。

①采出气 CO_2 含量1.06%，分压0.106MPa，属于中等腐蚀环境(0.021～0.21MPa)，不适合碳钢管道；

②采出气含水，Cl^- 含量高，对碳钢和不锈钢腐蚀起到催化作用，不适合选用不锈钢；

③根据雅厂近几年运行和管道更换经验，柔性复合管能够良好地适应运行环境。

2)管径选型

单井采气量：(5～42)×10^4m^3/d；单井出液量：15～80t/d。

根据表5－3－9可知，采气量和管线长度选用 Φ126 和 Φ107 管道。

表5－3－9　采气管径计算表

序号	井号	长度/m	配产能力/(10^4Nm^3/d)	进站压力/MPa	加热出口压力/MPa	管道选型
1	DL12	3.06	17	8.0	8.9	RF－Q(Y)－Ⅱ－126×18
2	DL2	1.9	10	8.0	8.5	RF－Q(Y)－Ⅱ－107×16
3	S45	1.9	20	8.0	8.8	RF－Q(Y)－Ⅱ－126×18
4	DL4	1.1	42	8.0	9.9	RF－Q(Y)－Ⅱ－126×18
5	DL9	1.3	20	8.0	8.6	RF－Q(Y)－Ⅱ－126×18
6	DL10X	1.1	25	8.0	8.7	RF－Q(Y)－Ⅱ－126×18
7	DL6	3.0	26	8.0	9.9	RF－Q(Y)－Ⅱ－126×18
8	DL13	1.5	5	8.0	8.1	RF－Q(Y)－Ⅱ－107×16

3. 管线利旧及新建

具体参数如表5－3－10所示。

表5－3－10　采气管径利旧/新建一览表

序号	注气井	配产能力/(10^4Nm^3/d)	已建管径	已建长度/km	现状	所需长度/km	新建长度/km
1	DL12	17	Φ89mm×8mm，20#	2.56	普通碳钢，运行10a，腐蚀严重	3.1	3.1
2	DL2	10	Φ76mm×6mm，16Mn	1.384	运行14a，腐蚀严重	1.9	1.9
3	S45	20	Φ114mm×8mm，20G	1.42	运行14a，腐蚀严重	1.9	1.9
4	DL4	42	ΦN100mm，玻璃钢	1.01	采气大，设计压力不满足要求	1.6	1.6
5	DL9	20	Φ89mm×7mm，20#	1.08	运行14a，腐蚀严重	1.3	1.3
6	DL10X	25	Φ89mm×8mm，20#	0.59	运行14a，腐蚀严重	1.1	1.1
7	DL6	26	Φ114mm×7.1mm，20#	2.5	运行14a，腐蚀严重	3.0	2.5
8	DL13X	5	Φ126mm×18mm，柔性复合管	1.25		1.5	0.3
合计							13.7

三、地面方案设计及参数优化

(一)工艺方案

雅克拉来气经 *DN*300 输气管道进集注总站，先分离后除尘，经压缩机增压、空冷器冷却后去集注站注气阀组，由各单井注采管道集输至各单井实行注气流程。采气管网输送至集注总站进行分子筛脱水，脱水后的天然气通过气源管线输送至雅克拉站，进行集中脱烃处理、轻烃回收、商品气外输，与原设计保持一致。

毗邻大涝坝集气处理站建设集注站一座，新建雅克拉集气处理站至集注站注采联络线，根据井网部署情况，新建注气井场 2 座，利旧注气井场 2 座，利旧采气井场 8 座，配套井口加热设施和集输管线。

其工艺方案位置如图 5－3－9 所示。

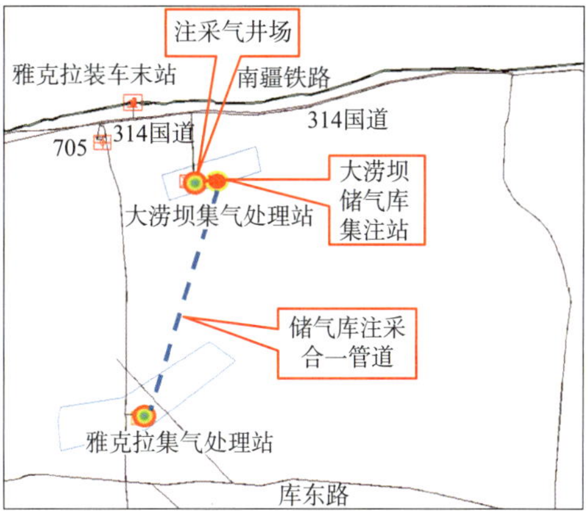

图 5－3－9 工艺方案位置图

集注站采出天然气输送至雅克拉集气处理站统一处理，凝析油一部分利用大涝坝集气处理站凝析油稳定系统处理，一部分利用雅克拉集气处理站凝析油稳定处理，污水输送至雅克拉集气处理站进行处理。

(二)设备选型

1. 压缩机选型

1)压缩机型式

注气系统的压缩机主要有离心式压缩机和往复式压缩机。

离心式压缩机的主要优点是流量大、结构紧凑、占地面积小、功率大，活动部件少，运转平稳，噪声小、操作灵活、维修简单，被压缩气体不与机械润滑油类接触能确保输送气体质量。其缺点是效率较低、压力适应范围窄、流量调节范围较小、易发生喘振、单级压比较低等，主要适用于大型输气管线上，如长输管线的压气站等。

往复式压缩机的主要优点是排出压力稳定、压比较高、对进气压力的变化适应性强、流量调解范围大、无喘振现象、效率高。但有单机排量较小、结构复杂、占地面积较大、存在动力不平衡和气流脉动现象，振动大、维修保养作业复杂、被压缩气体可能受到润滑油类污染等缺陷，适用于升压较高、输量较小的场所，如输量较小的首站、地下储气库等。

本工程设计工况流量、压力变化范围较大，选择往复式压缩机较好。

2)压缩机驱动型式

往复式压缩机驱动型式有电动机和燃气发动机两种。根据注气参数对注气压缩机不同排气量和驱动型式进行方案对比，如表 5－3－11 所示。

表 5－3－11　注气压缩机选型方案对比

项目	方案一	方案二
	6 台电驱(单台 1800kW)	6 台燃驱单台(1767kW)
压缩机投资/万元	11340	16800
电专业方案	新建 35kV 变电站 1 座，并配套外部线路 7km，新建 10kV 变配电室 1 座	10kV 变配电室 1 座
电投资/万元	3366.93	1123.42
燃料气耗量/(10^4m^3/a)	—	1187.28
燃料气费用/(万元/a)	—	1199.15
电耗/[(10^8kW·h)/a]	4625.54	264.53
电费/(万元/a)	1618.94	92.59
维修费/(万元/a)	370	450
20 年现值/万元	34234.64	35024.07

注：电费 0.35 元/(kW·h)，天然气 1.01 元/m^3，按年运行 168d 计算。

经运行费用和投资折旧对比，电驱方案投资少于燃驱方案的。另从长远考虑，天然气还有涨价的可能性，因此，燃气驱动方案的总运行费用还有可能增加。另外，本项目压缩机用电基本上是在春秋季节，属于用电低谷时期，不会产生用电紧张情况。如果供电出现问题，不能提供压缩机用电，可以停机，不会带来严重影响安全运行的后果。参考高压压缩机目前实际生产能力，本工程注气压缩机选用 6 台电驱压缩机(表 5－3－12)。

表 5－3－12　压缩机对标选型分析

序号	项目名称	国产/进口	进压/MPa	排压/MPa	电机功率/(kW·h)	排量/(10^4Nm^3/d)	国产压缩机应用情况
1	文 96	2 台进口 1 台国产	5～7	12～23.5	1500	(48.19～84.38)/60	截至目前稳定运行超 13279h。完成 $3.62\times10^8m^3$ 的天然气注气，各项技术指标满足工程要求，部分指标优于同站场国外机组
2	文 23 先导试验	2 台国产	5～7	34.5	3500	117.3	2017 年 2 月 28 日运抵现场并调试运行；完成单台机组运行、两台机组并联运行的注气作业，2 台机组累计注气量为 $5100\times10^4m^3$，机组运行稳定
3	文 23 一期	6 台进口 6 台国产	5～8	34.5	4500	150	19 年投产以来经过一个注气周期，运行稳定
4	金坛盐穴	3 台进口	4.5～7.2	6.1～16	1800	150	运行稳定
5	永 21	2 台国产	2.5～3	27	2240	45	

2. 旋风分离器

集注站设1台旋风分离器，旋风分离器设备的主要功能是尽可能除去输送介质气体中携带的固体颗粒杂质和液滴，达到气固液分离，以保证压缩机的正常运行。旋风分离器采用立式圆筒结构，内部沿轴向分为集液区、旋风分离区、净化室区等。内装旋风子构件，按圆周方向均匀排布亦通过上下管板固定；设备采用裙座支撑，封头采用耐高压球型封头。

旋风分离器的设计压力4MPa、单台处理量为$177\times10^4 Nm^3/d$，可除去直径大于10μm的固体颗粒。单台旋风分离器在工况点压降不大于0.05MPa。

3. 过滤分离器

过滤分离器依靠过滤元件的过滤作用将固体分离出来，是长输管道、动力设备常用的过滤设备，具有过滤效率高、去除粒径小等优点，可以分离直径大于5μm的液固体颗粒。为避免管道气携带的污物、铁锈、粉尘等杂质进入压缩机，本工程在压缩机进口设置1台过滤分离器，单台处理量$177\times10^4 Nm^3/d$，不设备用，每年设备检修更换滤心，单台过滤分离器正常运行压降小于30kPa。

4. 单井注气分配阀组

规范要求，注气分配阀组建议采用有正规管件生产厂家进行分配阀组整体设计及生产，同时单井流量分配阀采用电动阀门进行调节。根据开发方案本次注气井为6口，考虑今后注气需要，本次设计1套8井式撬装高压单井注气分配阀组，设计压力63MPa，操作压力52MPa。

（三）模块化设计

1. 设计优点

通过工艺流程（PID）综合梳理，进行合理的组块划分和设计，形成单撬或组合撬模块化设备。设计考虑运输可行性、工艺功能性、系列化使用性和操作空间等需求，管路系统整齐排列、连接端面中心对齐，撬块之间采用法兰连接，方便现场安装。设计优点如下。

1）减少现场施工量，缩短周期

传统的现场安装固定设备需要经过设备采购、现场安装和调试等环节，施工周期长。还需要与设计、施工和供货商联络协调，工作效率低下。要求施工方具有丰富的施工经验，掌握设备厂家及配套设施的安装要求，建设方需要配备专业的技术人员予以配合。模块化装备则是一体化供货，组装、测试和检验等工作全部在工厂内完成，减少了现场施工作业量，只需要在进出口管道和电仪设备接线处进行连接，安装调试方便，施工周期较传统现场安装时间缩短一半甚至更多。

2）提高工程效率，保证建设质量

现场安装固定设备需要现场施工人员具有较好的专业水平和施工经验。模块化装备则是整体供应，质量容易保证，避免现场因焊接不合格发生返工等问题，提高了建设质量和效率。

3）节约工程资源，降低建设投资

模块化装置高度集成化，能够充分利用三维空间，设备布置紧凑，且可节省材料用量，其占地面积也仅为现场安装固定设备所占面积的40%～60%，可节约土地资源。装备整体供货，减少了对现场施工技术人员的需求，降低了现场施工费用，节省了工作人员到现场安装设备的各项差旅费用及作业用设备、完工后余料等的往返运输费用。装备在出厂前进行了全面的检测工作，现场调试的工作量减小，调试费用降低。

4）方便运行维护

现场安装的固定设备，供货商通常不是一家，对设备出现的问题以及备品备件的采购，需要供货商提供足够的技术支持，后续的运行维护费用和管理难度较大。模块化装备出现问题可由供货商及时解决，提高了装置运行的稳定性、可靠性，同时也便于设备的维护管理。

5）重复利用价值高

模块化装备移动性强、灵活度高、重复利用率高。撬装模块可多次、多地重复整体搬迁使用，设备的再次利用率≥90%，特别具有通用型号的井场节流计量撬、储罐模块、采出水及仪表风储罐等。

2. 设计原则

（1）严格执行国家、行业及地方现行的法规、标准、规范、规程和管理规定。

（2）采用先进、成熟、可靠的技术、材料、设备和工艺流程，确保井场安全可靠，长期平稳运行。

（3）在保证安全、可靠的前提下，设备材料的选用充分考虑其经济性最佳。

（4）结合运输路径和限制条件，确定撬块运输尺寸以及随撬块一起运输的设备及设施。

（5）结合设备和管道布置情况，尽量多的设备和管道等设施包括在内，实现最大限度和高度集成化。

（6）模块的划分结合现场机具吊装能力，做好撬块的内部构成。

（7）模块的划分注意结合上下层之间、左右相邻撬块之间的连接和拆分及预制。

（8）模块内固定管道的支吊架及紧固件应做好防松脱措施。

（9）以“三统一、四定型”为依据，统一体系、标准和工艺技术，定型典型平面、典型模块、标准图集和采购标准，为“五化”建设夯实基础。

3. 设计技术

通过三维模块化、撬装化、装配化等手段，实现设备集成化设计，为集约化采购、机械化施工和缩短现场施工周期提供技术支持。对井场和集注站内设备进行模块划分、撬块设计，实现模块化产品。

通过梳理，本次主要涉及撬块（图5－3－10）有：井场节流计量撬、井场进出站阀组撬、加热炉撬、旋风过滤撬、分子筛脱水撬、火炬分液罐撬，可以实现自行设计与组装。空氮系统撬、压缩机组撬、热媒撬采用外购方式。

(a) 旋风过滤撬

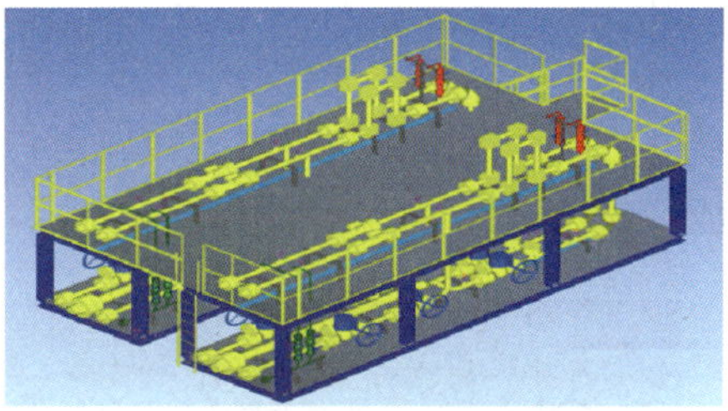

(b) 井场节流计量撬

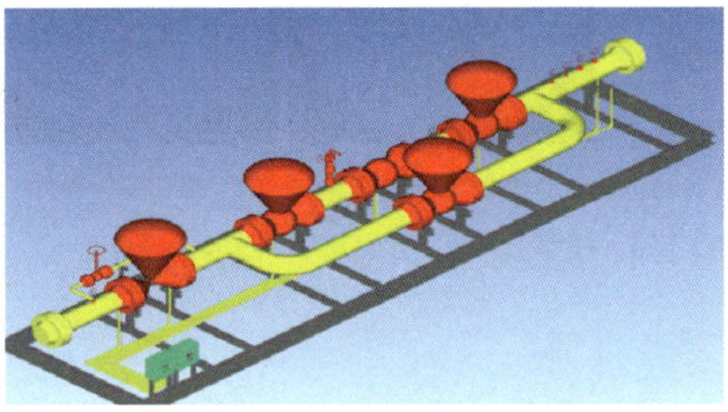

(c) 井场进出站阀组撬(清管功能)

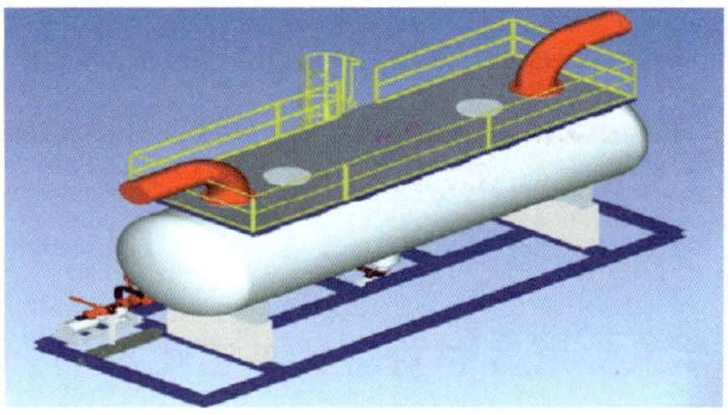

(d) 火炬分液罐撬

图 5－3－10　主要涉及撬块

对外购设备(空氮系统)和专业用房进行模块化设计(图 5－3－11)要求，预装式设计，整体外购设备实现工厂化预制，同时为模块化施工奠定基础。

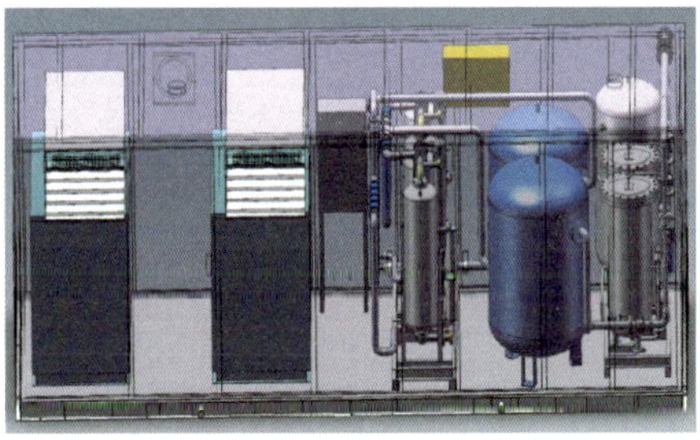

(a) 空氮撬

(b) 35kV变电站模块

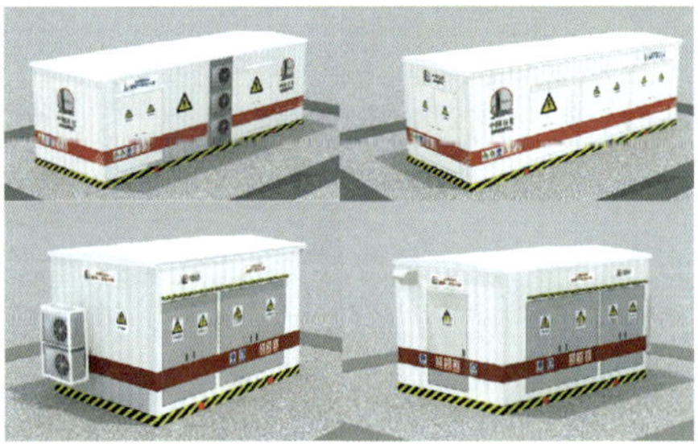

(c) 井场电控一体化间

图 5－3－11　模块化设计

(四) 工艺技术研究

1. 积液控制技术研究

采用流体动力学仿真技术，分别对液相流速 1m/s、3m/s、5m/s、7m/s 工况下管道内积液运动规律进行研究，结果(图5-3-12)表明：当气体流速3m/s以上，管道内的积液能够被气流携走，气流速度越高，携液能力越强。

因此，综合腐蚀速率与积液规律，可以确定3~7m/s为最佳采气流速，在此工况下，管道的腐蚀速率可控制在标准以内。

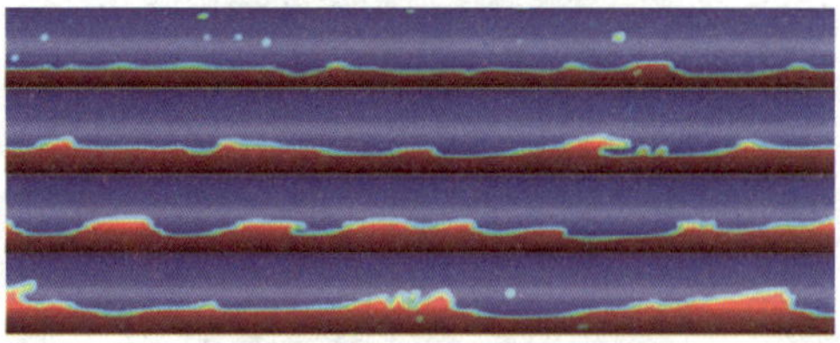

不同流速下管道内液体运动规律

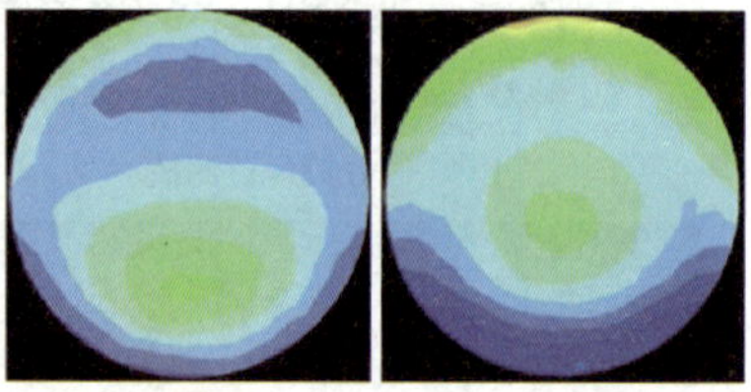

7m/s管道截面　　1m/s管道截面

图5-3-12　液体运动规律图

2. 注采管道防积盐腐蚀工艺技术

1)确定了注气期间注采管线积盐规律

建立透明管道环路装置，模拟实验30×10^{4}mg/L矿化度采出水在不同流速下的结晶规律，结果(图5-3-13)表明流速越高，析出晶体越少，1~5m/s流速下透明管段析出晶体100mg以上。注气时，高速干气携带晶体中的水分，导致管壁盐垢产生。

环路管道防结晶实验

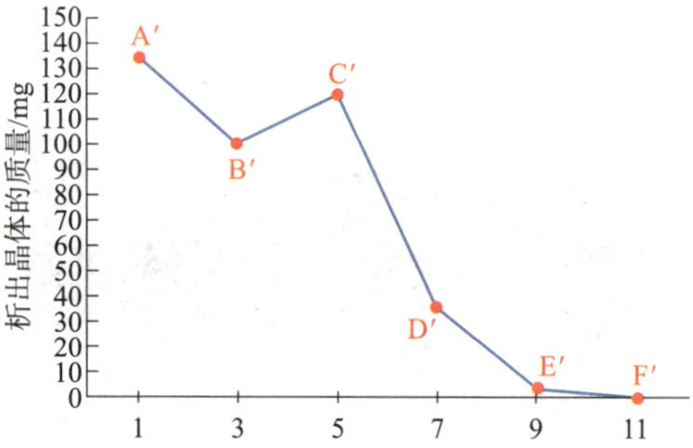

析晶规律

图5-3-13　结晶实验

2)防积盐腐蚀工艺

(1)清管技术。

设置清管系统，对注采切换实行清管措施，对管线中的结盐、积液、积油彻底清理，从根本上解决积盐腐蚀问题。

(2)水喷雾技术。

采用注气周期开始后，注气过程中同时通过雾化喷嘴向注气管道中注入水雾，保证注气周期前30d管壁盐垢润湿，并与管壁结合力降低；通过注气流速携带晶体颗粒返入井底，在流速6m/s时，粒径0.2mm的颗粒几乎全部携带至气井，粒径0.3mm的颗粒携带率为80%，粒径0.35mm的颗粒携带率为65%(图5-3-14)。

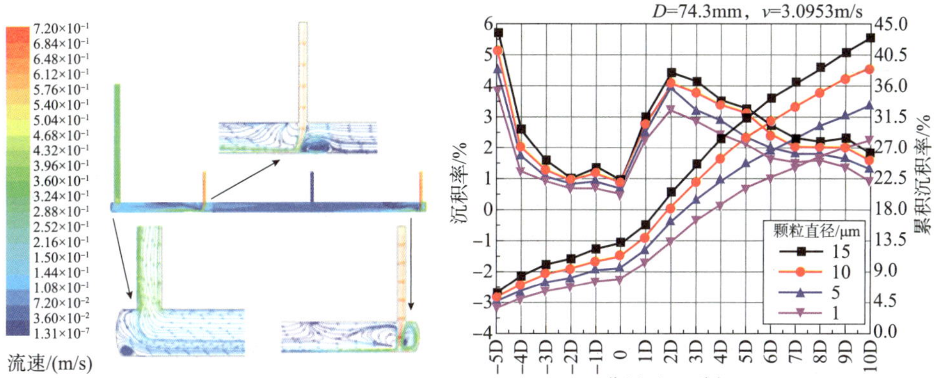

直管、弯管及三通处流场　　三通中不同位置的沉积率

图 5－3－14　沉积率变化

3. 天然气限流音速喷嘴技术

针对储气库地面工艺中高压、高流速气体流量控制问题，提出音速喷嘴技术，采用CFD 模拟软件建立音速喷嘴的三维数值模型，模拟高压气体通过喷嘴的速度场、压力场和温度场分布特征，优化设计了新型限流音速喷嘴技术。

1）特大型储气库地面工艺流量控制技术优选

针对采气、注气工艺中压力、流量安全、平稳控制运行以及天然气安全泄放难题，优选音速限流喷嘴技术进行气量控制：当气体流过喷嘴达到音速时，喉部的气流以音速向下游流动，避免了下游微小压力的波动向喉部传播，即流量不受下游压力变化的影响（图 5－3－15）。

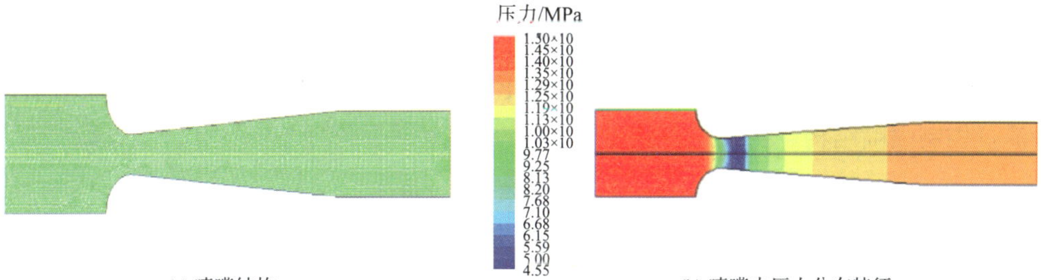

(a) 喷嘴结构　　(b) 喷嘴内压力分布特征

图 5－3－15　喷嘴结构和压力分布

2）音速喷管流场模拟

采用 CFD 对喷管流场进行了模拟计算，结果（图 5－3－16）表明：压力 15MPa 的天然气在喷管喉部压力下降到 4.2MPa，通过喉管后逐渐升高到 12MPa。在喉部气体流速由 20m/s 迅速升高到 300m/s 以上，通过喉部后气体流速逐渐下降到 100m/s 以下。

3）音速喷管温度场模拟

温度为 325K 的天然气在喷管喉部下降到最低的 245K，通过喉管后又逐渐升高到 320K（图 5－3－17）。喷管节流前后的气体温度变化较小，避免了常规节流中出现的温度急剧下降的现象。

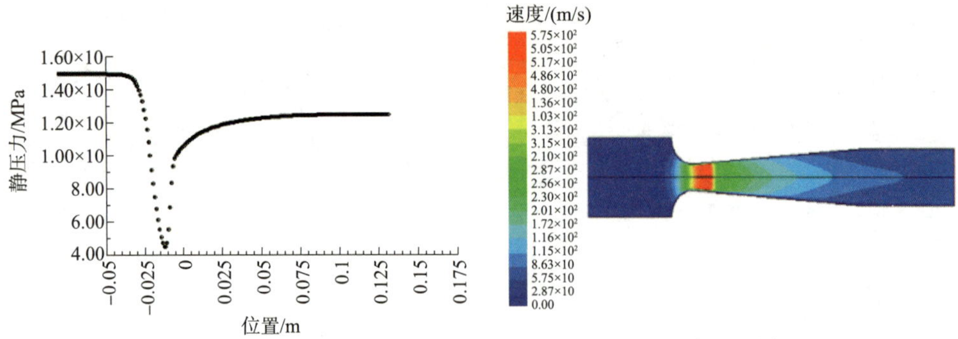

(a) 喷嘴轴线上压力分布曲线　　(b) 喷嘴速度分布云图

图 5-3-16　喷嘴压力分布和速度分布

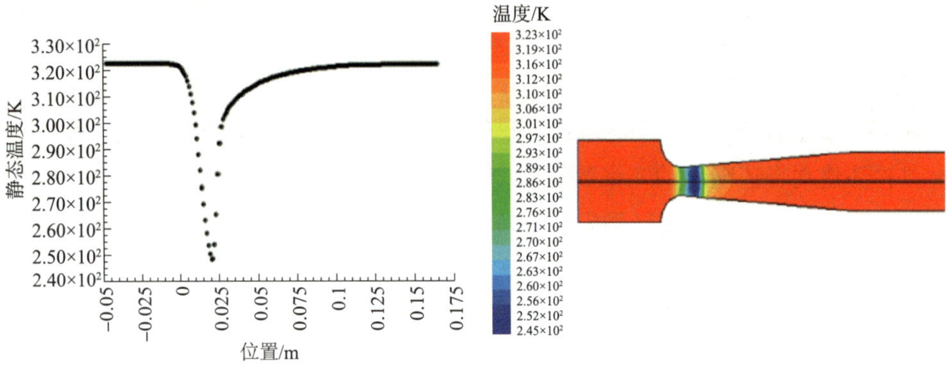

(a) 喷嘴轴线上温度分布曲线　　(b) 喷嘴温度分布云图

图 5-3-17　喷嘴温度变化

4) 音速喷管优化设计

在出入口差压参数一定条件下，通过三种尺寸音速喷嘴的流量基本完全相同，而喷嘴Ⅲ尺寸远小于其他两种结构(表 5-3-13)，便于加工和现场应用，因此确定采用结构Ⅲ作为流量控制喷嘴结构。

表 5-3-13　喷管优化设计

喷嘴	喷嘴结构参数							模拟结果		
	喉口直径/mm	喉部长度/mm	入口圆筒直径/mm	出口圆筒直径/mm	圆锥收缩角/(°)	圆锥扩散角/(°)	总长/m	质量流量/(kg/s)	喉部声速/(m/s)	喉部温度/K
Ⅰ	12	12	48	48	15	20	0.45	2.75	635	273
Ⅱ	12	12	48	48	15	7.5	0.572	2.757	540	262
Ⅲ	12	12	48	36	12	7	0.159	2.753	580	248

4. 超音速分离器喷管设计技术

为保证压缩机的正常运行，需要采用旋风分离器对输送介质气体中携带的固体颗粒杂质和液滴进行分离，针对传统旋风分离工艺效率低、投资和运行费用高、加热防冻困难、防冻剂用量大等缺点，研发了天然气超音速旋流分离技术，使天然气流经 Laval 喷管后绝热膨胀形成低温低压环境，水分和重烃凝结为液滴，超音速状态下经旋流器离心作用实现气液分离。

1) 超音速喷管激波判定技术

超音速气流在流经旋流分离器内喷管时，气流在喷管喉部之前受到一定强度的压缩，并且以激波的方式进行，之后气流由超音速流动转变为亚音速流动，同时温度上升，可能导致喷管内凝结液滴的二次蒸发，影响脱水效率。为此，根据界面流量守恒原则建立了激波判定方法。明确激波发生位置，优化喷管设计，提升超音速分离器脱水效率。

采用非结构化网格进行网格划分，利用 CFD 计算天然气在喷管内的流动过程，研究出口压力变化时喷管内激波发生位置：当 Laval 喷管出口背压为 0.1MPa 时，管内无激波产生。随出口背压增大，激波位置逐渐向喷管入口方向移动，当出口背压为 0.64MPa 时，激波位置为 $x=142.8$mm，已经非常靠近喉部，当出口背压为 0.66MPa 时激波已不明显。

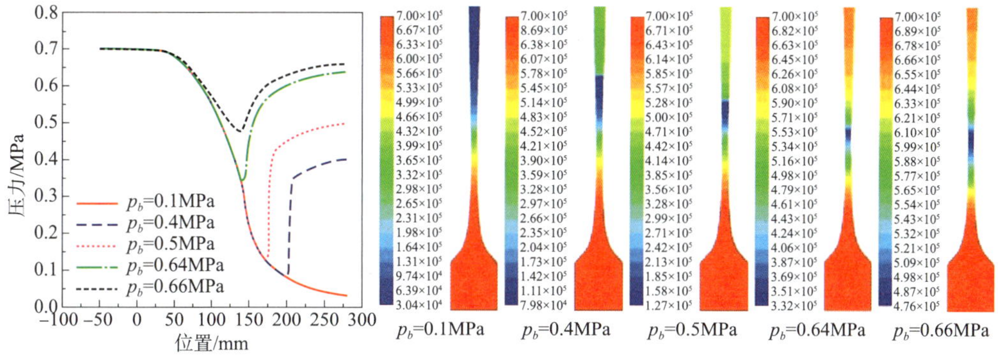

图 5－3－18　喷管轴向压力分布图

2) 背压对喷管制冷性能影响

轴向截面马赫数和静温变化(图 5－3－19、图 5－3－20)规律表明：随出口背压不断增大，喷管所能达到的最大马赫数不断降低，所能产生的最低温度不断上升，在出口背压分别为 0.4MPa、0.5MPa 和 0.64MPa 时，所能产生的最低温度分别为 166.2K、188.2K、247.6K。即保持入口压力不变，喷管出口背压越高，喷管的制冷性能越差。

3) 旋流器位置的确定

旋流器的位置对喷管内压力温度及切向速度分布均会产生影响。在喷管其他结构一致的情况下，分别设置旋流器位于渐缩段($x=0.07$m 处)和渐扩段($x=0.21$m 处)，研究旋流器位置 Laval 喷管制冷性能和分离效率的影响。

旋流器安装位置对压力分布的影响(图 5－3－21)：由于旋流器的存在造成喷管内流场畸变，在旋流器附近出现较大的压力波动，当旋流器安装在渐扩段时影响尤为明显，最大压力波动约为 143893Pa。

旋流器安装位置对温度分布的影响(图 5－3－22)：旋流器安装在渐缩段时，基本对温度场不产生影响，而当旋流器安装在渐扩段时产生了较为严重的激波，致使气体温度有很大程度的提升，旋流器后气体平均温度升高 29K，破坏了喷管内的低温环境，致使蒸发作用增强，不利于气体中水和重烃组分的凝结。

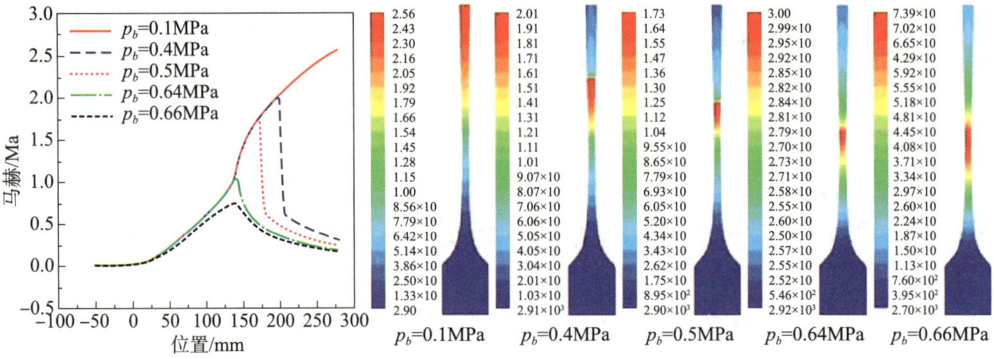

图 5－3－19　喷管轴向马赫数分布图

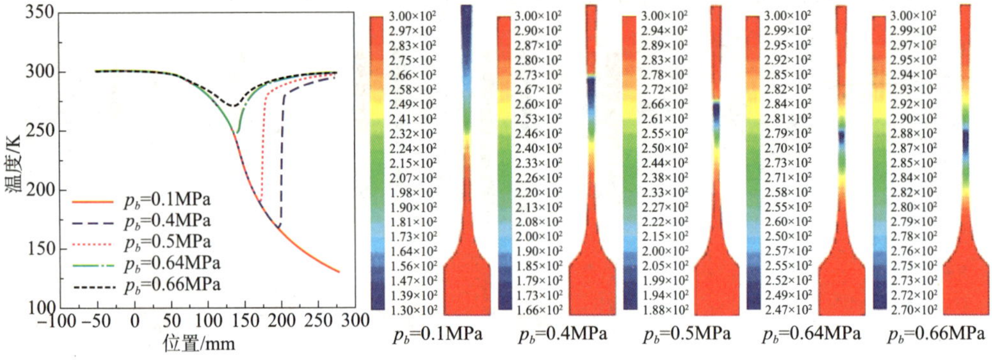

图 5－3－20　喷管轴向温度分布图

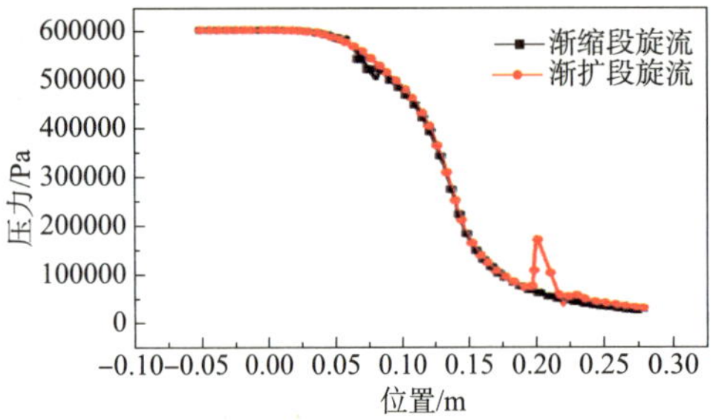

图 5－3－21　旋流器安装位置对压力分布的影响

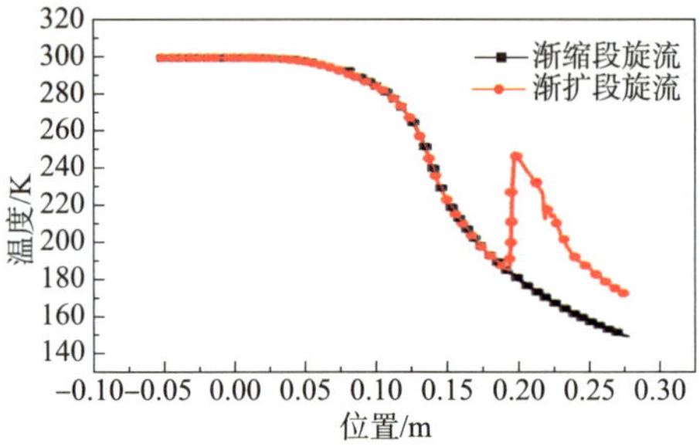

图 5－3－22　旋流器安装位置对温度分布的影响

四、天然气处理工程改扩建研究

（一）处理能力校核

大涝坝集气处理站天然气处理规模为 25×10^4Nm³/d，凝析油的处理规模为 8×10^4t/a。污水处理大约 200m³/d，管输送至雅克拉集气处理站统一处理，雅克拉集气处理站采出水进入雅克拉污水站，处理达标后外输至塔河油田 12 区用于回注。

雅克拉集气处理站天然气设计处理规模 260×10^4Nm³/d，最大处理能力 310×10^4Nm³/d，凝析油的处理规模为 17×10^4t/a。

目前即将实施《雅克拉、桥古采出水处理系统扩建及完善工程》，扩建后雅克拉污水站设计规模为 1000m^3/d。

1. 采气天然气处理能力校核

储气库计划 2021 年 12 月建成，由于需要注入垫底气，开始采气时间不早于 2022 年 10 月，根据大涝坝储气库建设方案指标预测和雅克拉集气处理站的产量预测，大涝坝储气库采气时雅克拉集气处理站天然气最大处理量出现在 2022 年 11 月，总气量为 269×10^4Nm^3/d，雅克拉集气处理站天然气处理能力满足储气库采气时的天然气处理。

2. 凝析油处理能力校核

凝析油最大量出现在 2022 年，同时雅克拉集气处理站凝析油产量衰减很快，按照 2022 年产量进行凝析油处理核算。2022 年凝析油最大产量小于两个站的设计处理能力之和，处理能力能够满足储气库凝析油处理需要，不需新建凝析油处理装置。

3. 污水处理能力校核

根据预测，大涝坝储气库污水量最大为 374m^3/d；根据《雅克拉、桥古采出水处理系统扩建及完善工程》雅克拉集气处理站水量预测最大为 650m^3/d，合计 1024m^3/d，雅克拉污水站扩建后满足大涝坝和雅克拉采出水处理要求，储气库采出水全部输往雅克拉站处理。

(二) 大涝坝集气处理站改造

为满足已建注气压缩机和新建注气压缩机的互为备用，灵活注气，已建注气站压缩机进出口汇管与集注站压缩机进出口汇管连通。

集注站来凝析油一路接至大涝坝集气处理站三相分离器凝析油出口管线，一路与污水汇合后由 2020 年建成 *DN*200 玻璃钢管道外输至雅克拉集气处理站处理。

(三) 雅克拉集气处理站改造

本次在雅克拉集气处理站新建 *PN*100、*DN*550/450 收发球筒 1 台，实现雅克拉集气处理站和集注站之间管线清管，该球筒兼具收、发功能。

集注站来天然气为分子筛脱水后干气，水露点满足雅克拉凝液回收系统要求，来气接至雅克拉集气处理站分子筛装置后天然气管线，为满足集注站来天然气的分离，进站设卧式分离器和过滤分离器各一台。

雅克拉集气处理站改造主要工程量如表 5－3－14。

表 5－3－14 雅克拉集气处理站改造主要工作量

序号	设备名称	数量	几何尺寸/mm	操作压力/MPa	操作温度/℃	备注
1	收发球筒	1	*DN*550×450*L*＝7000	6.5	5～30	Q345R
2	卧式分离器	1	*Φ*700	6.5	5～30	Q345R
3	过滤分离器	1	*Φ*600	6.5	5～30	Q345R

第六章
注气开发实践经验与启示

大涝坝凝析气藏是国内高含凝析油凝析气藏衰竭式开发中后期转循环注气提高采收率的典型代表。气藏初期采用衰竭式开发，出现较严重的反凝析和水侵现象，于衰竭式开采中后期转为注气开发。注气开发期间，通过不断对注气机理的研究及高效注气的方案优化调整，成功抑制了反凝析及水侵，并通过驱替混相大幅提高了凝析油采收率，探索了一条凝析气藏开发中后期高效注气开发之路。形成了注气方案设计思路、注采调整优化技术、注气受效评价技术、气窜识别与防治技术等核心技术。也总结出诸多实践经验与启示，为同类型凝析气藏开发中后期注气开发提供了理论基础与实践经验。

第一节　实现了气藏的经济高效开发

大涝坝凝析气藏于2005年全面投入开发，选择衰竭方式开采，由于气藏高含凝析油的特征，气藏一开发就出现严重的反凝析现象，加之气藏储量规模有限，边水能量强，水侵问题也较为突出，开发形势严峻，采收率较低。为改善开发效果、提高凝析油采收率，通过大量的注气相态相渗研究，并调研了牙哈、柯克亚、大张坨等同类气藏注气开发经验，2013年开始注气开采，经过10a注气开发实践，气藏开发形势转好，采收率预计能提高20%，并取得了良好的经济效益。

一、气藏开发态势转好

在衰竭式开发阶段，大涝坝凝析气藏地层压力下降较快(图6－1－1)，由于反凝析现象和水侵的影响，气藏产能递减大，凝析油质量浓度较高。地层压力保持程度仅为67%，注气前地层压力下降到38.2MPa，气油比也由1350m^3/m^3上升到2000m^3/m^3，且边水快速推进，气藏综合含水率达20%且持续上升(图6－1－2)，边部井水淹停产，开发形势逐渐恶化。

在2013年进行注气开发之后，注入气有效地补充了地层能量，使地层压力逐渐回升。在错峰强注阶段以及周期强注阶段注气强度较大，地层压力回升速度较快，并在多轮次的周期强注过程中保持了较高的地层压力水平。注气后地层压力保持程度从67%提升至78%，最高恢复至44MPa(图6－1－3)，注气恢复地层压力效果明显。

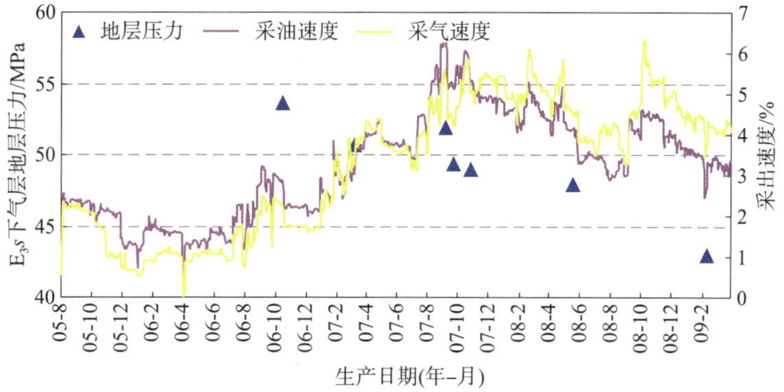

图 6–1–1　大涝坝苏维依组地层压力变化图

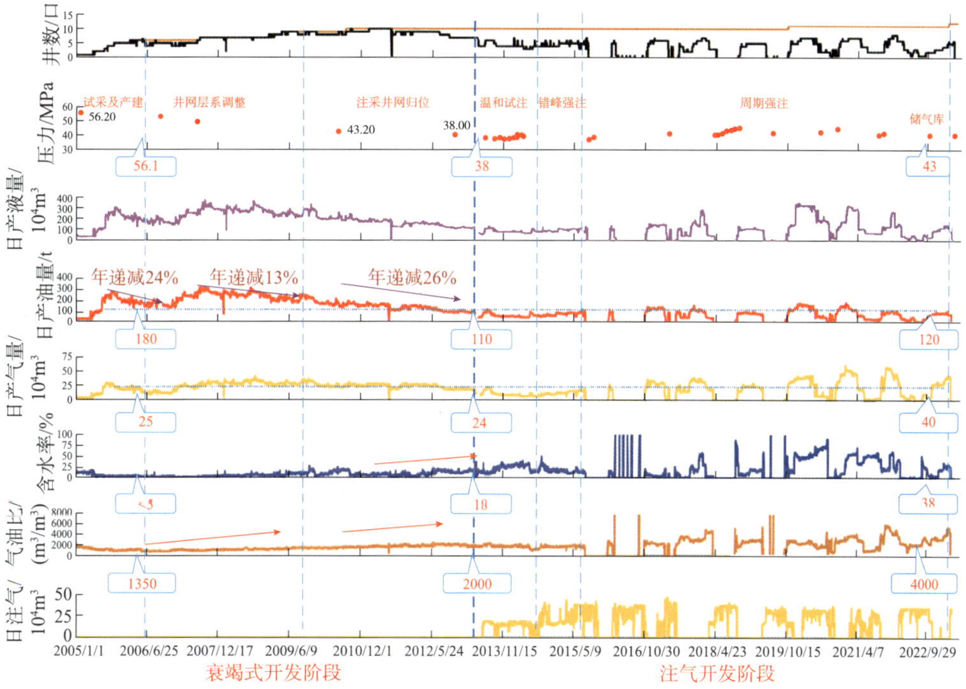

图 6–1–2　大涝坝凝析气藏日度生产曲线

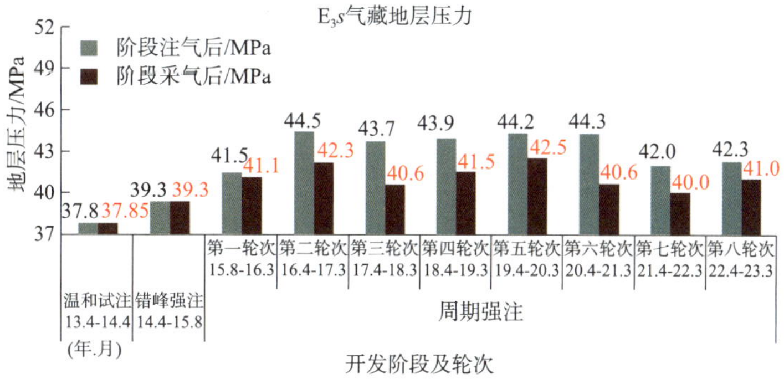

图 6–1–3　气藏地层压力变化

此外，注气后地层压力的明显回升还有效地抑制了边水侵入，部分边部水淹停产的生产井在气藏进行注气开发后也成功复产，同时，气井产水也出现了大幅下降，最低降至7.5%，后续生产过程中产水略有回升。产油量稳中有升，最高增加到135t/d，基本保持在100t/d以上水平(图6－1－4)。

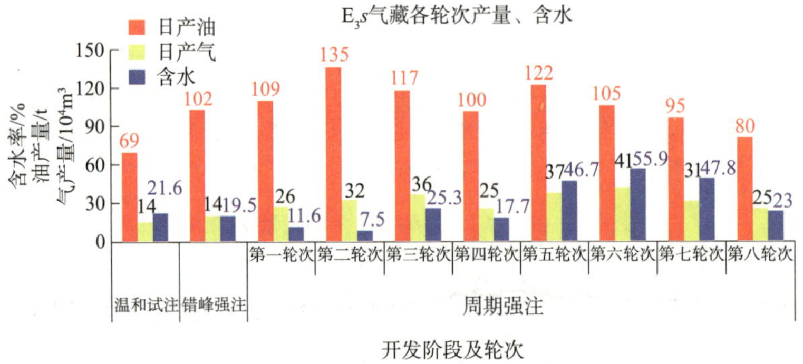

图6－1－4　气藏产量及含水率变化

气藏进行注气开发后，温和试注阶段以及错峰强注阶段前期注气强度较低，注入气主要表现出气驱增油的效果，生产井的产油量升高(图6－1－5)。错峰强注中后期以及周期强注阶段的注气强度较高，储层中出现反蒸发效应，部分凝析油在注入气作用下变为气相，地层中凝析油质量浓度降低(图6－1－6)。

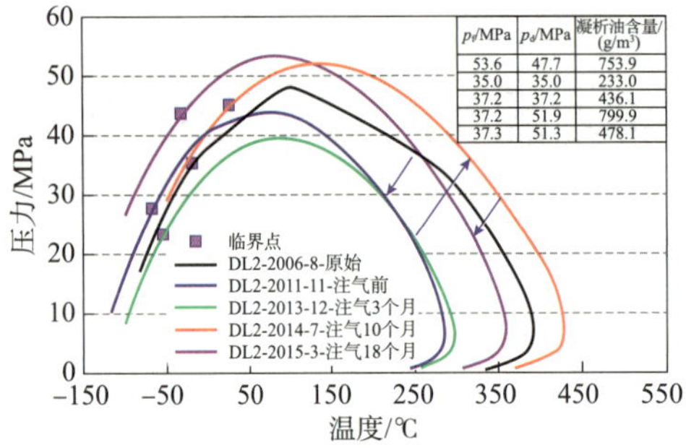

图6－1－5　DL2相图变化(2006—2015年)

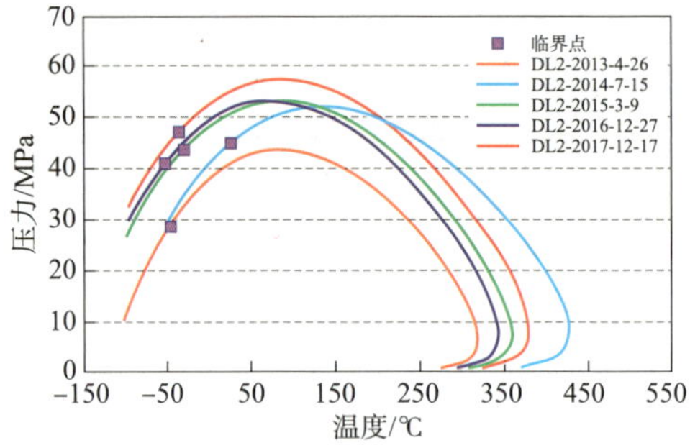

图6－1－6　DL2相图变化(2013—2017年)

在注入气的气驱油作用以及反蒸发作用的综合影响下，气油比出现下降，有效抑制了反凝析效应，但由于注气强度以及注气周期的影响，反凝析效应依然存在，表现为气油比的上下波动(图6－1－3)。注气开发后气井含水率及气油比的下降也使得气藏稳产时间延长(衰竭开发设计6年)，保障了气藏的高效稳定开发。

二、凝析油预测采收率明显提升

在进行注气开发之前，由于衰竭式开发引起的地层压力下降，气藏日产油量逐渐下降，且受水侵影响，综合含水逐渐上升，气油比也呈现上升态势，总体开发态势变差。此阶段的油气采出程度较低，凝析油采出程度仅为26.7%，气采出程度仅为34.37%。

数值模拟预测，继续采用衰竭式开发，凝析油采收率仅能达到29%。转注气开发后，凝析油采收率预测达到39.3%，较衰竭式开发提高10.3个百分点（图6－1－7）。

2023年4月，在此前注气开发方案基础上提出的“注气提采＋战略储气库”注储协同方案正式运行，预计凝析油采收率将再提高9.33%，达到48.63%。

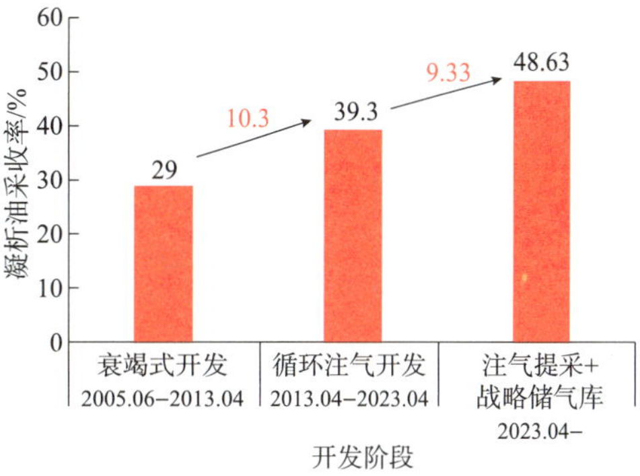

图6－1－7　大涝坝凝析气藏各阶段凝析油采收率对比

通过对同类型的注气开发凝析气藏实例进行调研，发现文昌某区凝析气藏注气开发后凝析油采收率达到36.88%；柯克亚凝析气田进行注气保压后凝析油采收率可达35%～50%；牙哈气藏在循环注气，维持较高地层压力的情况下预测凝析油采收率可达47.42%～50.54%。由此可见，大涝坝凝析气藏注气提高凝析油采收率效果较好，在国内同类型气藏中处于较高水平。

三、实现了经济效益最大

为了更好解决天然气调峰保供与注气需求矛盾，也防止连续强注出现气窜和保障注入气充分混相，大涝坝凝析气藏在常规循环注气方案的基础上引入了储气调峰的理念，制定了“春冬注、夏秋采”的注气模式，既满足了储气调峰保供需求，又达到了注气提高凝析油采收率的效果。气藏累计注气量$7.21\times10^8m^3$，注气后累计产油量22×10^4t，累计产气量$6.31\times10^8m^3$，直接经济收益13.072亿元，实现了高效益开发，为凝析气藏注气开发增产增效提供了新的启示。

第二节　形成了开发中后期注气开发提高采收率关键技术

与常规气藏、油藏比，凝析气藏本身流体的复杂变化，增加了开发的难度。而大涝坝凝析气藏从衰竭式开发转注气开发，其严重的反凝析问题和边水水侵问题对如何提高采收率提出了更大的挑战。开发技术人员以“开发无止境，工艺无极限”的理念，坚持理论创新、技术创新、管理创新，在不断的探索实践中，形成了开发中后期注气提高采收率关键技术，保障了大涝坝凝析气藏科学、高效开发。

一、均衡注采理念

首先，针对能否注气的问题，以分子扩散理论、膨胀理论、相似相溶原理、物质平衡法及重力超覆效应为理论基础，通过相态理论＋相态实验、相渗理论＋相渗实验的方式开展研究，最终以物理模拟＋地质建模＋数值模拟手段进行论证，确认大涝坝凝析气藏可以通过注气以改善开发效果。

其次，针对如何注气的问题，明确了以恢复压力平衡或高于外部边水压力为首要任务，同时考虑注气过程中反凝析、反蒸发、气驱油、抑制水侵具有同步交替性和反复循环性的独特机理以及注入干气与地层中的油、气、水多相流互作用和博弈的协同作用，最终确定对大涝坝凝析气藏采用既提高采收率，又兼顾保供调峰需求和储气战略的耦合注气方式。

最后，针对高效注气的问题，以“均衡注气”为理念，以“平面均衡、层间均衡、注采均衡、时间均衡”为原则，先后采用“温和试注－错峰强注－周期强注－储气库兼顾提高采收率”整套凝析气藏开发中后期注气的开发方案(图6－2－1)，实现了气藏高效注气开发。

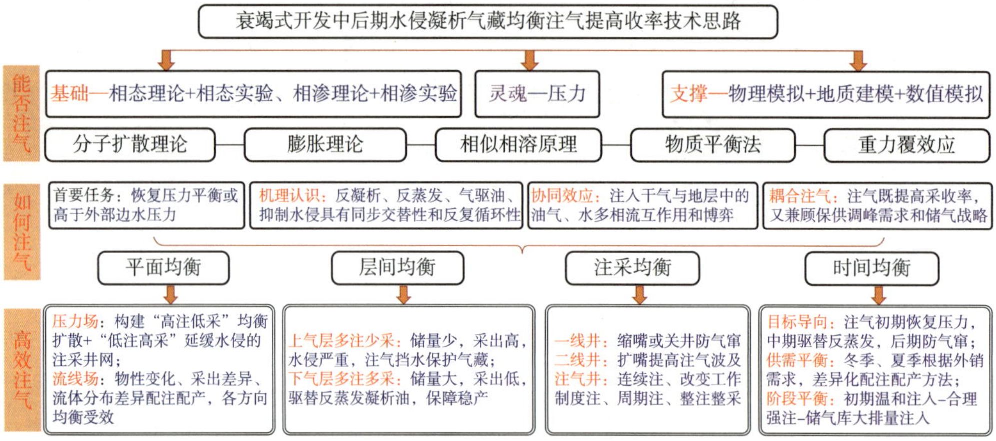

图6－2－1　大涝坝凝析气藏注气开发技术思路

总体来说，通过持续强化油气藏认识及注气开发机理研究，不断优化注气调整方案，大涝坝凝析气藏注气开发取得了较好的效果，气藏开发指标好于方案设计，原油采收率明显提升，反凝析及水侵现象得到明显抑制。

二、注采调整优化技术

根据大涝坝凝析气藏开发中后期由衰竭式开发转注气开发的特殊性，为了更好实现注气驱油、混相抑制水侵的效果，在方案的设计和井网优化上展开了诸多工作，形成了注采调整优化技术。①创立了以不规则井网为基础，以抑制水侵和防气窜为核心的“高注低采”“边注高采”注采井网调整技术，实现高部位注气防重力超覆气窜，低部位注气抑制水侵的高效注气关键技术。实践证明，该模式的注采井网对于高效注气起到了关键作用。②形成了“非对应注采”提高波及和防气窜关键技术。通过注气与采气“错位”射孔，形成非对应的注采关系，使注气前缘均匀推进，实现了注气10a未发生明显气窜且提高采收率效果显著。③创新实践了“温和注气－错峰强注－周期强注－储气库”不同阶段提高助气效率的注气技术，针对性地解决了凝析气藏开发中后期注气效率低的难题，实现了储气调峰及提高采收率协同发展的目的。目前大涝坝凝析气藏已经形成注储协同关键技术并推广应用到雅克拉 YD1 气藏，获得较好效果。④形成了一套注采参数设计思路和数值模拟方法。通过对不同注采比、注采强度、注采时机方案，以及各方案的开发效果对比，优选出适用于大涝坝凝析气藏不同注气阶段的注采模式。⑤形成了均衡注气理念。以“差异配产配注”为核心，通过层间均衡、层内均衡、注采井均衡以及时间均衡，结合储气调峰需求，流体场、饱和场和压力场调整，实现了一、二线井均衡受效，合理释放产能，保持了注采平衡和采收率最大。

三、注气受效评价技术

由于气藏注采方式、注入强度等参数的差异性，不能直接借鉴已有的同类气藏注气受效判别标准，必须结合实际生产特征构建评价体系。为此，在边实践、边探索的注气过程中，建立了以生产动态、高压物性、流体组分为核心的注气受效评价图版。①生产参数判别图版，是以注气后发生的气驱油、反蒸发、抑制水侵和气窜四类受效现象为基础，根据井口压力、产量、气油比、含水率的升降变化进行注气开发效果的综合判断。②流体组分参数图版，是以采气井所录取的油气水样进行实验检测得到的组分数据为基础，通过注气前后、注气过程中数据的上升或下降幅度判别驱油、反蒸发及受效状况。③高压物性参数图版，则是以 PVT 相态实验为基础，通过对比注气前后的包络线偏移，以及凝析油的含量变化判断地层流体的相态变化，并以此判别注气增产效应，评估注气受效状况。最终结合以上三大类图版建立了气驱混相等受效评价方法，能够进行单井和气藏所处受效阶段的综合判断。目前来看，大涝坝凝析气藏多数井仍处于气驱油并伴有反蒸发作用阶段，未见明显的气窜现象。

四、动态监测技术

大涝坝注气开发不同于衰竭式开发和常规的先期循环注气开发，其相态变化、相渗变化以及流体运移、压力变化均会更加复杂化。为了准确监测注气状况以及评价受效情况，更好地为注采方案优化调整提供支撑，创新建立了一套科学、完善的不同注气阶段的动态监测体系。①流静压监测贯穿于注气开发全过程，除了应用于计算注采压差、求取合理产能、研究水侵规律，还被创新应用于气藏的年度配注配产，为气藏保持在一定的压力范围内运行提供了翔实可靠的资料。②连续的地层流体监测是直观判断注气受效和及时优化调整的第一手资料，为准确认识和把控注气开发规律、实现高效注气开发奠定了基础。③定期定井开展生产测井，利用产吸剖面、饱和度测井、压力恢复试井等资料，通过历史对比，研究注气后的反蒸发状况、地层流体运移规律、水侵规律和剩余油气分布规律，及时了解和掌握气藏层间、层内的调整需求，保证调整的及时性和合理性。④创立了不同注气阶段动态监测体系，形成了驱油阶段、反蒸发阶段、抑制水侵阶段的特色动态监测体系。

五、气窜预防及控制技术

气窜是制约凝析气藏注气提高采收率的关键影响因素。大涝坝凝析气藏构造较完整，储层非均质性不强，井距为600～800m，加之注入干气与湿气容易组分分异形成重力超覆效应，导致采气井气窜，降低注入气波及范围，影响注气效率。因此，在方案设计和注气运行中，尤其关注气窜现象，形成了气窜预防与控制技术。①建立了气窜识别图版。通过生产参数、流体组分、高压物性参数组合识别采气井气窜现象，不仅为后续延缓气窜对策的实施提供了数据，还为均衡注采调整提供了判断依据。②研究形成了温和连续注气、改变注采井工作制度、注采井间歇开关井、脉冲式注入、间歇式注入、仿单井吞吐等六种防气窜注采模式。通过注入干气与湿气的充分搅拌，增加接触面积和时间，多次接触增强反蒸发、驱替凝析油等作用机理，全面防止气窜发生。③探索实践了“高注低采”防重力超覆效应的注采井网、注采非对应射孔、合理优化注采井距、二线井放嘴引流，一线井控嘴降产等一系列防气窜举措，实现了大涝坝注气10a未发生明显气窜的良好效果。

六、注气井增注工艺技术

注气开发过程中，注气量作为影响气井产能以及最终采收率的重要因素而备受关注。大涝坝凝析气藏在开发过程中针对不同影响因素造成的注气困难进行了研究分析，总结出了对应的增注措施，整理形成了一套复合增注工艺技术。①针对井口处注气时会发生水合物冻堵，造成注气压力突然升高，注不进气的现象，提出控制合理注气量，使注气量高于水合物形成最低注气量，以防止水合物冻堵的出现。②针对井筒中发生地层出砂，导致注气压力迅速升高不降，注不进气，吸气指数为零的现象，提出首先判断是否井筒砂桥堵塞，再进行连续油管解堵，使注气井恢复正常注气。③针对地层中水敏效应导致的注气压力上升，吸气指数降低的现象，采用提高注气量、提高井底压力的方式在地层中形成压力脉冲，解除轻度堵塞，从而短暂提高注气能力。④针对地层中水锁效应造成的注气压力上升明显，吸气指数降低幅度大的现象，提出采用温和反排，通过合适的防喷压差控制缓慢放喷，大幅提高注气能力。⑤针对间歇注气导致的注气压力升高、注气量降低，吸气指数严重降低的现象，开展稳定连续注气以保持注气压力长期稳定。⑥针对胶结物、固体颗粒污染地层造成的注气压力较高，注气量及吸气指数极低的现象进行酸化作业，从根本上解除堵塞，提高注气能力。

第三节　实践经验与启示

大涝坝凝析气藏衰竭式开发中后期转循环注气的成功开发，机理研究是基础，注气方案优化设计是关键，关键技术的创新是有力保障。由此形成的温和试注－错峰强注－周期强注－储气库兼顾提高采收率的一整套凝析气藏衰竭式开发中后期注气的开发流程，以及创新出的凝析气藏开发的诸多关键技术，保障了大涝坝凝析气藏的稳定高效开发。在气藏的开发过程中也总结出了一系列的实践经验与启示，对衰竭式开发中后期转循环注气的凝析气藏开发有着重要的指导意义。

1. 精细气藏描述，数值模型迭代升级，是有效推动高效注气提高采收率的关键

精细气藏描述始终贯穿大涝坝凝析气藏开发的全过程，按照有开发矛盾、有资料补充、有新技术方法，必开展气藏再认识的思路，对大涝坝苏维依组气藏进行了三轮次的精细描述，让每次描述都更加逼近真实地质情况。同步对地质模型和数值模拟迭代升级，持续透视地下气藏，动静态结合，基本形成了“两年一细化、一年一微调”的建模数模一体化管理对策。注气开发以来，更重视注采开发规律认识，强化日常生产动态监测，充分利用各类监测资料，验证气藏地质认识，并将新认识通过地质模型建模方法进行转变，提高网格精度，从而指导大涝坝循环注气的优化调整和方案设计。持之以恒开展的建模数模一体化迭代升级，成为大涝坝凝析气藏高效注气提高采收率的重要利器。实践证明，大涝坝注气开发过程中，重视精细气藏描述，重视建模数模迭代升级 – 全力支撑大涝坝精细注气注气提高采收率的技术思路，值得借鉴和推广应用。

2. 重视基础实验，充分试注试采，是循环注气方案精准设计和高效实施的前提

大涝坝凝析气藏开发中后期转注气开发具有一定的特殊性，可借鉴的成功案例并不多。为了搞清楚这种特殊性阶段转注气开发的可行性，系统开展了富含气地层水/不含气地层水的凝析油 PVT 相态单次闪蒸测试、CCE 实验测试、CVD 实验测试等室内实验。此外，还进行了多孔介质中凝析油定容衰竭实验、凝析油在地下压力条件下的反蒸发实验、长岩芯衰竭开发后注气实验以及注气相态特征数值模拟。从而全面获取了衰竭式开发后再注气的流体相态变化参数，把握了衰竭式开发后再注气流态相态变化规律，得出了衰竭式开发后再注气的作用机理，清楚回答了大涝坝能否注气和如何高效注气的问题。为循环注气方案各参数的精确设计奠定了理论基础。在方案实施前，由于缺乏现场实践经验，于是进行了近一年的试注，长期的试注对后期方案的再优化至关重要。只有通过长期试注，才能更好地探索和认识注气开发变化特征，把握注气后的开发规律认识，发现注气过程中存在的问题，为后期方案的优化调整积累丰富的现场数据。通过长期试注，基本明确了注入气首先补充地层亏空，对于井周的水段塞进行压缩、推动，遇到边水后转向气藏内部扩散的规律。还摸清了注气后压力响应时间，采出井流物的变化规律以及生产动态规律。初步认识到注气对于气藏恢复压力、驱替凝析油和抑制水侵有效果，且由于注入气量少，未发生气窜现象。依据这些试注认识，为科学调整注气方案、高效实施注气和改善注气效果奠定了坚实的基础。

3. 强化动态监测，及时优化调整，是气藏高效开发提高采收率的基本保障

由于大涝坝凝析气藏为衰竭式开发中后期转注气，与常规循环注气开发气藏生产特征、流动机理等方面存在较大差异。为了获取注气开发过程中气藏的生产动态变化以及流体相态变化情况，及时根据资料对开发方案进行优化调整，大涝坝凝析气藏建立了包括地

面流体监测技术、地层压力监测技术、生产测井技术、示踪剂监测技术在内的科学、完善的循环注气动态监测体系。通过每年/每季度/每月定期针对生产井和注气井进行不同参数的监测，获取了气藏注气开发不同时刻、不同状态下丰富的储层资料，为及时掌握注气开发过程中储层动态变化提供了科学的手段，也为后续开发政策的调整制定奠定了基础。气藏注气开发过程中，流体性质以及生产特征都处于不断变化的状态下，在此情况下开发方案的实施效果可能会受到影响，导致气藏开发效果变差。因此，为了实现针对开发方案的精确调整，大涝坝凝析气藏在动态监测技术的基础之上形成了动态监测－资料分析－开发方案优化调整－再次监测的科学、及时的气藏开发方案优化调整体系，根据储层变化同步调整开发方案，保障方案实施效果。这一方式真正实现了“实时监测、及时调整”的气藏动态调整理念，保证了开发方案的及时调整、高效实施，为气藏的高效稳定开发提供了有力支撑。

4. 充分考虑保供调峰需求和储气战略，开展注采优化，实现效益最大化

由于天然气市场具季节用气波动大的特点。为了更好解决天然气调峰保供与注气需求矛盾，也防止连续强注出现气窜和保障注入气充分混相，引入“储气调峰”理念，以现有的循环注气方案为基础，进行了间歇注采模式的摸索，通过对注气开发方案不断进行优化调整，最终形成了“夏秋季只注不采、春冬季只采不注”周期强注的“稳压”模式，并在此基础上进一步深化理论研究，形成了储气库兼顾提高采收率技术。大涝坝凝析气藏开发过程中储气调峰理念的引入有效响应了国家能源战略规划，是对国家储气库发展战略的重要支持。储气库方案的实施实现了天然气供应的削峰填谷，保证了供气的可靠性和连续性，调节了用气不平衡的矛盾，体现了天然气安全保供“压舱石”的作用，也可以从灵活的市场价格波动中获取利润，此外，伴随注气强度的提高，还能够使驱油及抑制水侵效果得到进一步增强，达到注气提高采收率的效果，填补我国在西部地区深部强底水凝析气藏建立储气库建设的实践空白，不仅实现了经济效益的最大化，还为凝析气藏注气开发方式提供了新的启示。

5. 考虑全周期注气需求，选择高性能配套地面及井下设备材质，是高效循环注气的基础

大涝坝凝析气藏注气开发方案研究过程中，充分考虑地面地下一体化理念，同步规划、同步设计、同步建设，注气配套工艺。根据注气存在的高流量、高温高压特性，高起点设计，充分借鉴和吸收国内外先进技术，以“安全、高效、节能”为原则，依托现有的地面处理系统，新增注气站、注气机和地面注气管线，最大限度降低成本，创造更多的经济效应。按近期注气开发需求和长期储气调峰规划相结合，新建了雅克拉－大涝坝联络管网，形成了“注输”一体互联互通网络。能有效保障高峰释放产能，低峰反输气注气提高采收率的“注储”运行模式。为此，大涝坝凝析气藏针对作为注气装置核心设备的注气压缩机，以气藏实际情况和注气方案要求为依据，进行了注气压缩机型号的优选。最终确定以喀麦隆压缩机系统公司生产的注气压缩机作为注气设备，设计点的进气压力为2.0MPa，

排气压力为49MPa，进气温度为45℃，拥有8个气缸，增压注气能力较强，且在高压状态下能够平稳运行；注采管柱则选用了13Cr以及P110材质，具有较高的强度、卓越的抗腐蚀特性以及良好的低温韧性。通过结合气藏注气开发实际情况优选出的高性能配套地面及井下设备满足了气藏循环注气开发过程中诸多方案的注气要求，并且在十几年的注气开发中从未发生安全事故以及井控事故，保证了循环注气的高效平稳运行，也为气藏后续的注气作业提供了可靠的保障。

参考文献

[1]贺萍，王青春，于静波，等．大涝坝地区苏维依组滨浅湖砂坝沉积精细刻画[J]．科学技术与工程，2021，21(10)：3904－3912.

[2]贺萍，王青春，于靖波，等．大涝坝地区下白垩统巴什基奇克组浅水三角洲沉积特征[J]．东北石油大学学报，2021，45(2)：67－78，9.

[3]徐征遥，吕萍，张奎，等．大涝坝1号构造凝析气藏注水开发实践及认识[J]．化学工程与装备，2015(9)：103－105.

[4]李宗宇，何云峰，姚田万，等．凝析气藏开发关键技术探讨——以雅克拉、大涝坝、轮台凝析气田为例[C]//中国石油学会天然气专业委员会，四川省石油学会．2015年全国天然气学术年会论文集．[出版者不详]，2015：378－390.

[5]高树生，杨明翰，叶礼友，等．低渗透底水气藏水侵动态模拟实验及其对采收率的影响[J]．天然气工业，2022，42(3)：61－70.

[6]钟太贤，袁士义，胡永乐，等．凝析气流体的复杂相态[J]．石油勘探与开发，2004，31(2)：3.

[7]焦玉卫，谢伟，邸宝智，等．凝析气藏循环注气过程流体相态特征[J]．新疆石油地质，2012，33(6)：4.

[8]戴岑璞，王自明．低渗透凝析气藏的反凝析特征[J]．天然气工业，2007，27(11)：3.

[9]Long K，Tang Y，He Y，et al. Fluid phase behavior during multi－cycle injection and production of underground gas storage based on gas－condensate reservoirs with oil rim[J]. Geo－Energy Science and Engineering，2023，226：211769.

[10]谢军，李骞，涂汉敏，等．高含水致密凝析气藏特殊相态变化[J]．石油学报，2020，41(9)：1109－1116.

[11]王长权，汤勇，杜志敏，等．含水凝析气相态特征及非平衡压降过程产液特征[J]．石油学报，2013，34(4)：740－746.

[12]王奥，李菊花，郑斌．多孔介质中凝析气相态特征[J]．大庆石油地质与开发，2021，40(1)：61－67.

[13]杜建芬，李士伦，尹永飞，等．多孔介质对凝析气藏露点的影响机理研究[J]．西南石油学院学报，2006(4)：26－28，102.

[14]胡永乐，罗凯，郑希潭，等．高含蜡凝析气相态特征研究[J]．石油学报，2003(3)：61－63，67.

[15]宋化明，陈叔阳，张云，等．塔里木盆地大涝坝凝析气田循环注气开发设计[J]．石油钻采工艺，2010，32(S1)：120－123.

[16]张云，赵习森，张艾，等．凝析气藏生产过程反凝析特征评价方法[J]．石油钻采工艺，2010，32(S1)：45－49.

[17]刘建仪，郭平，李士伦，等．反凝析污染对凝析气井伤害的实验评价研究[J]．天然气工业，2001(5)：67－70，5.

[18]刘华勋，任东，高树生，等．边、底水气藏水侵机理与开发对策[J]．天然气工业，2015，35(2)：47－53.

[19]Gao S, Zhang J, Liu H, et al. Water－gas ratio characteristics and development concepts for water－producing gas reservoirs[J]. Heliyon, 2023.

[20]孙雷，黄全华，李士伦，等．凝析气藏近井地层油气产状及渗流特征[J]．新疆石油地质，2004(4)：403－406.

[21]焦玉卫，谢伟，邸宝智，等．凝析气藏循环注气过程流体相态特征[J]．新疆石油地质，2012，33(6)：704－707.

[22]Jia H, Wu X. Killing fluid loss mechanism and productivity recovery in a gas condensate reservoir considering the phase behavior change[J]. Petroleum Exploration and Development, 2017, 44(4): 659－666.

[23]吴晓东，潘新伟，王金勋．利用微观模型研究孔隙结构对气藏水束缚堵塞的影响规律[J]．天然气工业，2004(4)：60－61，9.

[24]田巍．致密砂岩凝析气藏油气水多相渗流规律研究[D]．北京：北京科技大学，2015.

[25]樊怀才，钟兵，李晓平，等．裂缝型产水气藏水侵机理研究[J]．天然气地球科学，2012，23(6)：1179－1184.

[26]Dawe R A, Grattoni C A. Fluid flow behaviour of gas－condensate and near－miscible fluids at the pore scale[J]. Journal of Petroleum Science & Engineering, 2007, 55(3/4): 228－236.

[27]周克明，李宁，张清秀，等．气水两相渗流及封闭气的形成机理实验研究[J]．天然气工业，2002(S1)：122－125，1.

[28]吕金龙，卢祥国，王威，等．致密砂岩孔隙中气水分布规律可视化实验[J]．特种油气藏，2019，26(4)：136－141.

[29]石志良，李相方，朱维耀，等．凝析气藏微观渗流实验研究[J]．天然气工业，2005(9)：92－94，159－160.

[30]黄堃．深层凝析气藏多相渗流规律研究[D]．北京：北京科技大学，2022.

[31]石志良，李相方，朱维耀，等．凝析气藏微观渗流实验研究[J]．天然气工业，2005(9)：92－94，159－160.

[32]Meng X, Sheng J J. Optimization of huff－n－puff gas injection in a shale gas condensate reservoir[J]. Journal of Unconventional Oil and Gas Resources, 2016, 16: 34－44.

[33]Sheng J J, James J. Increase liquid oil production by huff－n－puff of produced gas in shale gas condensate reservoirs[J]. Journal of Unconventional Oil and Gas Resources, 2015, 11: 19－26.

[34]Sheng J J. Enhanced oil recovery in shale reservoirs by gas injection[J]. Journal of Natural Gas Science & Engineering, 2015, 22.

[35]赵习森，柳春云，张云，等．注气吞吐解除近井地层反凝析的可行性[J]．石油钻采工艺，2010，32(S1)：50－53.

[36]彭松，黄全华，杨翠萍，等．注干气开发凝析气藏注采压力系统研究——以塔里木盆地大涝坝2号构造凝析气藏为例[J]．油气地质与采收率，2011，18(2)：76－79，116.

[37]江同文，孙龙德，谢伟，等．凝析气藏循环注气三元开发机理与提高凝析油采收率新技术[J]．石油学报，2021，42(12)：1654－1664.

[38]李宗宇，王利刚，张艾，等．产水凝析气藏循环注气受效评价标准讨论——以大涝坝凝析气藏为例[J]．天然气工业，2016，36(12)：51－58.

[39]Jieming W, Lei S H I, ZHANG Y, et al. Simulation of petroleum phase behavior in injection and production

process of underground gas storage in a gas reservoir[J]. Petroleum Exploration and Development, 2022, 49(6): 1386 - 1397.

[40]吴蕾，袁士义，胡永乐，等. 凝析油蒸发动态特征[J]. 石油勘探与开发，2004(2)：122 - 124.

[41]王彬，杜建芬，刘奇，等. 带油环凝析气藏注气吞吐采出流体特征[J]. 新疆石油地质，2022，43(1)：48 - 51.

[42]田巍. 凝析气藏注 CO_2 提高采收率机理物理模拟[J]. 天然气地球科学，2021，32(10)：1592 - 1600.

[43]陈雷，罗辑，饶华文，等. 凝析气藏开发中后期注气提高采收率[J]. 新疆石油地质，2019，40(1)：98 - 102.

[44]朱忠谦. 牙哈凝析气藏二次注气抑制反凝析机理及相态特征[J]. 天然气工业，2015，35(5)：60 - 65.

[45]郭平，李士伦，孙雷，等. 不同注入气对凝析气相态的影响[J]. 新疆石油地质，2001(3)：244 - 246，278.

[46]李宗宇，王利刚，张艾，等. 产水凝析气藏循环注气受效评价标准讨论——以大涝坝凝析气藏为例[J]. 天然气工业，2016，36(12)：51 - 58.

[47]Zhang A, Fan Z, Zhao L. An investigation on phase behaviors and displacement mechanisms of gas injection in gas condensate reservoir[J]. Fuel, 2023, 268.

[48]李宗宇，王利刚，张艾，等. 产水凝析气藏循环注气受效评价标准讨论——以大涝坝凝析气藏为例[J]. 天然气工业，2016，36(12)：51 - 58.

[49]Sheng J J, Mody F, Griffith P J, et al. Potential to increase condensate oil production by huff - n - puff gas injection in a shale condensate reservoir[J]. Journal of Natural Gas Science and Engineering, 2016, 28: 46 - 51.

[50]Koseack C A, Opdal S T. Recovery of condensate from a heterogeneous reservoir by the injection of a slug of methane followed by nitrogen[J]. SPE18265, 1988.

[51]陈小凡，杨程博，杨建. 构造倾角对凝析气藏注气效果的影响[J]. 特种油气藏，2011，18(2)：93 - 95，140.

[52]杨建，杨程博，黄学刚，等. 储层非均质性对大涝坝凝析气藏注气开采效果的影响[J]. 西安石油大学学报(自然科学版)，2013，28(6)：73 - 76，10.

[53]杜娜，庞进. 浅析凝析气藏开发特征及技术措施[J]. 中国石油石化，2016(S1)：86.

[54]韩剑发，宋玉斌，熊昶，等. 塔中海相碳酸盐岩凝析气藏试采动态特征与开发技术对策[J]. 天然气地球科学，2014，25(12)：2047 - 2057.

[55]郑小敏，钟立军，严文德，等. 凝析气藏开发方式浅析[J]. 特种油气藏，2008，15(6)：59 - 61，63，98.

[56]Williams J K, Dawe R A. Near - Critical condensate fluid behavior in porous media - a modeling approach SPE reservoir engineering(May)1989[J]. SPE 17137.

[57]李小波，彭小龙，史英，等. 井间示踪剂测试在缝洞型油藏的应用[J]. 石油天然气学报，2008，30(6)：271 - 274，393.

[58]蒲建，王新生，宋学军，等. 大张坨凝析气藏循环注气开发的井间示踪剂监测技术[J]. 天然气地球科学，2007，(2)：303 - 306.

[59]孙军昌，胥洪成，王皆明，等．气藏型地下储气库建库注采机理与评价关键技术[J]．天然气工业，2018，38(4)：138－144.

[60]杨树合，何书梅，杨波，等．大张坨地下储气库运行实践与评价[J]．天然气地球科学，2003，14(5)：425－428.

[61]胥洪成，张士杰，李翔，等．气藏改建储气库下限压力设计新方法[J]．天然气地球科学，2020，31(11)：1648－1653.

[62]李相方，李敬松，程时清．考虑注采差异的循环注气开发凝析气藏物质平衡方程[J]．天然气工业，2005，25(3)：118－120.

[63]吴克柳，李相方，许寒冰，等．考虑反凝析的凝析气藏水侵量计算新方法[J]．特种油气藏，2013，20(5)：86－88，96，155.

[64]周军，彭井宏，罗莎，等．考虑安全稳定运行的大型枯竭气藏储气库注采优化[J]．特种油气藏，2021，28(6)：76.

[65]崔立宏，疏壮志，杨树合，等．大张坨地下储气库建设方案[J]．西南石油大学学报(自然科学版)，2003，25(2)：76.

[66]焦玉卫，谢伟，邸宝智，等．凝析气藏循环注气过程流体相态特征[J]．新疆石油地质，2012，33(6)：704－707.

[67]焦玉卫，李保柱，王博，等．凝析气藏循环注气驱替机理研究[J]．新疆石油天然气，2010，6(4)：63－66.

[68]康晓东，李相方，李敬松，等．考虑注采差异的循环注气开发凝析气藏物质平衡方程[J]．天然气工业，2005，25(3)：118－120.

[69]孙岩．凝析气藏注入干气渗流规律、超覆评价方法及优化调控技术研究[D]．北京：北京科技大学，2018.

[70]李艳静，李相方，李保振，等．高凝析油含量凝析气藏单井衰竭式开发动态预测[J]．油气井测试，2011，20(6)：8－11，73.

[71]彭彩珍，孙雷，汤勇，等．单井控制饱和凝析气藏衰竭开发动态预测[J]．西南石油学院学报，2006(2)：56－60，8.

[72]常宝华，李世银，曹雯，等．缝洞型碳酸盐岩油气藏关键开发指标预测方法及应用[J]．特种油气藏，2021，28(2)：72－77.

[73]谢军，李骞，涂汉敏，等．高含水致密凝析气藏特殊相态变化[J]．石油学报，2020，41(9)：1109－1116.

[74]张坤奇．采油气工程中凝析气藏的开发技术分析[J]．化工管理，2020(3)：111－112.

[75]潘毅，孙雷，李士伦，等．凝析气藏解除反凝析污染、提高气井产能方法[J]．西南石油大学学报，2007(2)：37－40，181.

[76]赵伦，赵晓亮，宋珩，等．凝析气顶油藏气顶气窜研究——以让纳若尔Г北油藏为例[J]．油气地质与采收率，2010(4)：77－79.

[77]刘东，张久存，王永红，等．凝析气藏循环注气气窜判别方法及应用[J]．天然气勘探与开发，2008，31(4)：27－29.

[78]王皆明，胡旭健．凝析气藏型地下储气库多周期运行盘库方法[J]．天然气工业，2009(9)：100－102.

[79]汤勇，龙科吉，王皆明，等．凝析气藏型储气库多周期注采过程中流体相态变化特征[J]．石油勘探与开发，2021，48(2)：337－346.

[80]何新兴，黄召庭，廉黎明，等．天然气注储协同提高凝析气藏采收率关键技术[J]. Natural Gas Industry，2023，43(1).

[81]陈志豪．砂砾岩油藏 CO_2 驱纵向注采调控技术研究[D]．青岛：中国石油大学(华东)，2021.

[82]周伟，李振男，袁铨．凝析气藏循环注气开发预防气窜注采方式优化[C]//全国天然气藏高效开发技术研讨会．中国石油学会天然气专业委员会，北京石油学会，中国石油学会(北京)，2015.

[83]苗继军，王永红，李旭，等．牙哈凝析气田气窜模式与调控技术[J]．天然气地球科学，2014，25(1)：124－129.

[84]胡杨．特低渗透油藏 CO_2 驱防气窜体系优选研究[D]．荆州：长江大学，2021.

[85]刘旭超，张宁，任树亮，等．高温泡沫防气窜体系实验研究[J]．广东化工，2020，47(11)：59－61.